U0262466

被动大陆边缘盆地油气地质特征

温志新　童晓光　王兆明　宋成鹏 等　著

科 学 出 版 社

北　京

内 容 简 介

本书以板块构造运动控制原型盆地形成叠加演化过程为主线，重点研究盆地结构构造与沉积充填差异，依据其优势原型阶段将全球139个被动陆缘盆地划分为7个亚类，结合对已发现大油气田的解剖，弄清了每个亚类盆地油气地质特征和大油气田形成主控因素，提出了优势原型阶段控制油气富集的新认识，预测出有利被动陆缘盆地及其主要成藏组合，指明了全球海上深水油气勘探方向。

本书可供从事石油勘探开发的研究人员，以及石油和地质院校相关专业的师生参考。

图书在版编目(CIP)数据

被动大陆边缘盆地油气地质特征 / 温志新等著. —北京：科学出版社，2019. 9

ISBN 978-7-03-062202-0

Ⅰ. ①被…　Ⅱ. ①温…　Ⅲ. ①大陆边缘-含油气盆地-石油天然气地质-研究　Ⅳ. ①P618. 130. 2

中国版本图书馆CIP数据核字（2019）第192832号

责任编辑：焦　健　韩　鹏 / 责任校对：张小霞

责任印制：肖　兴 / 封面设计：北京图阅盛世

科学出版社 出版

北京东黄城根北街16号

邮政编码：100717

http://www. sciencep. com

北京汇瑞嘉合文化发展有限公司 印刷

科学出版社发行　各地新华书店经销

*

2019年9月第　一　版　开本：787×1092　1/16

2019年9月第一次印刷　印张：14

字数：315 000

定价：188.00元

（如有印装质量问题，我社负责调换）

主要编写人员

温志新　童晓光　王兆明　宋成鹏

贺正军　鲜本忠　刘小兵

前　　言

2000 年以来，随着深水油气勘探理论及配套工程技术的进步，除了墨西哥湾、西非、巴西东海岸及澳大利亚西北陆架等传统海域勘探不断有所发现，东非、东地中海、西北非、阿拉斯加北坡、太平洋西海岸等海域深水勘探也相继取得重大突破，海上尤其深水领域（现代水深大于 200m）油气发现在全球新增储量所占比例越来越高，2008 年以来一直保持在 40% 以上，2012 年一度超过 80%。尽管如此，海域尤其深水油气勘探程度依然很低，2017 年中国石油最新资源评价表明，全球海上待发现油气可采资源量（石油：712×10^{8} t，天然气：$445\times10^{12}m^{3}$）约占全球待发现油气可采资源总量的 50%，其中 80% 位于深水领域，预示着深水仍然具有良好的油气勘探前景。

海上油气发现虽然主要位于现今的深水领域，但巴西桑托斯盆地盐下、东地中海盐下等大型碳酸盐油气的发现已经证实其生、储、盖层均不属于深水沉积环境，前者甚至不属于海相沉积。因此，只将研究目标限定于深水沉积无法切实解决海域油气勘探中的关键问题。

全球海域总的沉积面积可达 5358 万 km^2，涉及被动大陆边缘、弧后、弧前、裂谷、前陆及克拉通等六大类盆地，其中属于被动大陆边缘盆地的深水沉积范围为 3318 万 km^2，约占全球海域深水总沉积总面积的 86.3%。除了太平洋西岸深水油气大发现位于弧后盆地外，其他深水油气大发现均位于被动大陆边缘盆地。为了能够比较全面系统弄清全球现今深水领域石油地质特征与油气富集规律，明确未来海域，特别是深水油气的勘探方向，有必要针对被动大陆边缘盆地开展系统的油气地质研究。

本书所述被动大陆边缘盆地强调现今该盆地基底必须包含完整的陆壳-洋壳结构，即由于热沉降及沉积物负荷作用在被动大陆边缘陆壳和洋壳之上形成的沉积棱柱体。基于十多年 120 多个全球海上新项目评价和 130 多万千米二维多用户地震资料的研读，笔者以板块构造运动控制原型盆地形成、叠加、演化过程为主线，重点研究盆地结构构造与沉积充填差异，依据其优势原型阶段将全球 139 个被动大陆边缘盆地系统划分为 7 个亚类，结合对已发现大油气田的解剖，弄清了每个亚类盆地油气地质特征和大油气田形成主控因素，提出了优势原型阶段控制油气富集的新认识，预测出全球有利被动陆缘盆地及其主要成藏组合，指明了全球海上深水油气勘探方向。

本书研究内容共分九章：第一章基于板块构造学说，诠释了被动大陆边缘盆地基本概念、构造演化、沉积充填与全球分布特征。第二章通过对比分析被动大边缘盆地结构构造及沉积充填差异，对被动大陆边缘盆地进行了亚类划分。第三章阐述了全球被动陆缘盆地与全球现今深水沉积的关系、被动大陆边缘总体勘探开发及国际合作现状。第四章至第八章，系统介绍了资料比较翔实的澳大利亚西北陆架、南大西洋两岸、中大西洋两岸、墨西哥湾周缘及东非海域五大被动大陆边缘群油气地质特征与大油气田形成条件。第九章系统总结了全球 7 个亚类被动大陆边盆地石油地质特征与大油气田富集规律，明确了全球被动大陆边缘盆地未来勘探方向。

本书由温志新主持编写，各章节编写如下：前言，温志新、童晓光；第一章，温志新、童晓光；第二章，温志新、鲜本忠；第三章，王兆明、刘小兵；第四章，王兆明；第五章，温志新；第六章，宋成鹏；第七章，贺正军、温志新；第八章，温志新、宋成鹏；第九章，温志新。全书由温志新负责统稿。

本书出版得到国家油气重大专项29“全球油气资源评价与选区选带研究”项目（2016ZX05029）的资助。感谢汪永华女士对图件编制工作的辛勤付出。

本书涉及参考文献众多，故仅列出主要参考文献。书中还涉及大量外文地名和术语，对于目前还没有准确中文翻译的词条，文中未做翻译。

由于涉及盆地多，勘探程度参差不齐，资料翔实程度差别甚大。本书错漏、谬误之处，敬请读者批评指正。

作　者

2018年夏于北京

目　　录

第一章　被动大陆边缘盆地形成与分布

第一节　被动大陆边缘盆地简介

一、基本概念

被动大陆边缘盆地，简称被动陆缘盆地，也称离散型大陆边缘盆地，也有人称之为大西洋型大陆边缘或不活动型大陆边缘盆地（Bally and Snelson，1980；Edwards and Santogrossi，1989）。由陆内裂谷（基底为陆壳）到陆间裂谷（窄洋壳）出现洋壳后，软流圈继续扩张，带动岩石圈向洋中脊两侧运动，形成开阔的新生大洋，此时大陆边缘如放置于传送带上被动地向洋中脊两侧搬运，称之为被动大陆边缘。随时间的延续，被动大陆边缘发生热沉降，加上由于沉积物负荷的重力作用导致的区域性挠曲沉降，形成大范围的沉积棱柱体，分布于陆壳及洋壳上，称之为被动大陆边缘盆地（图 1.1）。

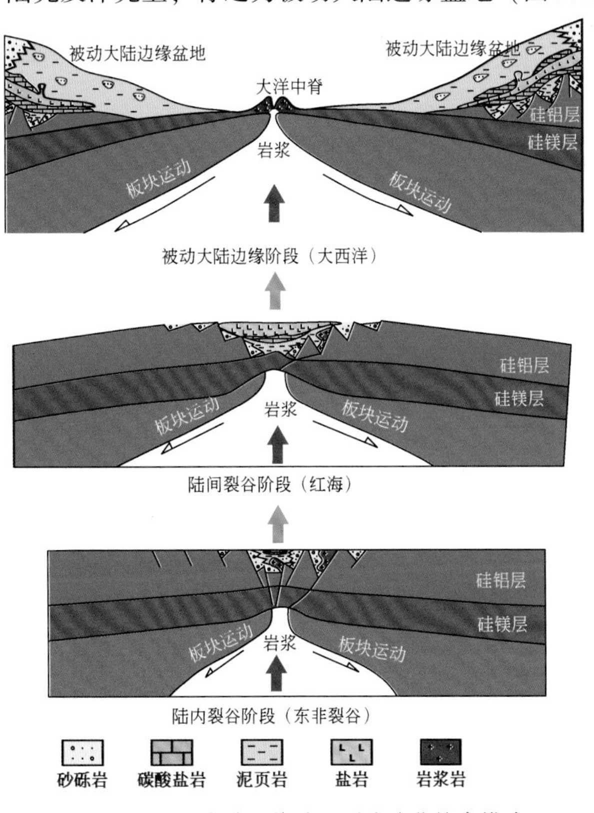

图 1.1　被动大陆边缘盆地形成演化综合模式

朱伟林等（2013）将被动大陆边缘边缘盆地划分为古代被动大陆边缘盆地和现今被动大陆边缘盆地两种类型。前者指三叠纪以前的被动大陆边缘盆地，后者指三叠纪及以后的被动大陆边缘盆地，由于前者都已经随着泛大陆的形成而演化成为前陆盆地，而后者现今仍处于被动大陆边缘状态，所以，本书讨论的被动大陆边缘盆地均为后者（温志新等，2016），即书中所涉及被动大陆边缘盆地大都开始于三叠纪之后，并与潘基亚超大陆的一系列裂解事件有关，它们指示地球历史中威尔逊旋回的开阔海部分。

二、盆地结构

根据定义，被动大陆边缘盆地纵向上一定包括三套层序（图1.1）：裂谷期陆内裂谷沉积层序、过渡期陆间裂谷沉积层序、漂移期被动大陆边缘海相沉积层序（Falvey and Mutter，1981；Bally and Snelson，1980）。

陆内裂谷的形成由大陆裂开引发，是在岩石圈拉伸破裂处上部形成的细长裂谷（Burke，1972）。Burke（1972）认为这类裂谷是由陆壳下的软流圈因密度和黏度变化引起的地幔底辟形成的，如现今东非大裂谷的形成一样。沉积物以陆源河流相或湖泊相的硅质碎屑岩为主，常见岩床、岩墙以及火山岩等基性岩浆侵入。一般会发育良好的碎屑储集岩和湖相烃源岩。

过渡期陆间裂谷是随着地幔底辟活动进一步增强，沿裂谷主伸展断裂出现窄洋壳，陆内裂谷进入陆间裂谷演化阶段。该阶段裂谷和正常海水的连通并不畅通，有利于诸如碳酸盐岩、蒸发岩和富含有机质页岩等局限岩相的发育。

漂移期被动大陆边缘阶段是随着地幔底辟活动的持续增强，形成越来越开阔的大洋。漂移早期洋壳较窄，有利于碳酸盐岩及富有机质页岩等局限岩相的发育。漂移晚期由于减薄的陆壳、新洋壳收缩冷却及沉积载荷，发生了大规模的沉降，沉积了一系列由碎屑岩和（或）碳酸盐岩沉积物构成的前积楔状体，一些地方的陆内—陆间裂谷层序遭受深埋。古气候、古地理、沉积物供给、沉降、海平面变化及局部构造活动等因素错综复杂的相互作用，导致现今被动大陆边缘盆地漂移阶段独特的地层充填。

三、盆地构造特征

被动大陆边缘盆地现今基底必须兼具陆壳及洋壳，其横向构造特征与现代地理特征基本一致，从陆向海按坡度可以细分为陆架、陆坡和陆隆和深海平原四个构造沉积单元（图1.2）。

陆架，也称大陆浅滩、陆棚。一般是指环绕大陆的浅海地带，是大陆的水下延伸和自然延伸，通常指围绕大陆周缘坡度极小的浅海海底，即从海岸（低潮线）逐渐向海方向延伸，止于坡度显著增大（倾角急剧变陡）的陆架坡折处。陆架坡折处的水深变化介于20~550m，平均水深130m，若陆架坡折不明显，一般将200m等深线作为陆架的下界。本书中陆架定义的下界不变，上界为陆上沉积尖灭线，这些地层必须与被动大陆边缘盆地

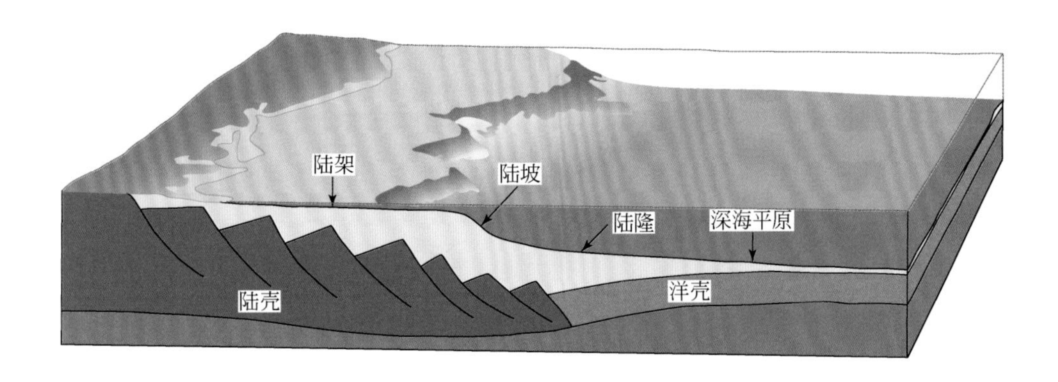

图1.2　被动大陆边缘盆地构造单元划分示意图

形成过程中的三套沉积层序相关。陆架平均坡度0.1°。陆架最窄处几乎缺失，最宽可超过1000km。

陆坡处于大陆架与陆隆之间，上界为陆架底界，水深一般100～200m，下界水深渐变，由1400m到3200m。陆坡的宽度一般15～100km。坡度一般3°～6°，最大可达35°。通常从较陡的坡度变化到坡度小于0.025°时来定义陆坡底界（范时清，2004）。陆坡基底为变薄的大陆型地壳，陆坡下伏花岗岩层向大洋一侧逐渐变薄尖灭。

陆隆，又称陆基或陆群，是指陆坡与深海平原之间坡度平缓的海底隆起，是向海倾斜的巨大楔状沉积体，常由许多海底扇复合改造而成。陆坡平均坡度0.5°～1°，其下界与深海平原界定坡度为0.001°（范时清，2004），水深在1500～5000m，宽度一般在80～1000km。陆隆基底为洋壳，也有人认为是兼具了洋壳和陆壳性质的过渡壳。

深海平原，指位于陆隆外缘与大洋中脊之间的平缓海底沉积区，以硅质、泥质深海沉积为主，靠近陆隆一侧往往发育陆源深海重力流砂体，坡度一般小于0.001°深水范围（范时清，2004），基底全部为洋壳。

第二节　被动大陆边缘盆地的形成演化

古生代末期，全球板块拼合基本完成，形成了一个超级大陆（潘基亚超大陆）、一个大洋（古太平洋）和一个海湾（古特提斯洋）的构造格局，导致前寒武纪及古生代形成的被动大陆边缘盆地均演化成周缘前陆盆地和弧后前陆盆地。进入三叠纪，潘基亚超大陆开始了分裂的历程，也就相当于拉开了全球现今被动大陆边缘盆地形成的序幕。

研究表明全球被动大陆边缘盆地是伴随着中、新生代大西洋、印度洋、北冰洋和新特提斯洋的形成而产生的（表1.1），其形成由早到晚的顺序为中大西洋两岸、墨西哥湾周缘、地中海东南缘（新特提斯洋）、印度洋周缘、南大西洋两岸、北大西洋两岸和北冰洋周缘七大盆地群（图1.3）。

表 1.1 全球七大被动大陆边缘盆地群形成演化与沉积特征

<table>
<tr><th rowspan="2">盆地群</th><th colspan="12">地层年代</th><th rowspan="2">典型盆地</th></tr>
<tr><th>P_2</th><th>T_1</th><th>T_2</th><th>T_3</th><th>J_1</th><th>J_2</th><th>J_3</th><th>K_{11}</th><th>K_{12}</th><th>K_2</th><th>E</th><th>N</th></tr>
<tr><td>中大西洋两岸</td><td colspan="2"></td><td>河流、冲积相</td><td colspan="2">潟湖相蒸发盐岩和碳酸盐岩</td><td colspan="5">海相碳酸盐台地为主</td><td colspan="2">海相碎屑沉积为主，中新世以来深水重力流明显增多</td><td>斯科舍、塞内加尔</td></tr>
<tr><td>墨西哥湾周缘</td><td colspan="3"></td><td colspan="2">河流、冲积相</td><td>潟湖相盐</td><td colspan="4">海相碳酸盐台地为主</td><td colspan="2">海相碎屑沉积为主，中新世以来发育密西西比大型三角洲-深水重力流体系，南部发生反转改造</td><td>北墨西哥湾、苏瑞斯特</td></tr>
<tr><td>地中海东南缘</td><td colspan="2"></td><td>滨浅海碎屑沉积为主</td><td colspan="2">潟湖相盐岩和碳酸盐岩</td><td colspan="5">海相碳酸盐台地为主</td><td colspan="2">海相碎屑沉积为主，晚期发育尼罗河大型三角洲-深水重力流体系，东缘发生轻度反转</td><td>黎凡特盆地、尼罗河三角洲盆地</td></tr>
<tr><td>印度洋周缘</td><td colspan="4">从二叠纪开始陆内裂谷，内陆湖泊及滨浅海碎屑岩沉积为主</td><td colspan="2">以滨浅海碎屑岩沉积为主</td><td>以滨浅海碎屑岩为主，局部发育潟湖相沉积</td><td colspan="3">海相碎屑岩沉积为主</td><td colspan="2">海相碎屑沉积为主，中新世以来发育鲁伍马和赞比西大型三角洲，深水重力流增多</td><td>澳大利亚西北陆架、鲁伍马、坦桑尼亚盆地</td></tr>
<tr><td>南大西洋两岸</td><td colspan="7"></td><td>湖相碎屑岩沉积为主</td><td>中部以潟湖相蒸发盐岩和碳酸盐岩</td><td colspan="3">海相碎屑沉积为主，中新世发育尼日尔和亚马孙大型三角洲，深水重力流砂体明显增多</td><td>桑托斯、尼日尔三角洲、下刚果</td></tr>
<tr><td>北大西洋两岸</td><td colspan="5">从二叠纪开始，早期浅海碳酸盐台地，中晚期相砂泥岩互层</td><td colspan="5">早期滨浅海碎屑沉积，晚期以深海泥页岩为主，浊积体发育</td><td>海相碎屑充填，凝灰岩发育</td><td>深海重力流砂体增多</td><td>伏令、西巴伦支海</td></tr>
<tr><td>北冰洋周缘</td><td colspan="9">晚古生代开始弧后阶段，滨浅海碎屑岩沉积为主</td><td>海相碎屑岩</td><td>浅海碎屑，玄武岩极其发育</td><td>浅海－深海碎屑沉积</td><td>拉普捷夫海、巴伦支海</td></tr>
</table>

图例：早期弧后系列盆地；早期陆内夭折裂谷；陆内裂谷；过渡期陆间裂谷；漂移期被动陆缘

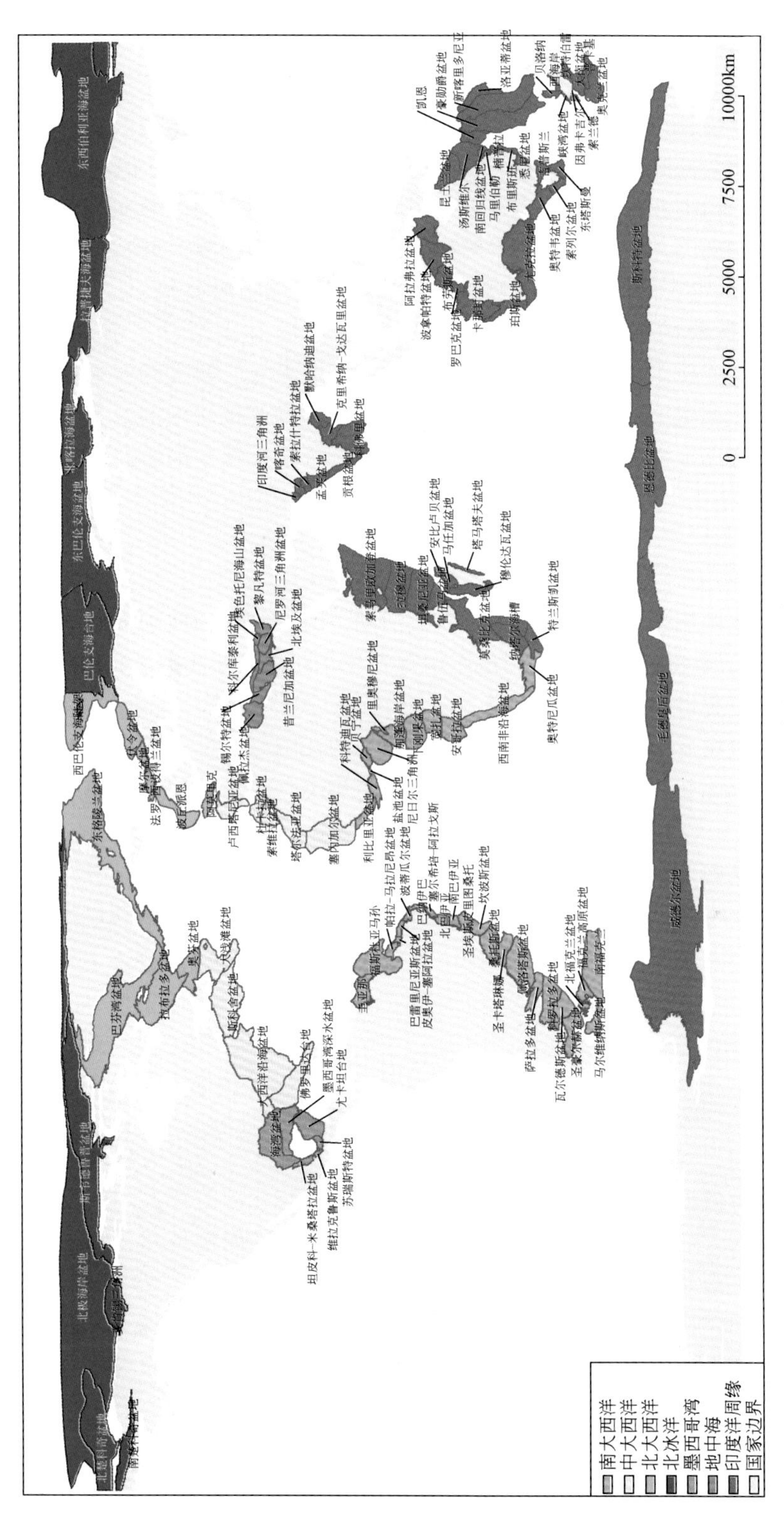

图 1.3　全球被动大陆边缘盆地分布

一、二叠纪

二叠纪时，全球板块汇聚成统一的潘基亚超大陆，早古生代形成的北非、乌拉尔洋两岸等被动大陆边缘盆地随着挤压碰撞，演化为前陆盆地（图1.4），但此时的超级大陆并非完全静止，主要体现在两个方面：一是在古特提斯海湾的南部，石炭纪开始活动的基梅里板块已完成从南部冈瓦纳大陆分离，形成了以基梅里陆块为界，新特提斯洋与古特提斯洋南北对峙的格局，南部新特提斯洋周缘演化为被动大陆边缘盆地。二是受地幔柱影响，东冈瓦纳及欧亚板块内部发生了两期较大范围的伸展裂陷活动。前者又称为卡鲁期（Karoo）裂谷，主要位于现今的非洲板块东南部、印度板块、澳大利亚板块和南极洲板块内部及周缘，于三叠纪末期结束。后者主要位于现今的欧亚板块内部及其周缘，于早侏罗纪末期结束。这两期地幔柱活动作用所形成的夭折裂谷层系现今都已被勘探证实。

二、三叠纪

三叠纪时上述两期裂谷及新特提斯洋持续活动，裂谷盆地和被动大陆边缘盆地继续发育（图1.5）。中三叠世开始，陆内裂谷作用首先在非洲板块与北部劳俄-欧亚（劳亚）板块之间发生；晚三叠世出现窄洋壳，进入陆间裂谷阶段。同时，裂陷作用继续向西扩张，南美板块与劳俄板块之间发育陆内裂谷，表明南部冈瓦纳与北部劳亚大陆开始分离，形成近东西向裂谷带，该裂谷层系主要分布于现今墨西哥湾、中大西洋及东地中海等被动大陆边缘盆地的深部。

受当时干旱气候条件影响，陆内裂谷阶段中大西洋及墨西哥湾均以河流及冲积扇等陆相沉积为主，东地中海由于沟通了当时的古特提斯洋，为滨浅海碎屑沉积充填。陆间裂谷阶段均以盐岩和碳酸盐岩沉积建造为主。

三、侏罗纪

早侏罗世，北部劳亚大陆内、东冈瓦纳及南北美板块之间陆内裂谷作用强烈，非洲与北部劳亚大陆陆间裂谷持续发育。中侏罗世，东冈瓦纳和北部劳亚大陆内部依然为陆内裂谷阶段，南美、劳俄板块之间进入陆间裂谷阶段，非洲与北部劳亚大陆之间进入漂移期相对开阔大洋的被动大陆边缘阶段。晚侏罗世，北部劳亚大陆内部依然为陆内裂谷，东冈瓦纳进入陆间裂谷，南北两个大陆之间均为被动大陆边缘阶段（图1.6）。

陆间裂谷期间，位于赤道附近低纬度地区的南、北两个大陆之间主要为盐岩和碳酸盐岩沉积，其他地区以滨浅海碎屑岩沉积为主。漂移期被动大陆边缘阶段，低纬度地区仍然以海相碳酸盐岩建造为主。

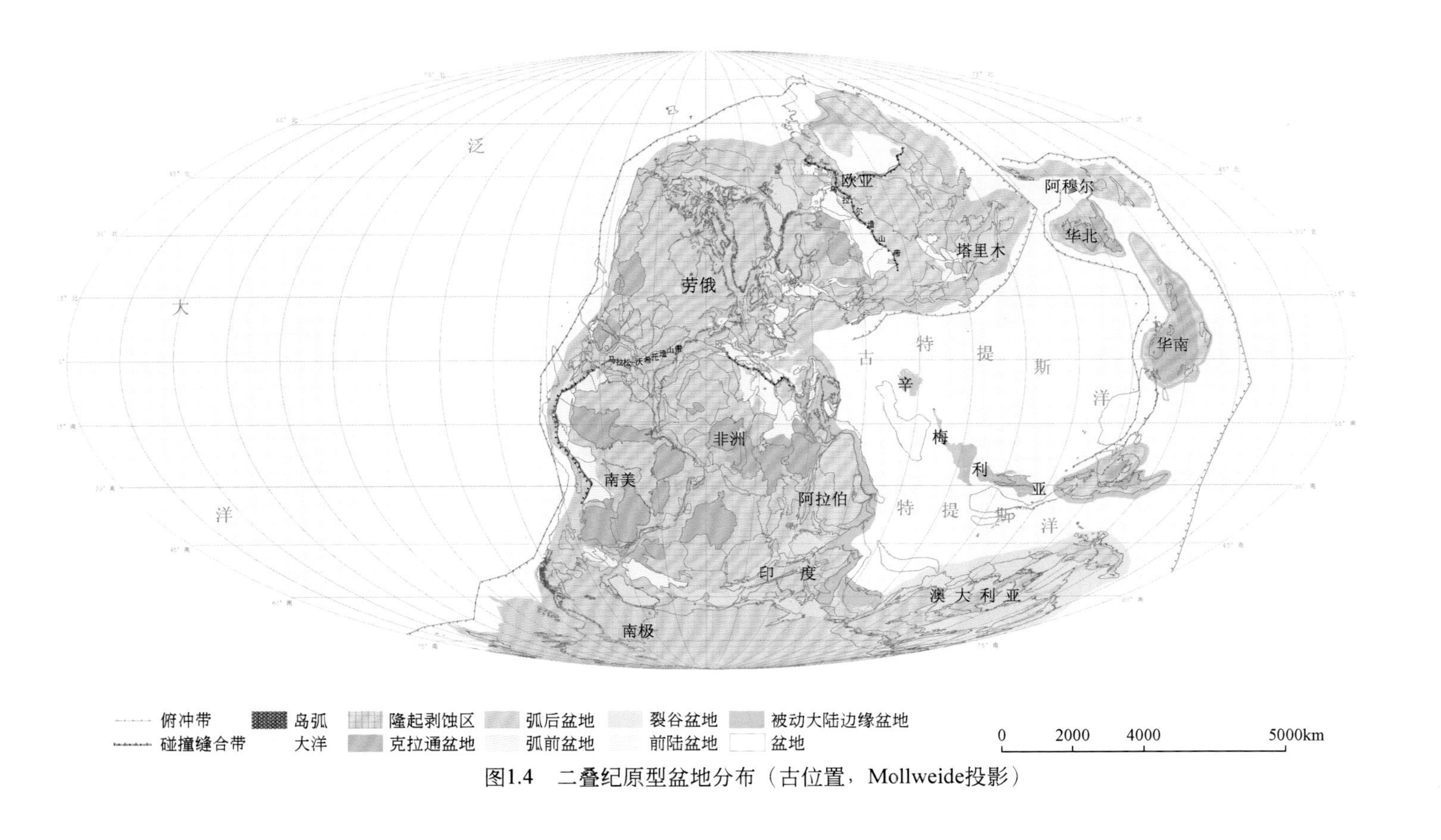

图1.4　二叠纪原型盆地分布（古位置，Mollweide投影）

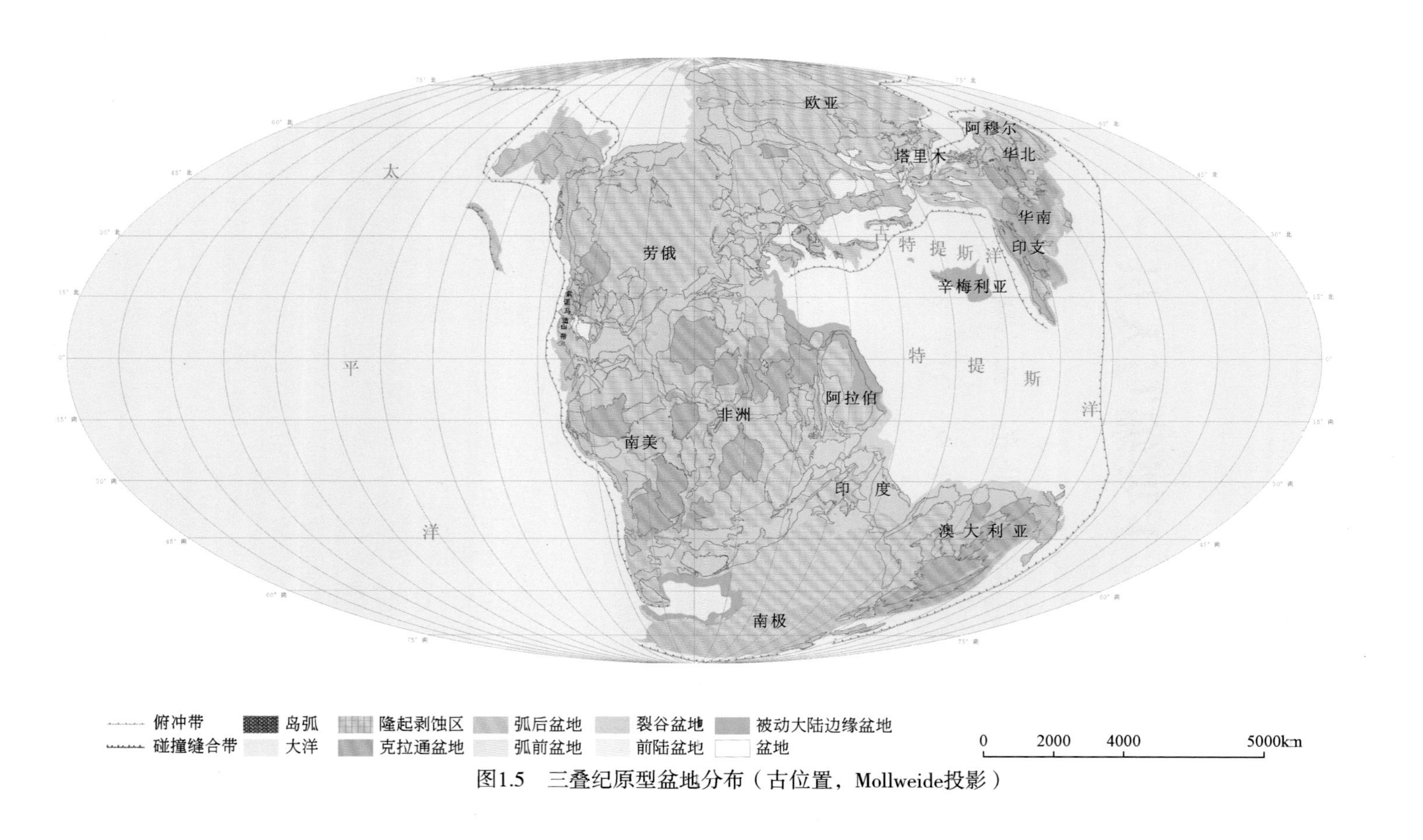

图1.5　三叠纪原型盆地分布（古位置，Mollweide投影）

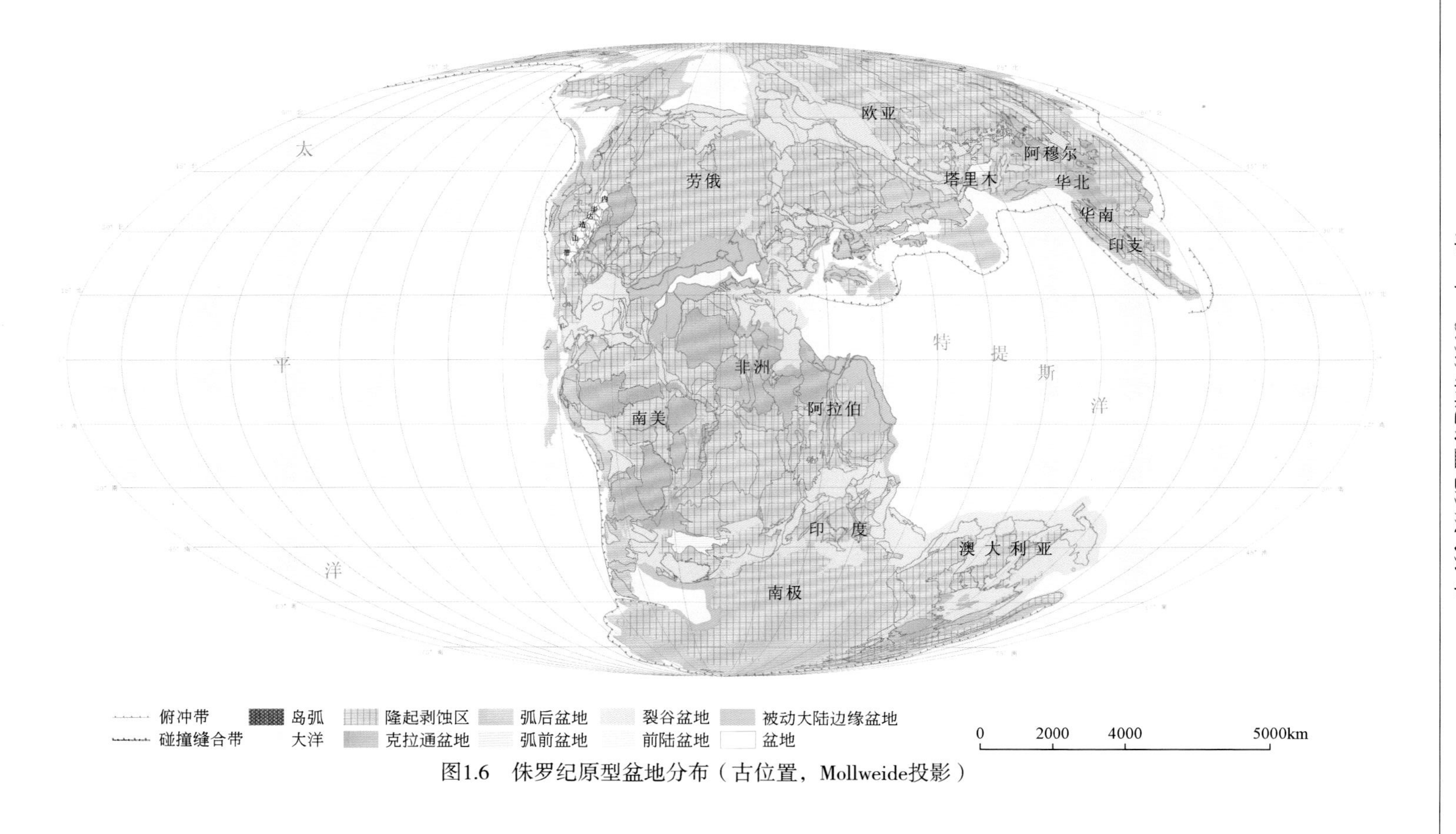

图1.6　侏罗纪原型盆地分布（古位置，Mollweide投影）

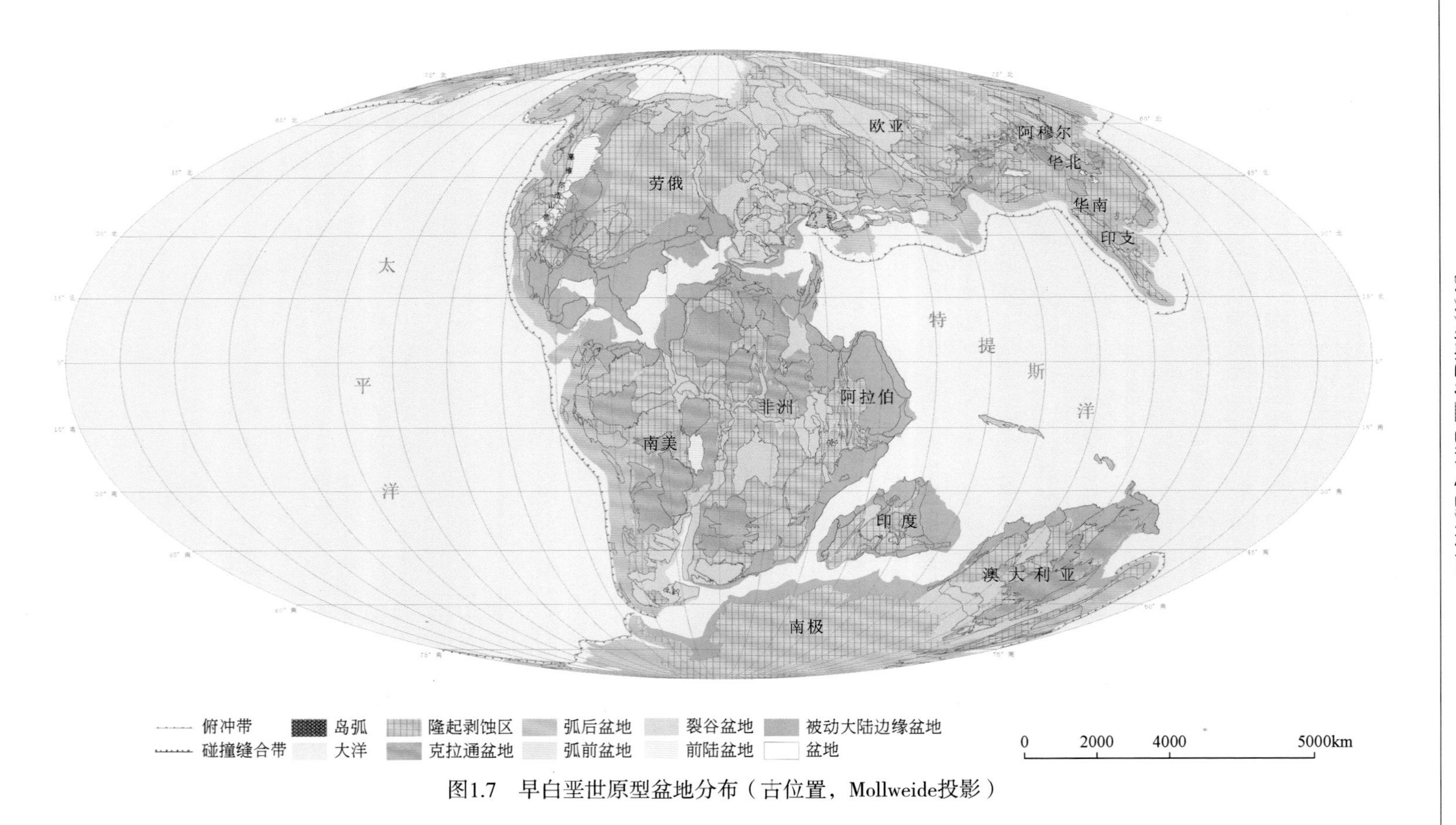

图1.7　早白垩世原型盆地分布（古位置，Mollweide投影）

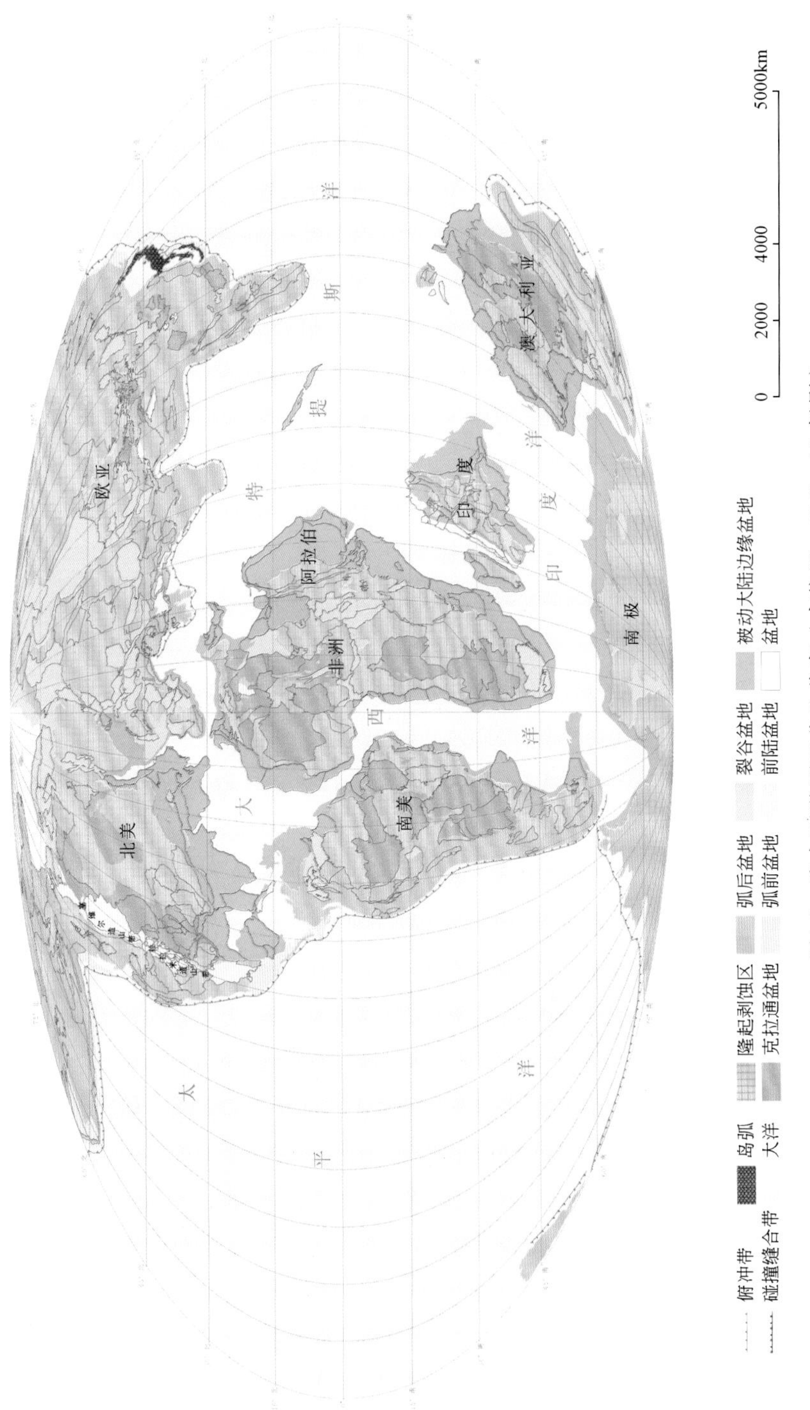

图1.8　晚白垩世原型盆地分布（古位置，Mollweide投影）

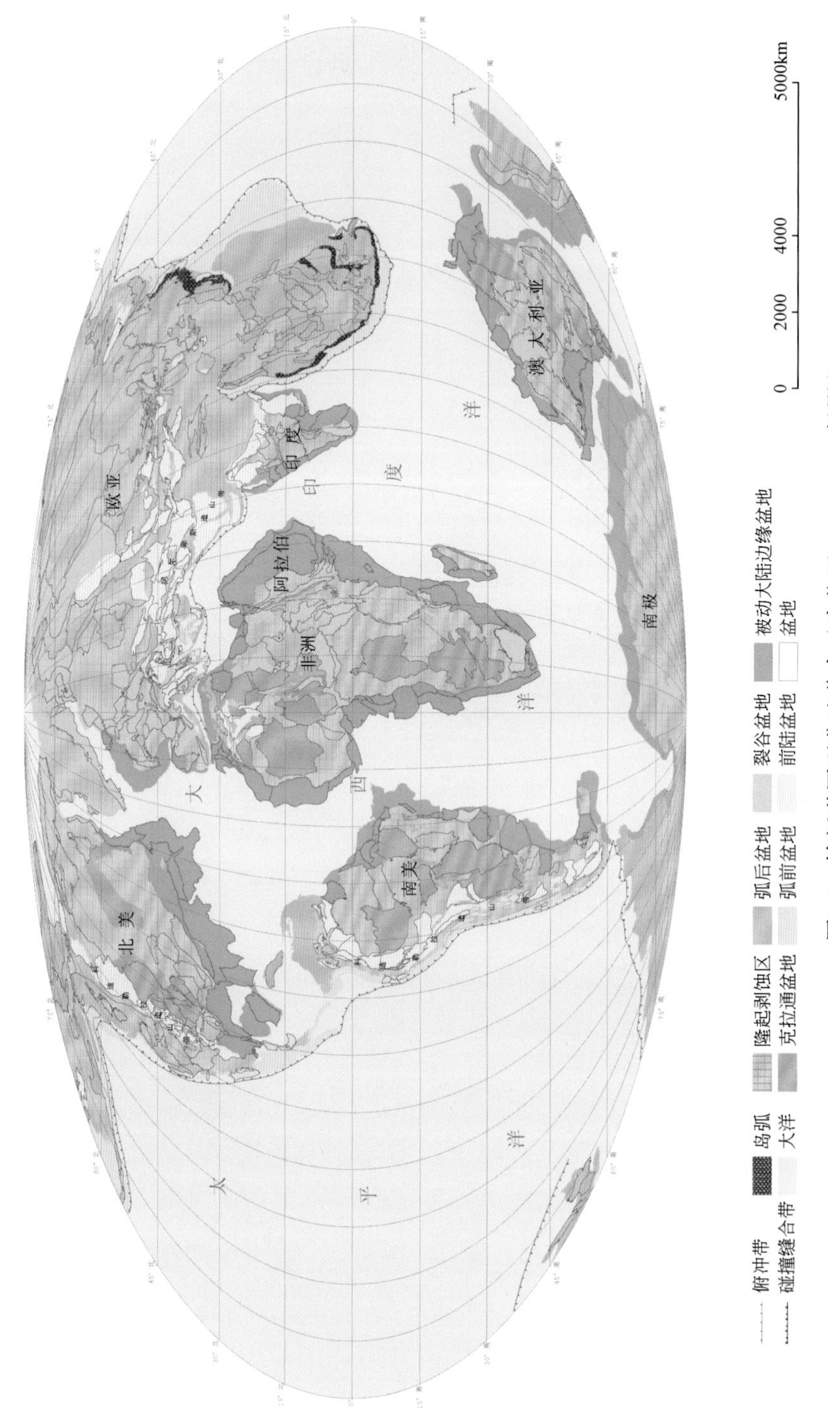

图1.9　始新世原型盆地分布（古位置，Mollweide投影）

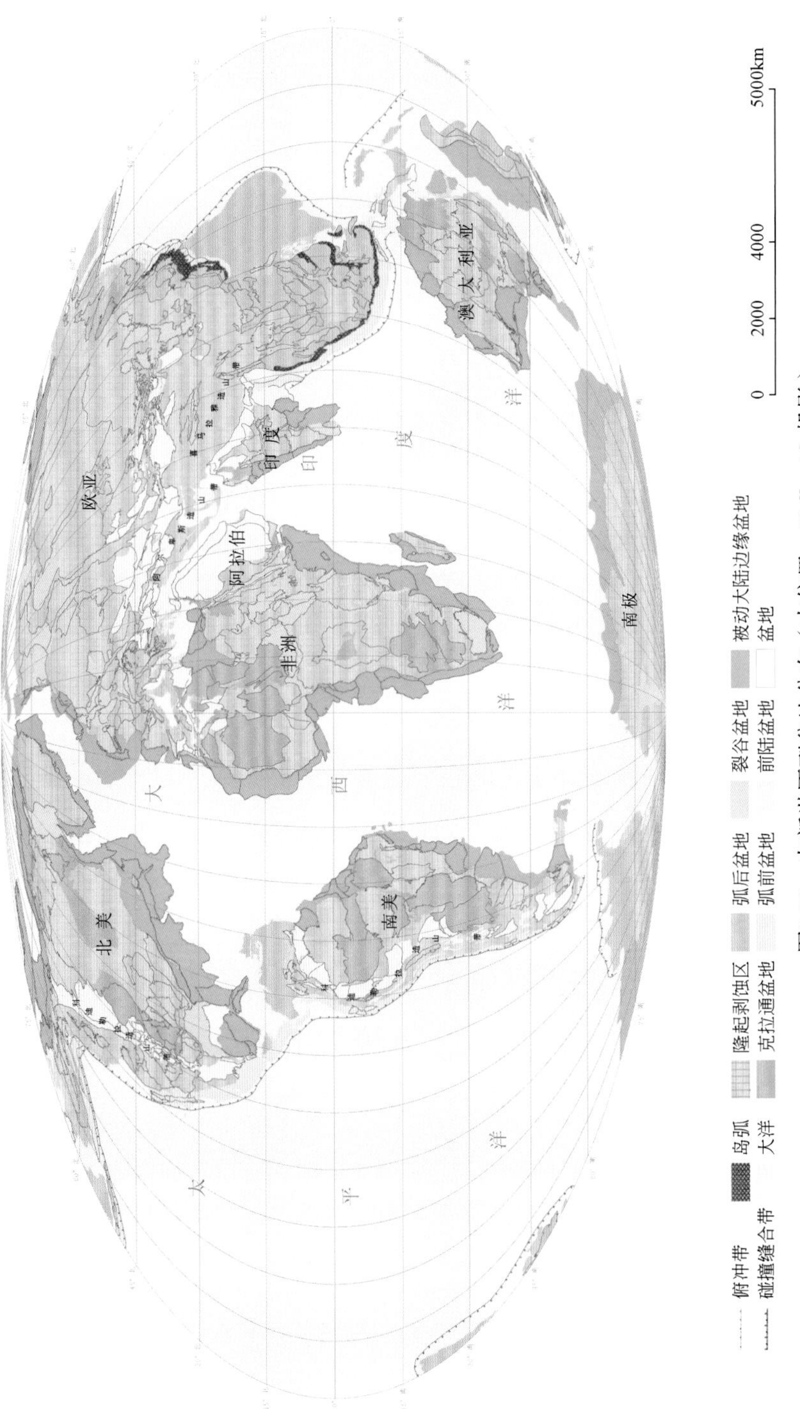

图1.10　中新世原型盆地分布（古位置，Mollweide投影）

四、白垩纪

早白垩世，北部劳亚大陆内依然有强烈的陆内裂谷活动，南美板块开始与非洲板块分离，形成南北走向的长条形裂谷带，其中早期为陆内断陷湖盆，发育河流—三角洲及湖相泥页岩沉积；晚期陆间裂谷为潟湖沉积，主要为盐岩和碳酸盐岩建造。南北两个大陆之间及东冈瓦纳地区均为海相被动大陆边缘沉积（图 1.7）。

晚白垩世，北部劳亚大陆持续陆内裂谷作用，并向北扩展，北极地区形成陆内裂谷，印度洋周缘及中南大西洋两岸等领域均为漂移期被动大陆边缘海相沉积（图 1.8）。

五、古近纪

古近纪，北大西洋与北冰洋进入陆间裂谷阶段，为浅海碎屑沉积，偶见火山岩及火山碎屑。南、中大西洋及印度洋继续扩张，属被动大陆边缘漂移阶段。另外，晚白垩世末期开始，南部冈瓦纳大陆向北俯冲，加勒比板块向东挤压，楔入南北美洲板块之间；印度板块与欧亚板块完全拼接，北部被动大陆边缘演化为前陆盆地，地中海部分关闭，新特提斯洋北岸被动大陆边缘盆地也演化为前陆盆地；加勒比板块周缘的被动大陆边缘盆地也先后演化为前陆盆地（图 1.9）。

六、新近纪

新近纪，北大西洋及北冰洋均演化为被动大陆边缘阶段。新特提斯洋继续收缩，从东向西表现为印度板块与太平洋板块碰撞，其间的被动大陆边缘演化为前陆盆地；阿拉伯板块与北部劳亚大陆拼接，其间形成前陆盆地；地中海周缘除了东南缘依然处于被动大陆边缘阶段之外，其他盆地均已进入前陆及弧后盆地演化阶段（图 1.10）。

第三节　被动大陆边缘盆地沉积充填特征

构造演化分析发现，所有被动大陆边缘盆地都经历陆内裂谷（裂谷期）、陆间裂谷（过渡期）、被动大陆边缘（漂移期）3 个原型盆地演化阶段叠加而成，且每个阶段长短不一，其沉积充填物明显受构造环境（盆地原型）和古气候等条件影响，不同原型阶段、不同盆地沉积充填差异明显。

一、陆内裂谷阶段

陆内裂谷根据形成动力机制细分为主动型和被动型两类（图 1.11、图 1.12）。主动型裂谷动力来源于岩石圈底部，地幔深部软流圈上涌引起局部热隆升，进而地壳减薄并张性破裂形成裂谷，火山活动在先，裂谷活动在后。被动型裂谷动力来源为剪切（转换）断层在陆壳中的破裂作用，裂谷活动在先，火山活动在后，也可能不发育火山。

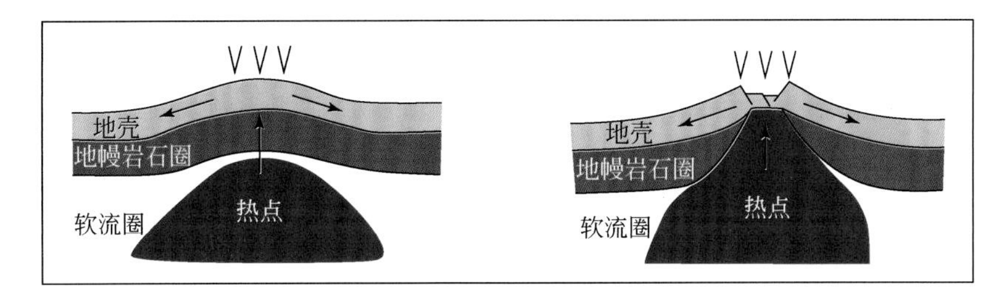

图1.11　主动裂谷形成动力机制示意图

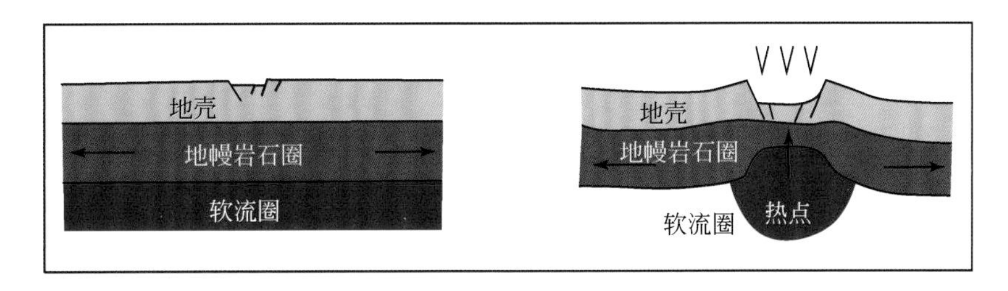

图1.12　被动裂谷形成动力机制示意图

研究发现，现今被动大陆边缘盆地演化过程中，只有南大西洋北段（西非从利比里亚到贝宁盆地、南美从圭亚那滨海盆地到巴西的波蒂瓜尔盆地）的陆内裂谷是以走滑转换型断层为主要控制因素形成的被动裂谷，其他被动大陆边缘盆地早期裂谷阶段全部以主动型陆内裂谷为主。值得注意的是由于走滑断层在张性盆地中广泛发育，局部少数盆地可能为张扭断裂所控制形成的被动裂谷，如马达加斯加东缘塔玛塔夫盆地等。不论主动型还是被动型陆内裂谷，如果分布于大陆内部，一般以陆相断陷湖盆沉积充填为主，如当时南、中大西洋两岸盆地群裂谷阶段。若分布于陆缘，则容易沟通海水发生大范围海侵，以海相沉积为主，例如当时的澳大利亚西北陆架、北大西洋两岸、地中海东南缘盆地群（当时属于新特提斯洋）；如果裂谷发生于陆上，且处于干旱气候条件下，陆相河流、冲积扇等红色沉积可能占主导地位，如当时的中大西洋两岸及墨西哥湾盆地群。

1. 主动型陆内裂谷

主动型陆内裂谷典型代表为东非裂谷系。东非新生代裂谷系北起亚丁湾，南至赞比西（Zambezi）河下游，宽度50～150km，长约3500km，是世界上最大的断裂带之一。它与红海和亚丁湾两个陆间裂谷组成一个三叉裂谷系（图1.13），是古近纪渐新世以来Afar地幔热柱上涌所致。作为三叉裂谷系的一支，地幔热流沿泛非造山形成的缝合带从北向南传导，至中部坦桑尼亚太古宙古老克拉通受阻，向西转换至其西缘后继续向南扩张，形成东、西两个分支。东支形成早于西支。东支沿系列断层活动带从北向南发育埃塞俄比亚裂谷、博戈里亚湖、图尔卡纳湖（Turkana）、洛基查（Lokichar）等，以小型断陷（湖盆）为主。西支现今以发育较大规模深水断陷湖盆为特征，从北向南包括艾伯特（Albert）湖、爱德华（Edward）湖、基伍（Kivu）湖、坦噶尼喀（Tanganyika）湖、鲁夸（Rukwa）

湖、马拉维（Malawi）湖等裂谷形成的湖盆。每个裂谷之间多以翘倾断块所形成的隆起带相隔。

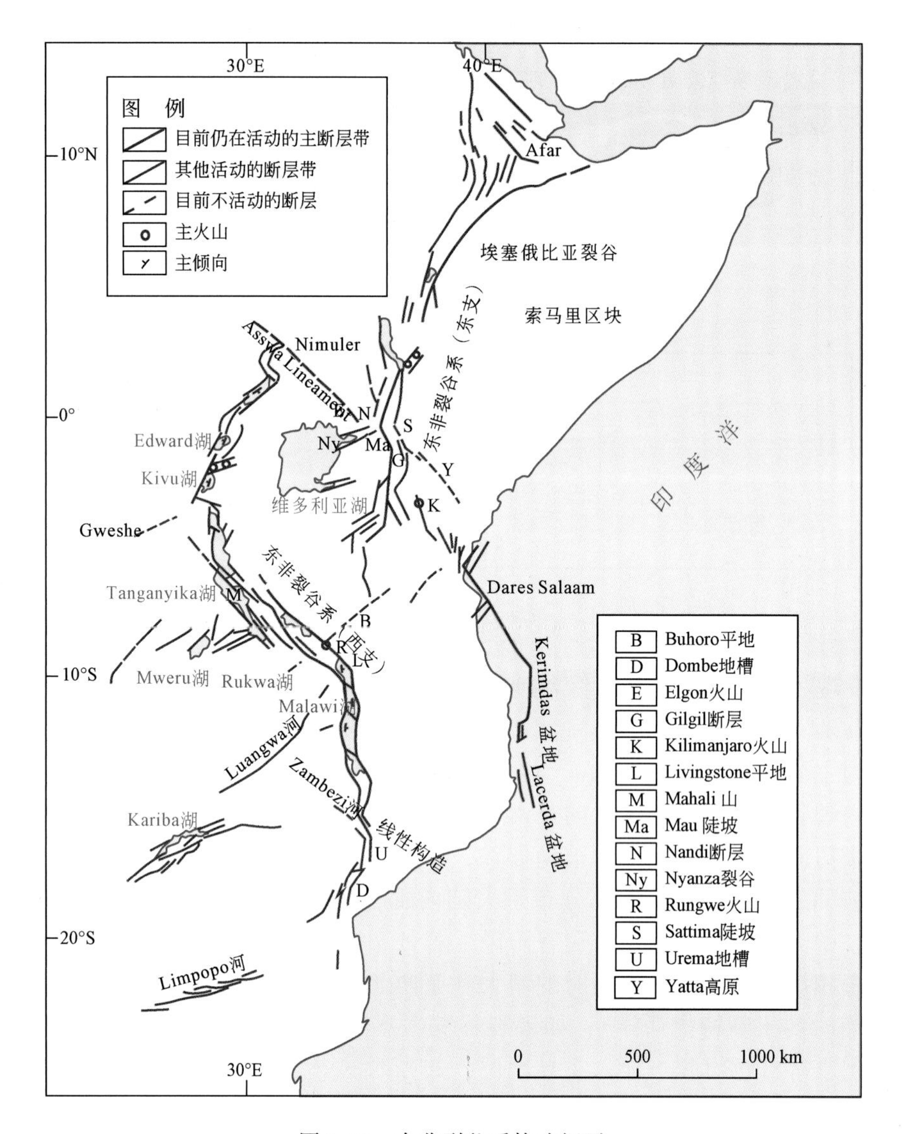

图 1.13　东非裂谷系构造纲要

东非裂谷系成盆演化早期为地幔热隆升，以火山穹窿活动为代表，如现代的埃塞俄比亚和肯尼亚穹窿火山型裂谷，地壳断续隆升，地表以垒堑相间状和阶梯状正断层为特征。晚期随着扩张量的增加、压力的释放、地壳的塑性滑脱和壳幔界面的升高，出现大规模的断块翘倾和沉陷，形成半地堑型和双地堑型两类盆地结构（图 1.14）。不论哪类结构，凹陷内都发育滚动背斜、断块和披覆背斜等构造，裂谷之间为受调节断层控制的隆起带。整个长条状的东非裂谷带上形成了“隆拗相间”的构造格局，在每个裂陷内部形成了“垒堑相间”的构造样式。

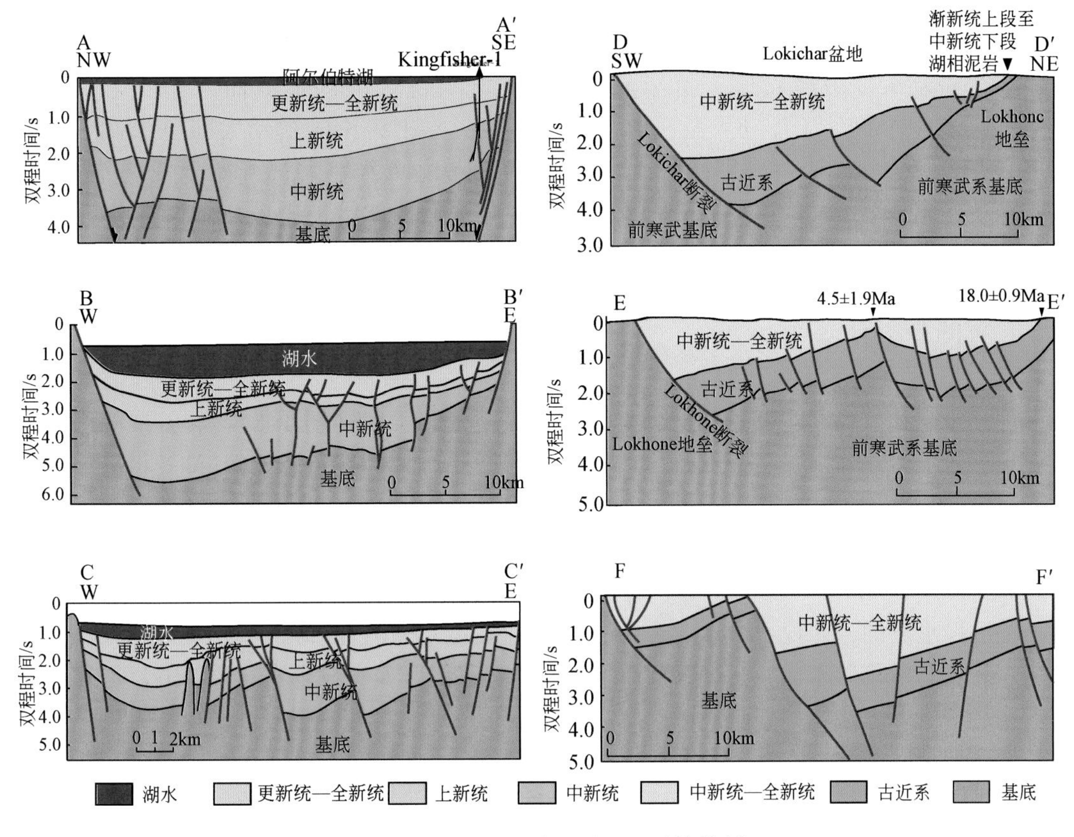

图 1.14　东非裂谷系主要盆地地质结构剖面

主动型陆内裂谷的沉积充填受断层活动、气候及物源等因素影响。勘探证实发育河流—三角洲—重力流—湖泊沉积体系（图 1.15），其中玄武岩比较发育。双断型地堑的长轴方向及单断型地堑的斜坡带上以辫状河及辫状河三角洲沉积充填为主，陡坡断裂带上发育扇三角洲及重力流沉积。

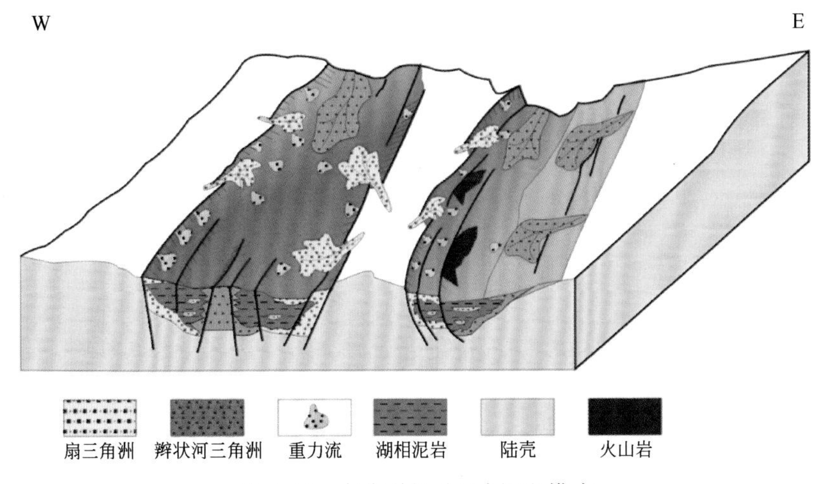

图 1.15　东非裂谷系现今沉积模式

2. 被动型陆内裂谷

被动型陆内裂谷典型代表为中西非裂谷系。该裂谷系是晚中生代大西洋开启并诱导产生中非剪切带，在走滑张扭力作用下形成的陆内裂谷（图 1.16）。中非裂谷系从西向东发育多巴（Doba）、邦戈（Bongor）、Doseo、萨拉马特（Salamat）、穆格莱德（Muglad）和迈卢特（Melut）等裂谷；西非裂谷系从南向北发育贝努埃（Benue）、Bornu、乍得湖（Lake Chad）、Termit 等裂谷。同主动型裂谷相比，被动裂谷盆地结构同样发育双地堑和半地堑两类（图 1.17、图 1.18），但由于受张性扭动控制，断层普遍较陡，且负花状构造广泛发育，几乎没有火山活动（关欣，2012）。凹陷以陡立的板式和阶梯式陡坡带为主，坡度相对较陡，多发育近岸水下扇沉积，而缓坡带以窄陡型缓坡带为主，多发育冲积扇—扇三角洲（图 1.19）。

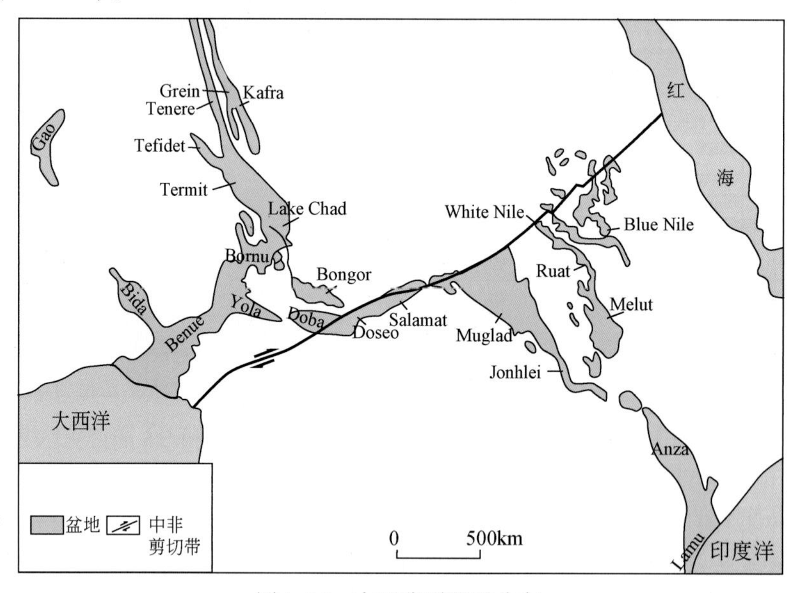

图 1.16　中西非裂谷系分布

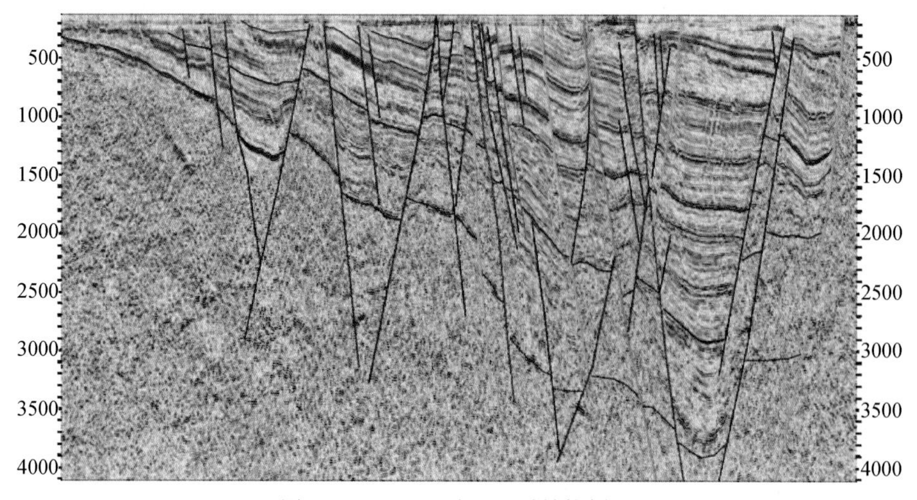

图 1.17　Bongor 盆地地质结构剖面

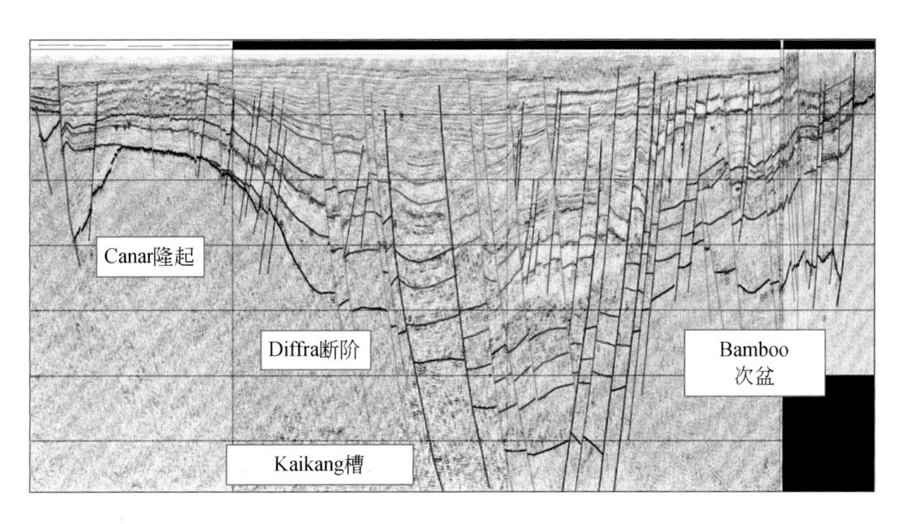

图 1.18　Muglad 盆地地质结构剖面

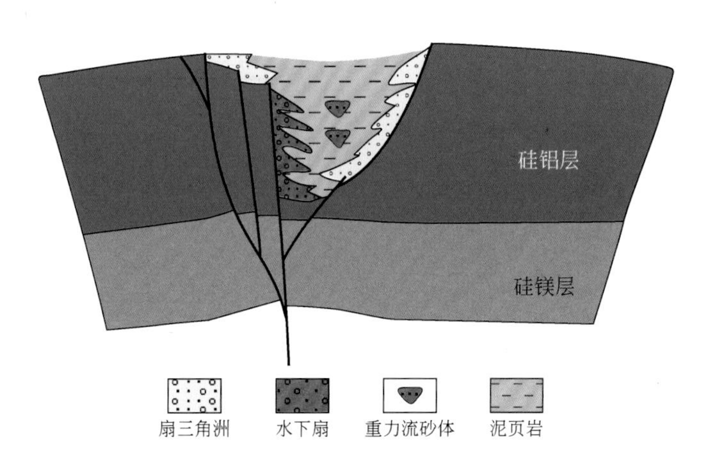

图 1.19　被动裂谷盆地沉积模式

二、陆间裂谷阶段

陆间裂谷是陆内裂谷演化的继续，以窄洋壳出现及大范围海侵为特征，并且处在陆内裂谷向被动大陆边缘盆地演化的过渡阶段。陆间裂谷根据形成动力机制同样可以细分为主动型和被动型两类，由于同样出现窄洋壳，沉积环境相差不大，所以这里不单独分开讨论。若陆间裂谷从陆内断陷湖盆演化而来，以海陆过渡相沉积为主，但不同纬度地区沉积物会有所不同。如果处于低纬度地区，加上高地温梯度、封闭环境，则潟湖相蒸发盐岩与碳酸盐岩极其发育，类似现今的红海，以及当时处于过渡阶段的墨西哥湾、中大西洋、南大西洋两岸盆地群。如果发生在高纬度地区，则主要以浅海-半深海相碎屑岩沉积为主，如当时处于过渡阶段的巴芬湾等地区。当然该阶段也可能因蒸发量小而发育碳酸盐岩和碎屑岩沉积充填，如现今的亚丁湾。若陆间裂谷从陆内断陷海盆演化而来，低纬度及封闭环境同样可形成盐岩和碳酸盐岩，如当时处于过渡阶段的地中海周缘；而处于高纬度环境下，以海相碎屑岩沉积为主，如当时处于过渡阶段的印度洋周缘、北大西洋、北冰洋盆地群。现今处于陆间裂谷阶段的典型沉积环境以红海、亚丁湾和加利福尼亚湾为代表。下面以红海为例进行说明。

1. 红海陆间裂谷的形成与演化

红海盆地（Red Sea Basin）位于非洲东北部与阿拉伯半岛之间，是指埃及、苏丹、厄立特里亚、沙特阿拉伯和也门等国向红海的海域部分和部分陆上地区，走向为 NW 向，长 2253km、最宽处达 354km、一般宽 200km，面积约 $53\times10^4km^2$，北与苏伊士湾盆地和亚喀巴湾盆地相接，向南通过曼德海峡与亚丁湾相连（图 1.20）。平均水深 558m，最大水深 3039m。

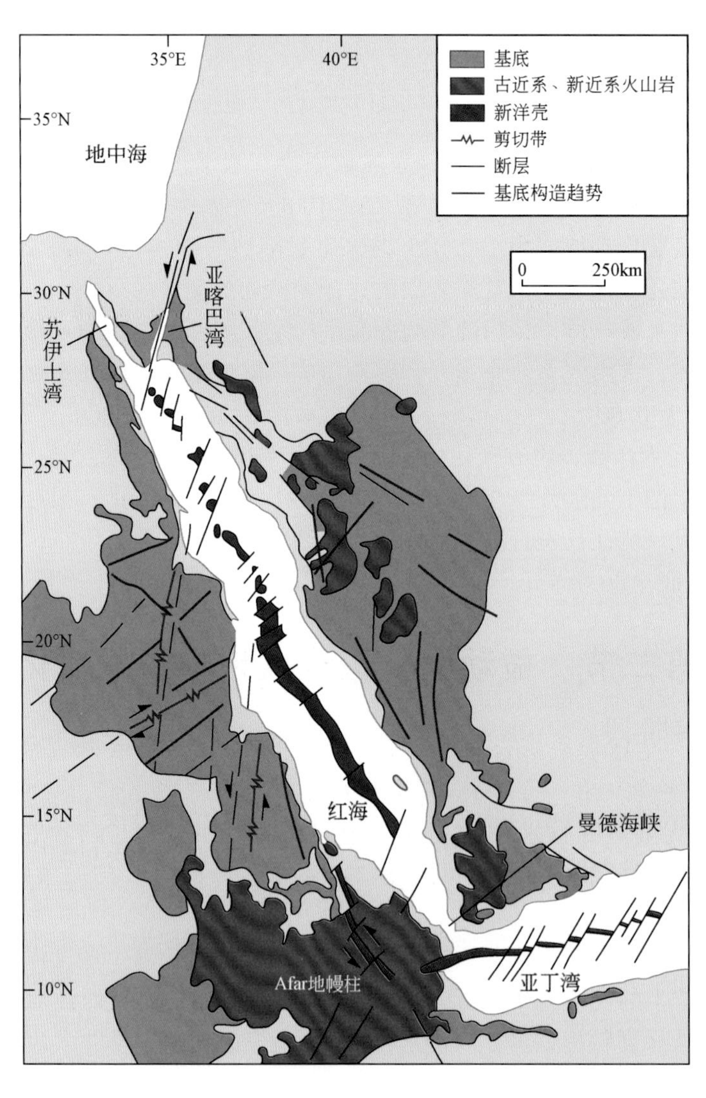

图 1.20　红海—亚丁湾裂谷系构造纲要（据 IHS，2018）

Afar 地幔柱隆升是红海及亚丁湾张裂的直接诱因，其构造演化大致分为 3 个阶段。①前裂谷阶段：从冈瓦纳大陆形成到早渐新世，红海盆地位于非洲-阿拉伯板块内陆，构造相对稳定，以古生界-上白垩统陆源碎屑沉积为主、局部有海相沉积；②陆内裂谷阶段：早渐新世（31Ma）开始，Afar 地幔柱显著隆升并发生强烈火山作用，亚丁湾率先开始张裂（29.9～28.7Ma），之后红海盆地最南端也开始张裂（约 27.5～23.8Ma），与东非大裂谷一起形成了 Afar 三叉裂谷的雏形；渐新世末—早中新世（24Ma）随着 Afar 地幔柱的再次隆升及与之相伴的第二次大规模火山活动，张裂活动在整个红海盆地迅速扩展，处于陆内裂谷鼎盛时期；③陆间裂谷阶段：中中新世早期（14Ma），随着陆内裂谷的进一步扩张，盆地轴线中央地堑带出现以玄武岩为代表的窄洋壳，随着阿拉伯板块与欧亚板块直接碰撞形成扎格罗斯逆冲褶皱带，整个板块应力场发生变化，从而引发西奈（Sinai）次板块的内部挤压、苏伊士湾北部发生抬升，红海盆地与地中海被隔断，沉积物以碳酸盐岩和蒸发岩相沉积为主。10Ma 亚丁湾东部的谢巴（Sheba）洋脊开始扩张，中新世末—早上新世（5Ma），红海盆地中南部也开始与印度洋相连。目前，红海盆地海底扩张中心继续向北发展，逐渐与亚喀巴湾-黎凡特转换边界相连（图 1.10）。因此，红海盆地目前仍处于陆间裂谷发育阶段，盆地轴线处发育的中央地堑带尚未演化成洋中脊。红海南部大约 2/3 区域内，中央地堑区为洋壳，裂谷两侧基底仍属陆壳；整个北部 1/3 裂谷基底为减薄的陆壳；而亚丁湾处于陆间裂谷的末期，由于沟通了东部印度洋，以浅海相碳酸盐岩和碎屑岩沉积为主，盐岩不发育。

2. 红海陆间裂谷盆地构造特征

红海盆地以盐岩底部为界，具有明显的“下断上拗”结构，盐岩下部地层属于陆内裂谷阶段，沉积表现为明显的垒堑相间的断陷特征，盐岩及其以上地层属于陆间裂谷层系，具有拗陷特征（图 1.21），出现海底扩张。早上新世，红海盆地盐下陆间裂谷期的 NE 向伸展作用使盆地前裂谷期地层掀斜、翘倾，形成了以铲式断层为主控断裂的基底断块构造群，从而决定了红海盆地盐下地堑与地垒相间的构造格局。

盐岩之上，差异压实作用导致盐岩地层蠕动变形，在盐上形成了与盐岩活动有关的滚动背斜、底辟、龟背斜、盐帽和盐枕等构造，而铲式断层的重力滑动和洋脊扩张造成的持续伸展作用，形成了同生正向断块构造，以及与盐岩相关的构造及岩性-构造复合圈闭。

3. 红海陆间裂谷盆地沉积充填特征

红海盆地经历了陆内裂谷和陆间裂谷两个演化阶段，目前仍处于陆间裂谷发育期。陆内裂谷早期除了玄武岩比较发育外，受近赤道附近气候影响，以硬石膏为主的蒸发盐岩也有所发育；陆内裂谷中期为与东非裂谷系类似的断陷湖盆沉积；陆内裂谷晚期持续的裂陷作用，使裂谷通过亚丁湾与印度洋（新特提斯洋）连通，形成断陷海盆，发育滨浅海到半深海相沉积，仍以碎屑岩充填为主。陆间裂谷阶段以碳酸盐岩和盐岩沉积建造为主（图 1.22）。主要原因为：①窄洋壳导致的极高地温梯度，且近赤道气候干旱，蒸发量大；②火山喷发强烈割断了与东南部亚丁湾海水的连通，形成了全封闭环境；③热隆升膨胀发生断块掀斜、翘倾，从而缺乏陆源碎屑供给。

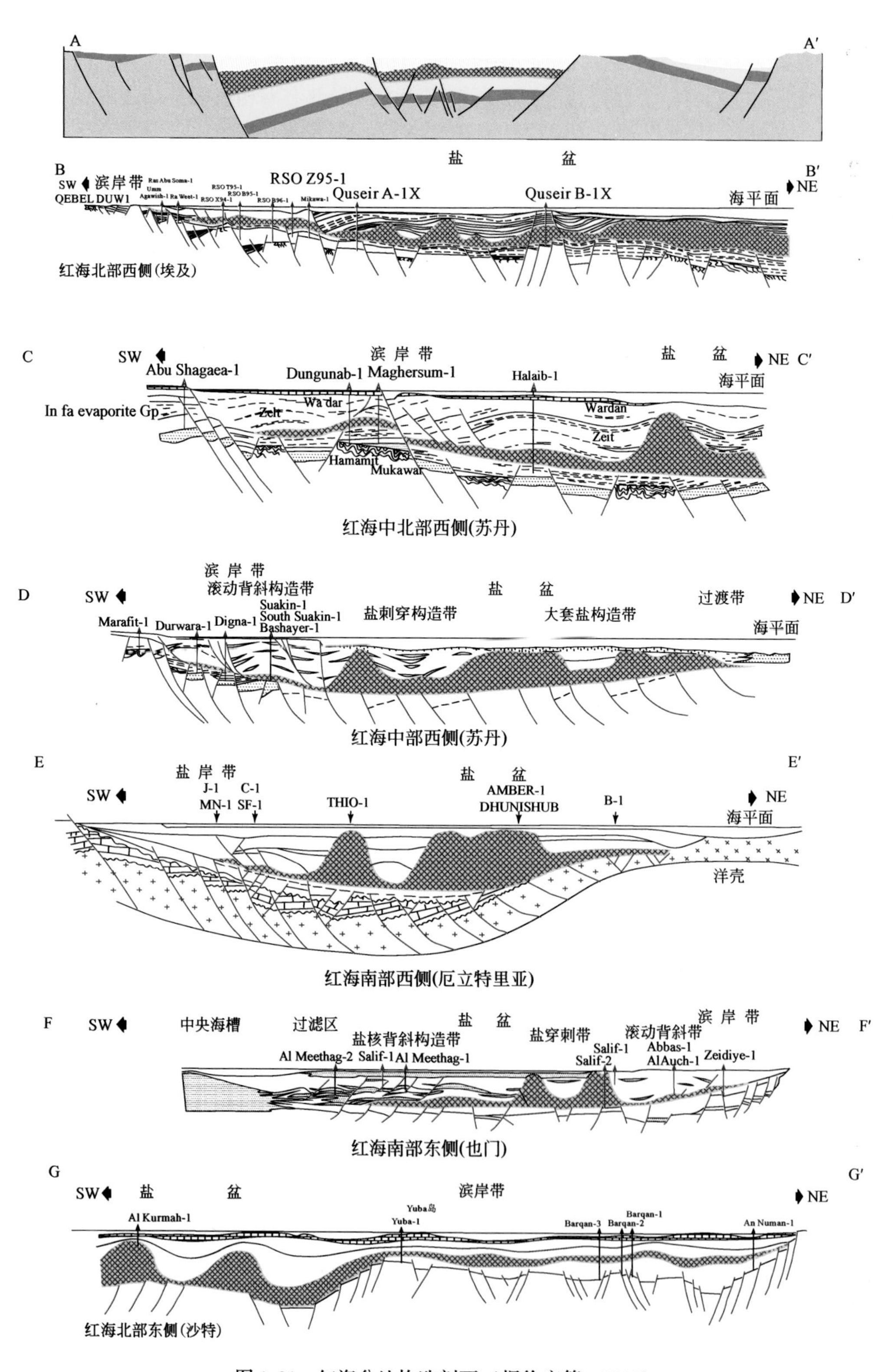

图 1.21　红海盆地构造剖面（据徐宁等，2014）

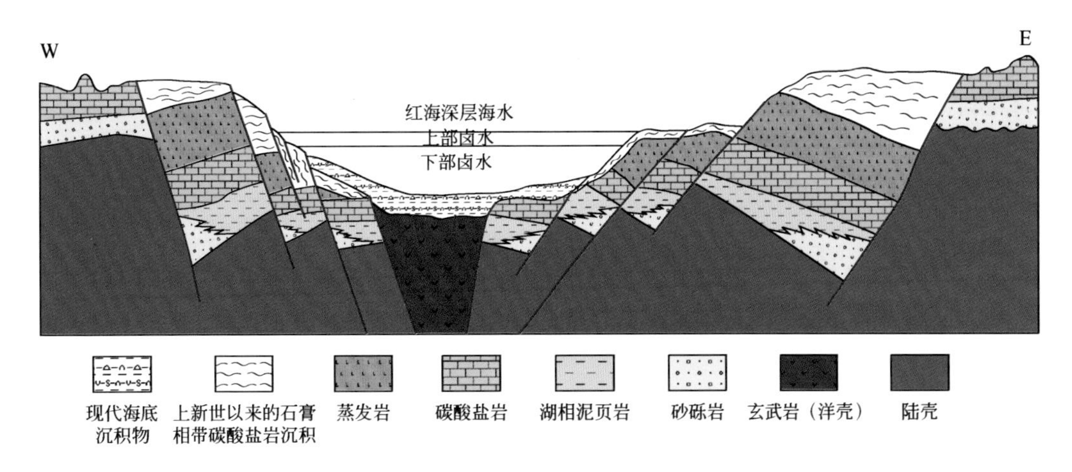

图1.22　红海盆地南部EW向沉积剖面示意图（据唐连江，1985修改）

三、被动大陆边缘阶段

被动大陆边缘阶段，也称漂移阶段。该阶段随着洋壳的进一步扩展，海洋范围不断扩大，远离洋中脊的两侧洋壳到陆壳发生区域性热沉降，沉积环境明显不同于陆内与陆间演化阶段，所有被动大陆边缘盆地在该阶段全部为海相沉积充填。沉积充填除了受自身构造背景影响外，还受全球海平面升降及古气候变化等因素控制。且中生代、新生代控制因素明显不同。

侏罗纪—早白垩世，全球气候变暖，海平面上升，在低纬度地区，海相碳酸盐台地建造占优，如当时的墨西哥湾、中大西洋、地中海盆地群等；而高纬度地区下，以海相碎屑岩沉积为主，如印度洋周缘盆地。晚白垩世之后，受全球海平面下降影响，不论纬度高低，从陆向海碎屑岩沉积充填明显增多，尤其中新世之后，到新近纪特别是中新世，不论盆地形成早晚，随着全球挤压性区域隆升和海平面快速下降，大型进积型河流—三角洲—深水重力流沉积体系越来越发育，可以形成正反转改造和三角洲滑脱改造两类特殊构造、沉积现象。正反转改造现象主要位于中新世造山带附近，从陆向海发生轻-中度反转，中-低幅度挤压性背斜普遍发育，如南墨西哥湾苏瑞斯特盆地，受西部科迪勒拉弧陆碰撞造山和南部加勒比板块楔入影响，陆架区和浅水区普遍发生反转。三角洲滑脱改造是由于三角洲极高的沉积速率，从岸向深水形成独特的生长断裂—泥底辟—逆冲推覆—前渊缓坡四大环状构造沉积带，典型代表为尼日尔三角洲盆地。

被动大陆边缘也可根据早期裂谷类型划分为主动型和被动型，为了便于区别，分别称之为拉张型和转换型。转换型主要分布于南大西洋北段，其盆地结构构造、沉积充填等特征在后续类型划分中会详细介绍。其他被动大陆边缘盆地均为拉张型，本节仅以下刚果盆地来说明拉张型被动大陆边缘阶段沉积充填特征。

1. 盆地的形成演化

下刚果盆地位于西非被动大陆边缘，横跨南加蓬、刚果、安哥拉、刚果民主共和国和安哥拉西北部的沿海地带。盆地总面积为 $48.5\times10^4km^2$，海上面积约占 90%（图 1.23）。早白垩世纽康姆期开始，经过陆内裂谷、陆间裂谷和被动大陆边缘 3 个演化阶段（图 1.24）。

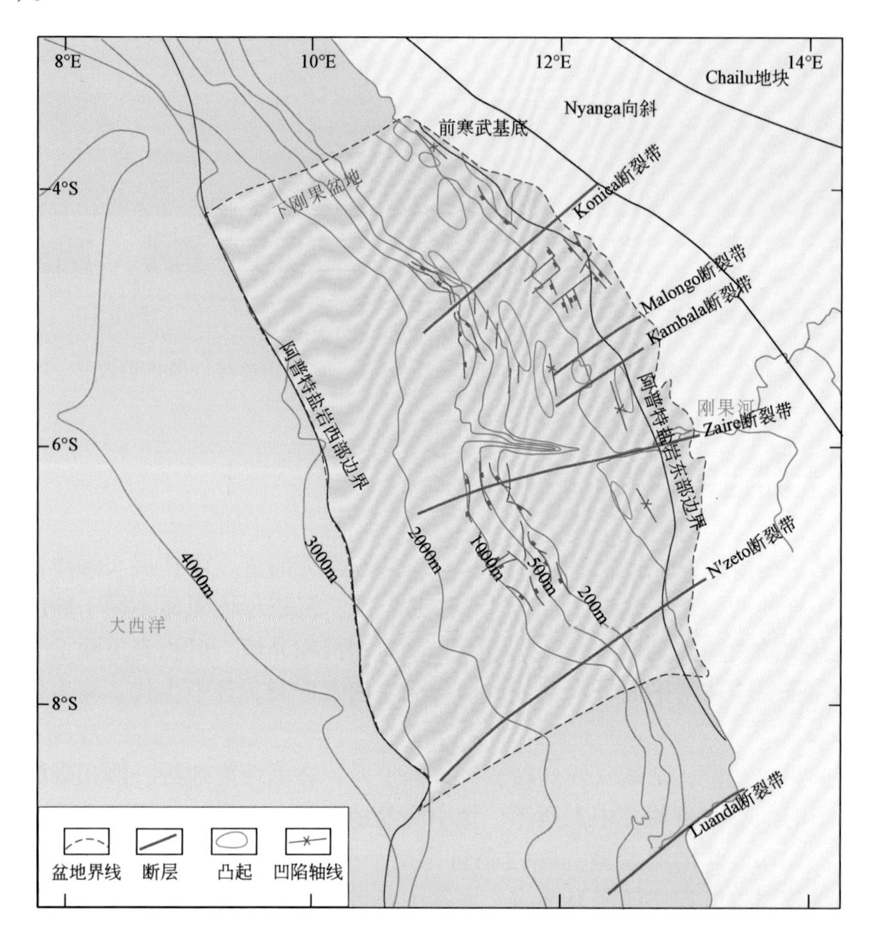

图 1.23　下刚果盆地地理位置（据 IHS，2018）

1）陆内裂谷阶段

裂谷活动始于早白垩世，以局部强烈火山活动为标志，早白垩世形成了一系列断陷湖盆，类似于现今的东非裂谷系。早白垩世纽康姆期和巴雷姆期沉积构成了盐下陆内裂谷层系的主体，凹陷中充填为砂岩和泥岩互层，横向相变快，在古隆起发育石灰岩。

2）陆间裂谷阶段

早阿普特期不整合面标志着陆内裂谷沉积结束，窄洋壳出现，开始进入过渡期陆间裂谷阶段。该阶段与现代红海沉积类似，为潟湖相沉积环境。裂谷末期区域性不整合面被快速而广阔的海侵层序覆盖，Chela 组为砂岩，局部地区突变为泥岩、钙质粉砂岩和白云岩，厚度大约 60m，属早白垩世早阿普特期沉积，代表着海相沉积的开始（IHS，2018）。蒸发盐岩为早白垩世晚阿普特期沉积，为 Loeme 组硬石膏、盐岩、钾岩和泥岩夹层，厚几十米到上千米，盐丘部位最厚达 3000m（IHS，2018）。

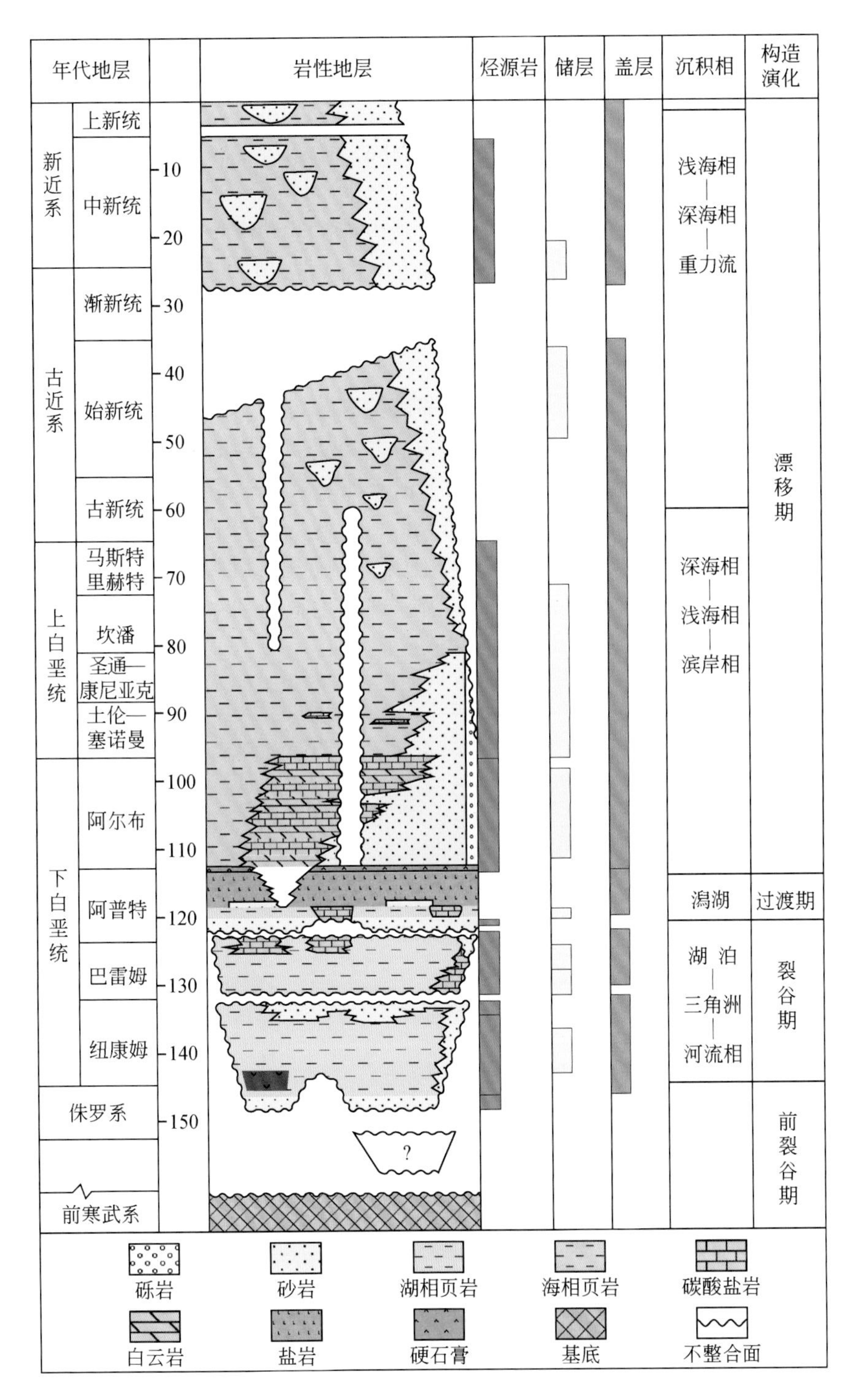

图 1.24　下刚果盆地地层综合柱状图（据 IHS，2018 修改）

3）被动大陆边缘阶段

随着洋壳的进一步扩张，盆地进入漂移期被动大陆边缘阶段拗陷层系，属于海相沉积环境。漂移期层序底部即在陆间裂谷后期蒸发岩之上覆盖一套薄层硬石膏，属于阿尔布阶Mavuma或Inhuca组，厚约60m，之上主要为Pinda组的高能浅滩碳酸盐岩（IHS，2018）建造，厚500～600m，靠近海岸为滨岸碎屑沉积，为Vermelha组。上覆上白垩统的海相Iabe组，由页岩和泥灰岩组成，厚几10m到300m。始新统的灰岩、粉砂岩及Landana组的泥灰岩不整合于白垩系之上，这一较重要的沉积间断在所有的西非海岸盆地普遍发育。渐新世以来，全球海平面降低，古刚果河向盆地内部搬运和沉积，形成了西非仅次于尼日尔三角洲巨大的刚果扇体系，厚度可达6000m的Malembo组，是一套以深海页岩夹重力流砂体为主的地层（IHS，2018）。

2. 盆地结构和构造特征

下刚果盆地经过了陆内裂谷、陆间裂谷和被动大陆边缘3个阶段的演化，盆地结构垂向上明显呈三分性，即下部盐下陆内裂谷层系、上部盐上漂移期拗陷层系和中间含盐过渡层系（图1.25）。下部陆内裂谷层系，与现今东非现今裂谷系相似，呈“隆拗相间、垒堑相间”的构造格局。中间盐岩层系，与红海类似，受盐活动影响，盐岩分布薄厚不均，呈现“凹凸相间”的构造特征。上部漂移期拗陷层系，受盐岩滑脱面的重力滑脱构造体系影响，横向上具有明显构造分带特征，由陆向海呈现为生长断裂-盐岩底辟-逆冲褶皱-前渊缓坡四大环状构造带（图1.25）。

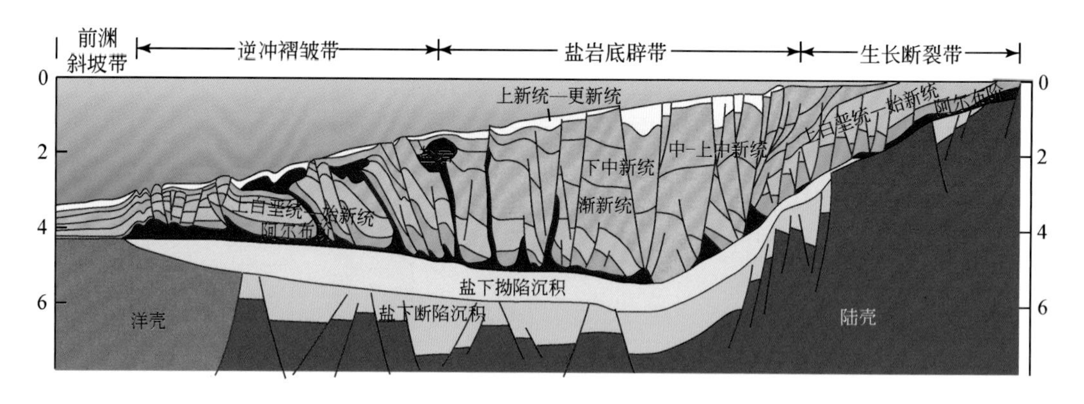

图1.25　下刚果盆地地质结构剖面（据IHS，2018修改）

1）生长断裂带

最靠近陆地为生长断裂带，该带位于盆地陆架及上陆坡，受重力作用控制，以发育一系列同生正断层为特征（图1.25）。生长断裂带由以一系列地垒、地堑和低幅度正三角形的盐筏构造组成。地堑和地垒一般交替发育，前者宽度较窄，后者相对较宽，盐筏构造主要受正断裂控制，多发育在正断裂的下盘（图1.26）。

2）盐底辟构造带

盐底辟过渡区位于中陆坡上，以发育大量盐底辟构造为特征，向陆一侧为伸展构造区，向海一侧为挤压构造区，整个过渡区由拉张应力状态过渡到挤压应力状态。靠近伸展区发育长波长、低幅度枕状盐底辟，靠近挤压区一侧发育短波长、高刺穿的柱状和伞株状盐底辟，越靠近挤压区盐底辟刺穿幅度越大，盐构造越发育，主要形成盐株、盐蓬及盐边凹陷等构造（余一欣等，2011）（图1.26）。

3）逆冲褶皱带

逆冲褶皱带主要发育在下陆坡至深海平原转换区，称为挤压构造区，以发育一系列的逆冲推覆构造和挤压盐构造为主要特征。由于沉积物不断由陆地一侧向海滑动，导致地层发生挤压，形成逆冲构造。该区域构造变形强烈，造成盐岩叠置增厚，在逆冲断裂上盘形成不对称背斜，逆冲断层上部发育背斜核部，下部发育为背斜延伸较长的缓翼，主要形成盐蓬、盐床和龟背斜等相关盐构造（图1.26）。

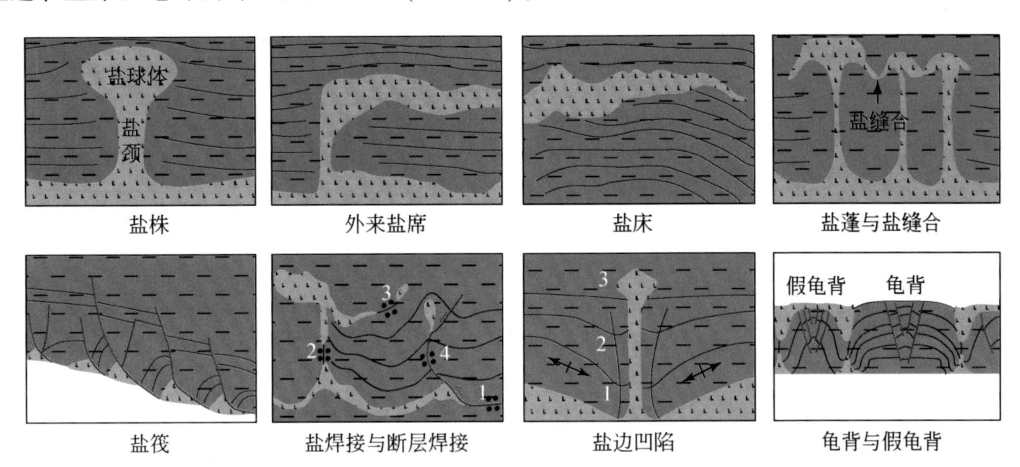

图1.26　盐构造发育样式（余一欣等，2011）

4）前渊缓坡带

前渊缓坡带位于重力滑脱构造体系的前渊深水领域，无盐构造发育，以深海相泥质沉积为主，局部可能发育重力流扇体。

3. 沉积充填特征

下刚果盆地陆内裂谷阶段和陆间裂谷阶段沉积充填特征分别与前述的东非裂谷系和红海盆地类似，本章不再赘述，重点讨论该盆地漂移期被动大陆边缘阶段沉积充填特征。

1）漂移期沉积特征

受全球海平面升降控制，漂移期沉积地层可以明显划分为上、下两段，下段为海平面上升过程，滨岸河流—三角洲碎屑沉积减少，以早期碳酸盐岩到晚期深水细粒沉积为主，上段为海平面下降过程沉积充填，河流—三角洲—深水重力流沉积明显增多（图1.24，图1.27）。

早白垩世末期阿尔布期至晚白垩世马斯特里赫特期，随着洋壳的持续扩张，远离大洋扩张脊的老洋壳不断冷却，产生了强烈的沉降，与此同时全球海平面处于上升阶段，发生广泛海侵。阿尔布期，属海侵初期，整个盆地以滨浅海沉积为主，靠岸陆架区次级洼陷陆源供给较充分，以碎屑岩沉积充填为主。靠海陆坡区受地壳轻微向西掀斜和沉积物负荷影响，引起了重力构造活动及盐运动，在浅海环境中的古盐丘形成浅滩和岛屿，成为孤立的碳酸盐台地，为礁体和藻类碳酸盐岩沉积建造提供了良好的古隆起背景，其他拗陷及深水斜坡区以细粒灰泥沉积为主。晚白垩世，全球海平面继续上升，深海沉积范围越来越大，

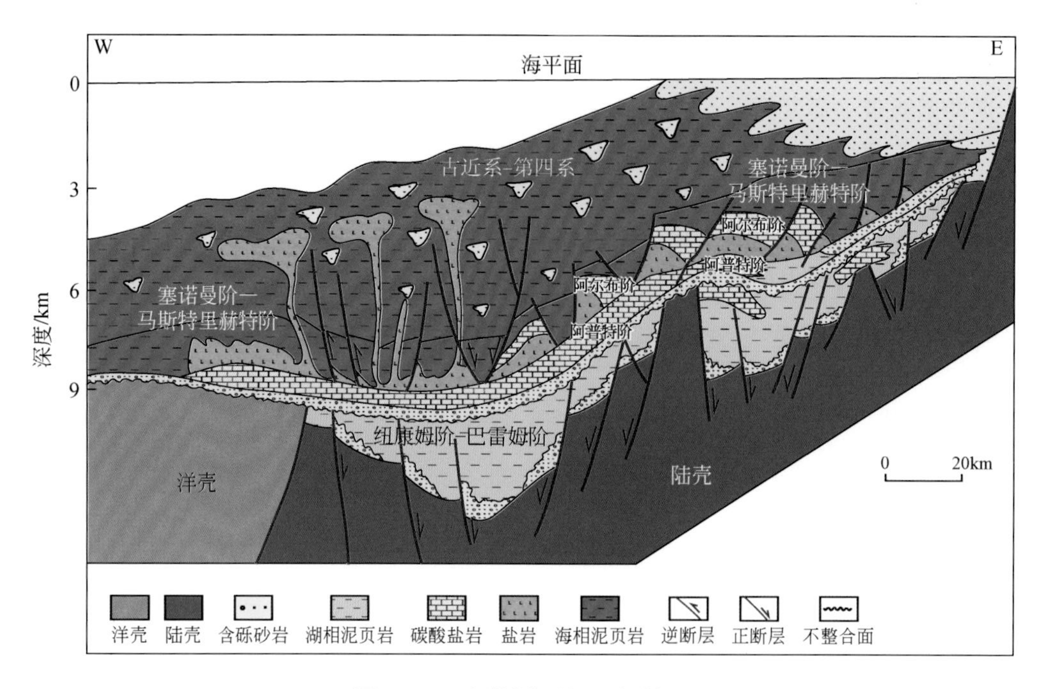

图 1.27　下刚果盆地沉积相剖面

但当时非洲大陆陆内裂谷及火山活动导致大陆热隆升，导致滨浅海河流—三角洲沉积有所增多，碳酸盐岩越来越少。

古近纪以来，全球总体处于海平面逐渐下降过程，河流—三角洲—深水重力流沉积增多，特别是晚渐新世以来，随着全球海平面快速下降，加上非洲大陆 Afar 等地幔柱导致的热隆起，西非海岸河流—三角洲规模明显增大，其中刚果河是当时仅次于北部尼日尔的大型河流，在陆架区形成高建设性三角洲，随着向海的进积作用，受盐层易流动影响，在陆架—陆坡—陆隆区形成生长断裂带—盐岩底辟带—逆冲褶皱带—前渊缓坡带四大环状构造带，其中在下斜坡及深海盆地重力流水道—扇沉积体系极其发育，最大厚度超过 6000m（IHS，2018）。

2）漂移期深水水道—扇沉积体系主控因素

下刚果盆地深水水道—扇沉积体系主要发育在中渐新世及其后地层，该沉积体系的形成除了受全球海平面升降、物源供给等宏观因素影响外，还受到渐新世以来发育的大型刚果河流—三角洲—重力流滑脱构造体系的控制。

（1）源-汇体系

物源供给方式不同会形成不同的重力流体系。结合已有资料，下刚果盆地深水沉积的物源供给方式为峡谷—水道型，由稳定的重力流水道持续提供物源。峡谷—水道型物源在下刚果盆地 Girassol、Dalia 和 Kizomba 等多个大油田中均有发育，储层以大型水道复合体为主，为水道不断迁移相互叠置形成的多期复合砂体。

陆坡发育峡谷型水道复合体，以盆地中部 Dalia 油田为典型实例。该油田位于下刚果盆地距安哥拉海岸 135km、水深 1200～1400m 的区域。油田发现于 1997 年，并于 2006 年正式投产，2P 石油可采储量为 10×10^8bbl①，主力层系为下—中中新统。Dalia 油田沉积于陆坡坡脚处，主力层位水道复合体发育于峡谷内，底部为侵蚀性水道，地震上表现为高振幅特征，向上过渡为填充性水道（图 1.28）。Abreu 等（2003）认为该油田有 5 个 SW 向中新世重力流水道复合体，分别为下部主水道、下部东翼水道、下部西翼水道、上部主水道和 Camelia 水道复合体（图 1.28）。其重力流水道主要发育于早中新世晚期。同时利用高分辨率地震（65Hz）对上部水道体系进行解剖，认为其单一水道内部，底部发育高密度浊流，上部发育低密度浊流。水道侧向迁移摆动频繁，单一迁移水道加积体厚度可达约 45m，面积约 0.75km^2。水道弯度较高，发育点坝，地震上呈现叠瓦状反射（图 1.28，图 1.29）。

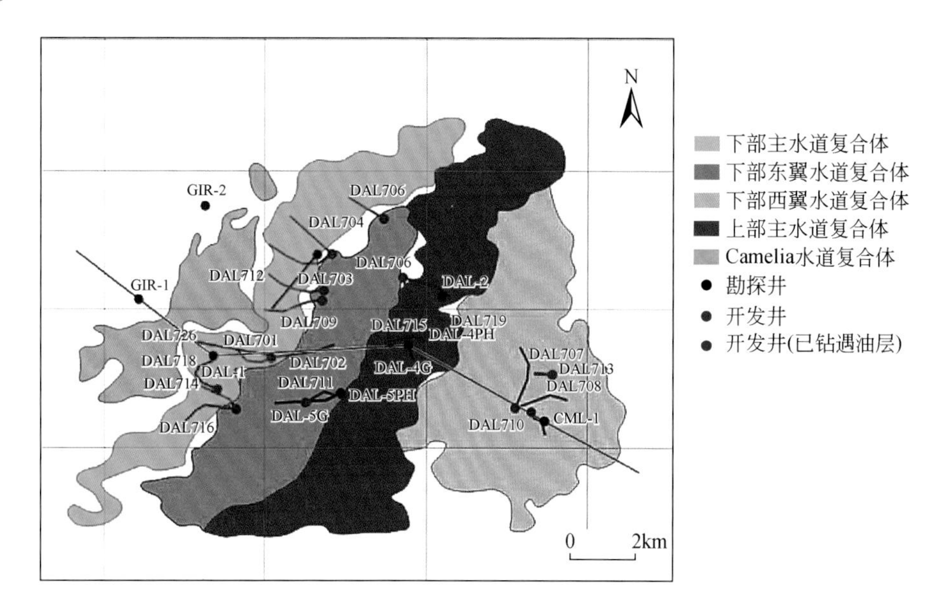

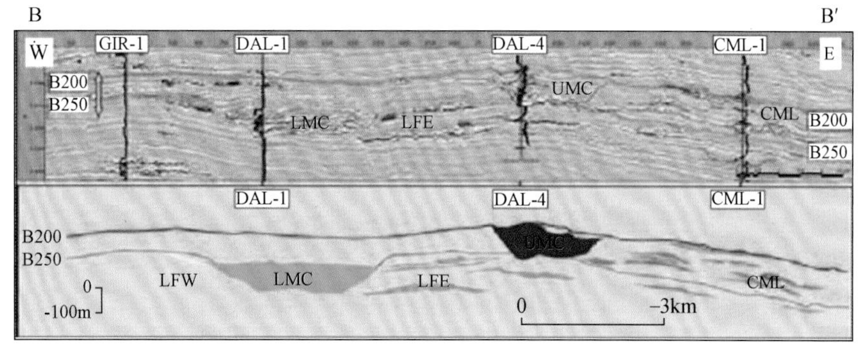

LFW.下部西翼水道复合体　LFE.下部东翼水道复合体　CML.Camelia水道复合体
UMC.上部主水道复合体　LMC.下部主水道复合体

图 1.28　Dalia 油田区块平面图及地震解释剖面（据 Abreu et al.，2003）

① 1bbl = 0.159m^3。

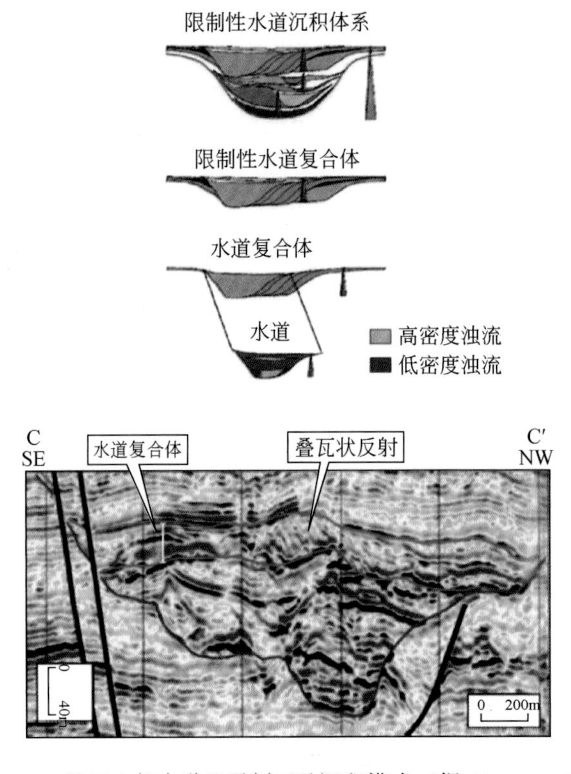

图 1.29　Dalia 油田上部水道地震剖面及沉积模式（据 Abreu et al.，2003）

在深海盆地陆隆上发育水道复合体，以盆地西南部的 Girassol 油田为典型实例。储层主要为物性极好的中新世重力流水道砂体，埋深较浅，顶部位于海平面以下 2450m、海底以下 1100m 左右。石油地质储量约为 15.5×10^{8}bbl，可采储量约为 7.25×10^{8}bbl。根据地震及测井资料，在 B 砂组中解释出三种沉积类型（Navarre et al.，2002）：水道沉积、水道侧缘沉积、朵叶体沉积，其中水道沉积在地震剖面中呈底平顶凸的轮廓，通常具有多个期次相互叠置切割的特征，在振幅平面图中为蜿蜒蛇曲状，为高弯度水道的特征，(图 1.30)。水道侧缘沉积在剖面中为席状叠置形态，在振幅平面图中为高振幅连片状分布。朵叶体沉积在剖面中呈扁平席状特征，振幅图中呈爪状轮廓，为多期次水道在开阔处分叉，能量减弱发生沉积形成，各期次相互叠置，形成扇体。

（2）海平面变化

长期的海平面变化旋回主要控制了古近系—新近系水道—扇体的发育，始新世时期刚果河水系开始发育，此时古刚果河河口位于陆架内部，发育的三角洲砂体主要在陆架之上。渐新世后，全球海平面不断下降及 Afar 热柱活动导致西非大陆整体抬升西倾使得陆架暴露，沉积物几乎直接由刚果河注入深水盆地。

短时期的海平面变化可能是陆坡上重力流水道体系沉积特征改变的重要因素。四级旋回控制下，海平面低位时期，多发育侵蚀性水道，岩性上为粒度较粗的砂岩或砾岩，随着海平面相对位置的逐渐升高，开始逐步转变为以建设性陆坡沉积体系为主，首先发育低弯度的水道，水道限制在早期侵蚀形成的峡谷中，侧向迁移较弱，随着峡谷不断被水道沉积

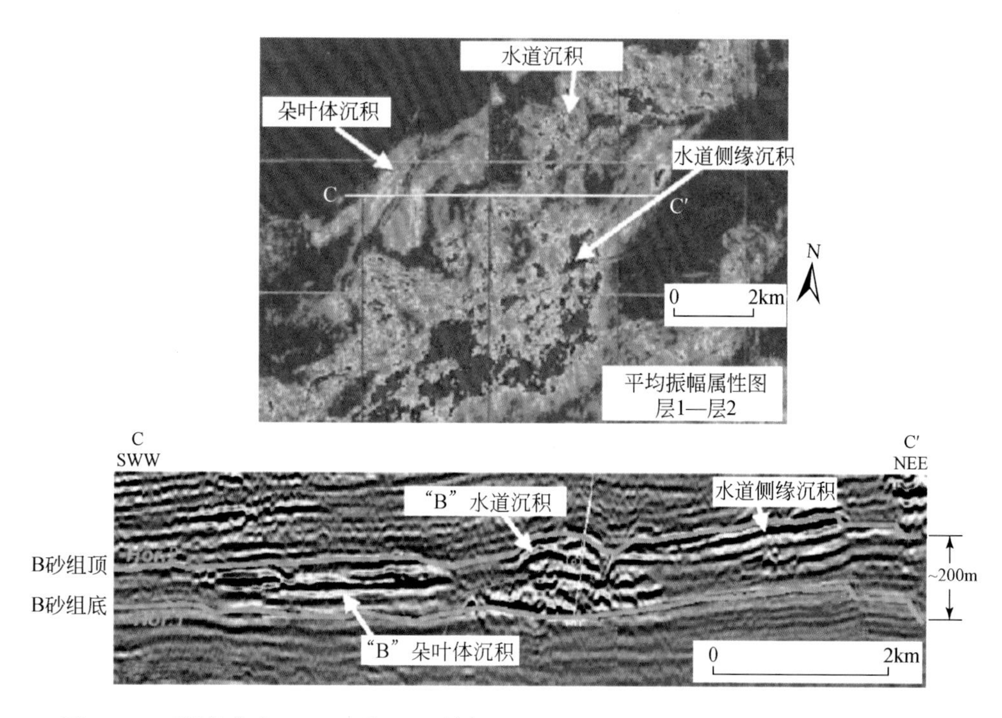

图 1.30 下刚果盆地 Girassol 油田地震剖面及地震属性平面图（据 Navarre et al.，2002）

所填充，水道的迁移性增强，形成高弯度水道。

（3）构造活动

在重力滑动构造体系的控制下，含盐盆地广泛发育各种类型的盐构造、同生断层及其伴生构造，这些构造对重力流沉积的形成和分布起控制作用。下刚果盆地分布于底辟过渡区的 Kizomba 油田群，其内部水道多受西侧盐刺穿构造影响形成分叉（图 1.31），但东南侧盐构造则未对其产生影响，可能是由于盐构造发育晚于水道发育时期（Reeckman et al., 2003）。Oluboyo 等（2014）对下刚果盆地西南部深水区块中新世重力流砂体的解剖也证实，盐构造发育时期之后沉积形成的重力流砂体均分布在盐构造形成的低洼区（图 1.32）。

盐构造的分布影响了油田内砂体的发育，部分陆坡地区未发育盐构造，其油田范围内沉积层系多为宽度较大非限制性的水道沉积，如 Dalia 油田及 Girassol 油田。发育盐构造的地区，盐构造发育时期及发育程度不同，对重力流砂体的发育也存在不同程度影响，Kizomba 油田内局部地区盐构造发育较晚，未对水道发育产生影响，图 1.32 所示区块中盐构造发育规模较大，且发育时期较早，对重力流水道产生限制作用，使得水道主要沿盐构造间的低洼区发育。

3）漂移期深水水道—扇沉积模式

下刚果盆地在晚白垩世尤其是中渐新世以后发育了大量深水沉积，以海底峡谷提供物源的水道—扇体系为主（图 1.33），主要发育海底峡谷、水道、堤岸、朵叶体等沉积单元，局部发育滑动、滑塌沉积。始新世以来，重力流发育受到盐构造的持续控制，在盐构造形成的次级洼陷中形成限制性重力流沉积，包括限制性水道沉积及限制性朵叶体沉积。其中限制性

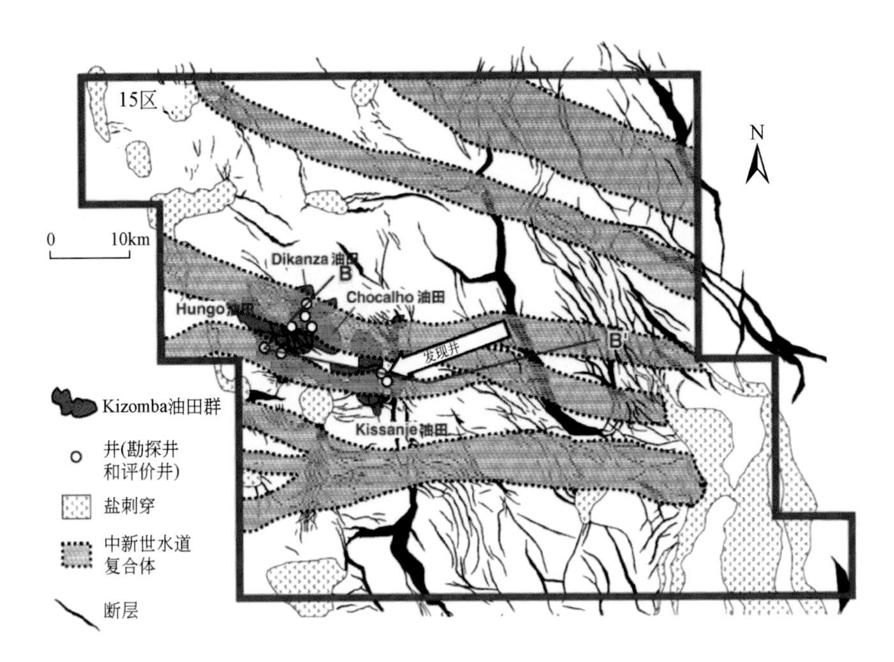

图 1.31　Kizomba 油田中中新世顶部沉积相平面图（据 Reeckman et al., 2003）

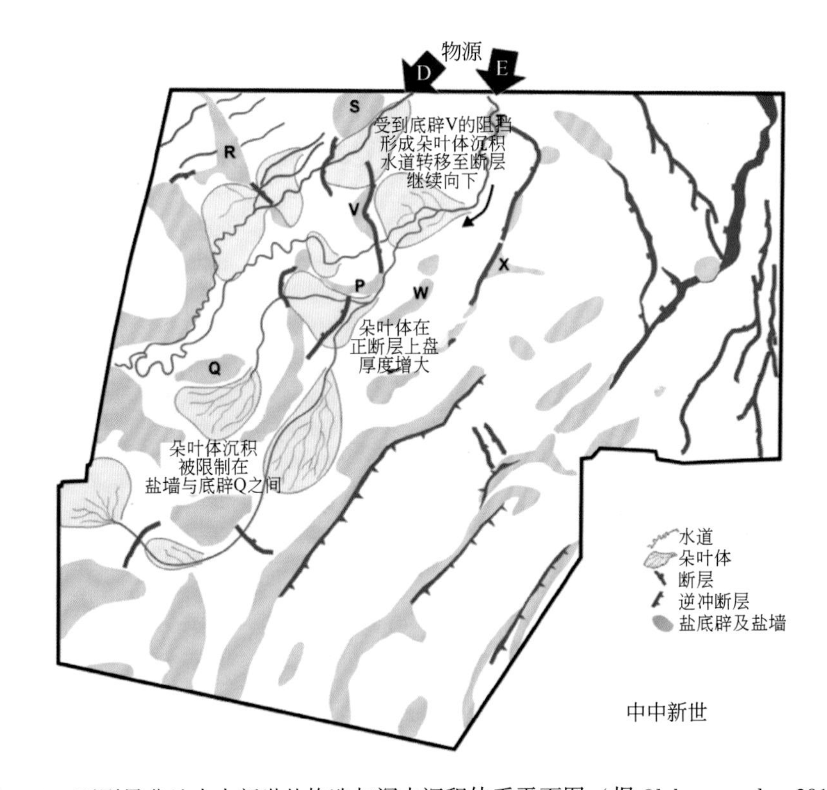

图 1.32　下刚果盆地中中新世盐构造与深水沉积体系平面图（据 Oluboyo et al., 2014）

水道的轴部砂体及限制性朵叶体中的席状砂体均为潜在的优质储层。同时伸展构造区的断层也控制了沉积，发育限制性水道或朵叶体沉积，但后期随着次洼的充填溢出，水道的均夷面向低处迁移，导致先前形成的朵叶体沉积被后来发育的水道侵蚀。

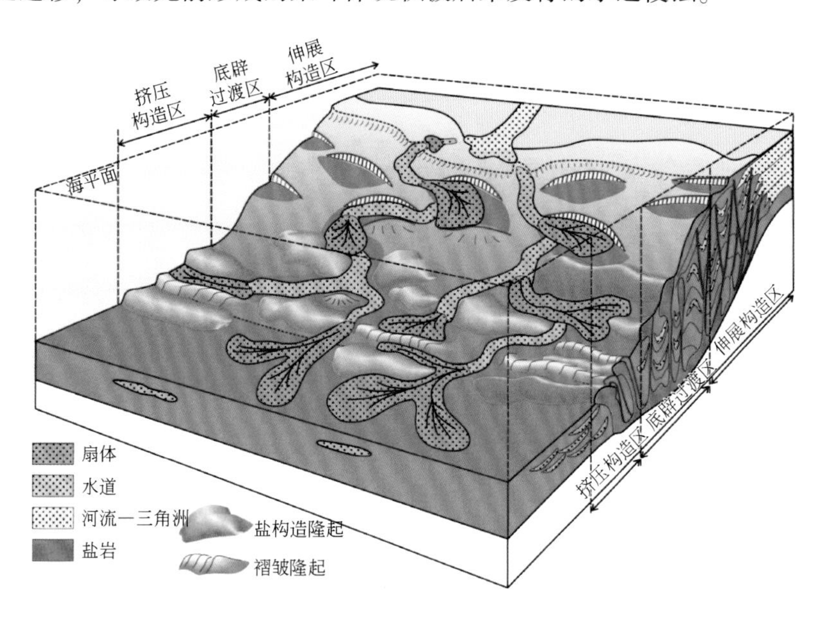

图 1.33 下刚果盆地漂移期深水沉积模式

第四节 被动大陆边缘盆地的分布

全球共发育被动大陆边缘盆地 137 个，主要分布于大西洋、印度洋、北冰洋、墨西哥湾、东地中海、澳大利亚及南极周缘地区（图 1.3），主要涉及巴西、美国、加拿大、挪威、俄罗斯、塞内加尔、尼日利亚、安哥拉、莫桑比克和澳大利亚等 41 个国家，盆地总沉积面积为 $4876\times10^4 km^2$，其中水深大于 200m 的海上面积为 $3318\times10^4 km^2$。

一、南大西洋两岸

南大西洋两岸共发育被动大陆边缘盆地 37 个，主要分布于巴西、阿根廷、加纳、尼日利亚、安哥拉和纳米比亚等 13 个国家，盆地总沉积面积为 $827\times10^4 km^2$，其中水深大于 200m 的被动大陆边缘盆地面积为 $555\times10^4 km^2$（表 1.2）。

表 1.2 南大西洋盆地统计

盆地名称（英文）	盆地名称（中文）	盆地面积/km^2	大于 200m 水深盆地面积/km^2
Barreirinhas Basin	巴雷里尼亚斯盆地	37666.3	8680.86
Campos Basin	坎波斯盆地	155484.53	118274.25
Pelotas Basin	佩洛塔斯盆地	618592.43	454500.2

续表

盆地名称（英文）	盆地名称（中文）	盆地面积/km^2	大于200m水深盆地面积/km^2
Valdes Basin	瓦尔德斯盆地	274354. 12	119069. 08
San Jorge Basin	圣豪尔赫盆地	282616. 78	11045. 11
Sergipe-Alagoas Basin	塞尔希培-阿拉戈斯盆地	37426. 91	11494. 58
North Falkland Basin	北福克兰盆地	56271. 63	28006. 93
Potiguar Basin	波蒂瓜尔盆地	57930. 48	11415. 81
Colorado Basin	科罗拉多盆地	362082. 39	171713. 58
Malvinas Basin	马尔维纳斯盆地	106604. 99	36141. 9
Cumuruxatiba Basin	库穆鲁沙蒂巴盆地	18942. 66	8830. 37
Piaui-Ceara Basin	皮奥伊-塞阿拉盆地	64392. 79	12392. 69
Santos Basin	桑托斯盆地	326231. 76	223802. 68
Southwest African Coastal Basin	西南非沿海盆地	497042. 95	401141. 09
Kwanza Basin	宽扎盆地	308921. 67	260209
Cote d'Ivoire Basin	科特迪瓦盆地	184705. 19	158370. 07
Angola Basin	安哥拉盆地	342227. 17	327896. 56
Douala Basin	杜阿拉盆地	26476. 23	10247. 09
Outeniqua Basin	奥特尼瓜盆地	316905. 52	227369. 82
Lower Congo Basin	下刚果盆地	484547. 24	423846. 77
Gabon Coastal Basin	加蓬海岸盆地	325307. 05	242344. 61
Benin Basin	贝宁盆地	99145. 96	53357. 04
Riomuni Basin	里奥穆尼盆地	19432. 61	12192. 27
Saltpond Basin	索尔特庞德盆地	12239. 76	750. 86
Liberia Basin	利比里亚盆地	160846. 24	116442. 93
Santa Catarina Ultradeep	圣卡塔琳娜	237099. 02	197064. 98
Paraiba Basin	巴纳伊巴盆地	45908. 27	22976. 54
Guyana	圭亚那	344971. 47	118758. 09
Foz do Amazonas	福斯杜亚马孙	779321. 11	447779. 75
Bahia Norte	北巴伊亚	81682. 19	55640. 98
Bahia Sul	南巴伊亚	96852. 41	55567. 13
Espirito Santo	圣埃斯皮里图桑托	121587. 5	69409. 88
South Falkland	南福克兰	556165. 65	551179. 38
Niger Delta	尼日尔三角洲	522798. 27	396431. 34
Rio Salado Basin	萨拉多盆地	205162. 75	82123. 29
Falkland Plateau Basin	福克兰高原盆地	105744. 03	105301. 18
总面积		8273688. 03	5551768. 69

二、中大西洋两岸

中大西洋两岸共发育被动大陆边缘盆地 9 个，主要分布于美国、加拿大、塞内加尔、毛里塔尼亚和摩洛哥 5 个国家，盆地总沉积面积为 $569\times10^4\text{km}^2$，其中水深大于 200m 的被动大陆边缘盆地面积为 $312\times10^4\text{km}^2$（表 1. 3）。

表 1. 3　中大西洋盆地统计

盆地名称（英文）	盆地名称（中文）	盆地面积/km²	大于 200m 水深盆地面积/km²
Grand Bank Basin	大浅滩盆地	411130. 12	315213. 56
Scotian Basin	斯科舍盆地	870623. 39	158901. 18
Atlantic Coastal Province	大西洋沿海盆地	1799893. 42	1211982. 21
Florida Platform	佛罗里达台地	704347. 01	298456. 24
Essaouira Basin	索维拉盆地	177947. 5	153612. 4
Doukkala Basin	杜卡拉盆地	150670. 96	129105. 65
Senegal Basin	塞内加尔盆地	913042. 13	444948. 06
Aaiun Tarfaya Basin	塔尔法亚盆地	416661. 05	215042. 82
Lusitanian Basin	卢西塔尼亚盆地	244830. 11	196617. 68
总面积		5689146. 7	3123880. 56

三、北大西洋两岸

北大西洋两岸共发育被动大陆边缘盆地 11 个，主要分布于芬兰、挪威、爱尔兰、英国等 11 个国家，盆地总沉积面积为 $384\times10^4\text{km}^2$，水深大于 200m 的被动大陆边缘盆地面积为 $311\times10^4\text{km}^2$（表 1. 4）。

表 1. 4　北大西洋盆地统计

盆地名称（英文）	盆地名称（中文）	盆地面积/km²	大于 200m 水深盆地面积/km²
Orphan Basin	奥芬盆地	402325. 67	321677. 56
Labrador Basin	拉布拉多盆地	661773. 88	608984. 04
Baffen Bay	巴芬湾盆地	925189. 24	769218. 23
East Greenland Basin	东格陵兰盆地	830378. 45	598644. 28
West Barents Shelf	西巴伦支海陆架	240006. 85	166572. 81
Voring Basin	伏令盆地	224882. 05	188275. 39
More Basin	摩尔盆地	73020. 85	66503. 34
Faroes-West Shetland	法罗-西设得兰	83993. 38	74433. 68
Northwest Ireland	爱尔兰西北	14443. 53	7368. 28

续表

盆地名称（英文）	盆地名称（中文）	盆地面积/km^2	大于 200m 水深盆地面积/km^2
Porcupine Basin	波丘派恩	265630. 41	187487. 4
Armorican Trough	阿莫里克	122460. 07	122460. 07
总面积		3844104. 64	3111625. 45

四、印度洋周缘

印度洋周缘共发育被动大陆边缘盆地 46 个（含南极洲），主要分布于莫桑比克、坦桑尼亚、肯尼亚、索马里、印度、澳大利亚等国家，盆地总沉积面积为 $2023\times10^4km^2$，水深大于 200m 的被动大陆边缘盆地面积为 $1484\times10^4km^2$（表 1. 5）。

表 1. 5　印度洋周缘盆地统计

盆地名称（英文）	盆地名称（中文）	盆地面积/km^2	大于 200m 水深盆地面积/km^2
Arafura Basin	阿拉弗拉盆地	372074. 97	37341. 82
Auckland	奥克兰盆地	210609. 99	191228. 3
Otway Basin	奥特韦盆地	246859. 43	128180. 62
Bonaparte Basin	波拿巴盆地	440774. 53	145585. 47
Browse Basin	布劳斯盆地	213317. 33	145848. 26
Brisbane	布里斯班	58546. 44	40131. 35
Bellona	贝洛纳	57063. 74	57063. 74
Pukaki	普卡基	103784. 74	102831. 5
Great South	大南盆地	112037. 12	104433. 83
East Tasman Plateau	东塔斯曼	100858. 1	85487. 17
Lord Howe Rise	豪勋爵盆地	912210. 69	881507. 85
Gippsland	吉普斯兰	102105. 26	43372. 65
Carnarvon Basin	卡那封盆地	498304. 67	241481. 21
Capricorn	南回归线盆地	42660. 67	32353. 64
Kenn Plateau	凯恩	196387. 42	196387. 42
Canterbury	坎特伯雷	81928. 43	49243. 5
Queensland	昆士兰盆地	398541. 57	338363. 48
Roebuck Basin	罗巴克盆地	83993. 35	55805. 78
Maryborough	马里伯勒	34668. 93	0
Nambour	楠伯盆地	25330. 46	11361. 53
Perth Basin	珀斯盆地	202000. 51	88099. 6
Solander	索兰德	28581. 5	19185. 77

续表

盆地名称（英文）	盆地名称（中文）	盆地面积/km^2	大于200m水深盆地面积/km^2
Sorell Basin	索雷尔盆地	77708. 8	60538. 98
Townsville	汤斯维尔	412321. 02	271739. 77
West Coast	西海岸盆地	46453. 93	21110. 64
Sydney	悉尼盆地	59504. 75	9898. 35
Fiordland	峡湾盆地	13236. 48	13236. 48
New Caledonia	新喀里多尼亚	925067. 55	917365. 64
Invercargill	因弗卡吉尔	11937. 81	0
Eucla Basin	尤克拉盆地	1108403. 31	524951. 73
Loyalty	洛亚蒂盆地	257147. 22	216903. 35
Ambilobe Basin	安比卢贝盆地	46853. 33	21659. 64
Lamu Basin	拉穆盆地	805001. 44	620912. 51
Rovuma Basin	鲁伍马盆地	244161. 51	196038. 91
Majunga Basin	马任加盆地	126641. 44	55394. 73
Mozambique Basin	莫桑比克盆地	978182. 15	557254. 9
Morondava Basin	穆伦达瓦盆地	268436. 35	72264. 21
Natal Trough	纳塔尔海槽	365575. 97	360398. 69
Somali Basin	索马里盆地	1597869. 44	650606. 92
Tamatave Basin	塔马塔夫盆地	61605. 26	42157. 91
Tanzania Basin	坦桑尼亚盆地	757975. 68	612860. 67
Transkei Basin	特兰斯凯盆地	184869. 45	184869. 45
Enderby	恩德比盆地	1114960. 91	1007203. 76
Queen Maud	毛德皇后盆地	1392715. 16	1162982. 64
Scott	斯科特盆地	2174042. 43	2082033. 91
Weddell	威德尔盆地	2675976. 27	2186105. 54
总面积		20229287. 51	14843783. 82

五、墨西哥湾周缘

墨西哥湾周缘共发育被动大陆边缘盆地6个，主要分布于美国和墨西哥，盆地总沉积面积为178×10^4km^2，水深大于200m的被动大陆边缘盆地面积为52×10^4km^2（表1.6）。

表1.6　墨西哥湾周缘盆地统计

盆地名称（英文）	盆地名称（中文）	盆地面积/km^2	大于200m水深盆地面积/km^2
Tampico-Misantla Basin	坦皮科-米桑特拉盆地	88033. 35	494. 35
Gulf Coast Basin	海湾盆地	739927. 8	5768. 95

续表

盆地名称（英文）	盆地名称（中文）	盆地面积/km^2	大于200m水深盆地面积/km^2
Sureste Basin	苏瑞斯特盆地	63048.39	2354.34
Veracruz Basin	维拉克鲁斯盆地	28160.9	628.48
Yucatan Platform	尤卡坦台地	424768.86	88729.75
Deep Water Gulf of Mexico Basin	墨西哥湾深水盆地	435698.66	423758.15
总面积		1779637.96	521734.02

六、地中海东南缘

地中海东南缘共发育被动大陆边缘盆地8个，主要分布于埃及、黎巴嫩、土耳其和塞浦路斯等6个国家，盆地总沉积面积为$120\times10^4km^2$，水深大于200m的被动大陆边缘盆地面积为$71\times10^4km^2$（表1.7）。

表1.7 地中海东南缘盆地统计

盆地名称（英文）	盆地名称（中文）	盆地面积/km^2	大于200m水深盆地面积/km^2
Pelagian Basin	佩拉杰盆地	268141.73	124882.35
Levant Basin	黎凡特盆地	132864.47	64501.48
Nile Delta	尼罗河三角洲	136902.32	84420.09
Sirte Basin	锡尔特盆地	125556.45	110928.87
Cyrenaica Basin	昔兰尼加盆地	265297.54	96417.39
Northern Egypt Basin	北埃及盆地	115151.64	73832.95
Korkuteli Basin	科尔库泰利盆地	117022.69	117022.69
Eratosthenes Seamount Basin	埃色托尼海山盆地	38127.63	38127.63
总面积		1199064.47	710133.45

七、北冰洋周缘

北冰洋周缘共发育被动大陆边缘盆地10个，主要分布于俄罗斯、加拿大、挪威和美国4个国家，盆地总沉积面积为$718\times10^4km^2$，水深大于200m的被动大陆边缘盆地面积为$393\times10^4km^2$（表1.8）。

表1.8 北冰洋周缘盆地统计

盆地名称（英文）	盆地名称（中文）	盆地面积/km^2	大于200m水深盆地面积/km^2
Sverdrup Basin	斯韦德鲁普盆地	670473.35	123110.7
Arctic Coastal Plain	北极海岸盆地	1670698.86	1555108.5

续表

盆地名称（英文）	盆地名称（中文）	盆地面积/km^2	大于200m水深盆地面积/km^2
East Barents Sea Basin	东巴伦支海盆地	714126.79	484723.26
Laptev Sea Basin	拉普捷夫海盆地	452769.56	145127.08
East Siberian Sea Basin	东西伯利亚海盆地	1561228.83	567180.11
North Chukchi Basin	北楚科奇盆地	598783.83	317264.27
North Kara Sea Basin (Platform)	北喀拉海盆地	280664.2	136221.5
South Chukchi Basin	南楚科奇盆地	221940.28	0
Barents Sea Platform	巴伦支海台地	794220.6	501655.29
Mackenzie Delta	麦肯锡三角洲	210159.04	97442.93
总面积		7175065.34	3927833.64

第二章　被动大陆边缘盆地分类

第一节　前人对被动大陆边缘盆地的分类方案

20 世纪 90 年代以来，随着被动大陆边缘深水油气勘探不断取得突破，对该类盆地的分类研究也不断深入，按照分类依据可以将前人的方案划分为四大类：

一是以成盆动力及沉积环境为依据的刘池洋等（2015）分类方案。他将被动大陆边缘盆地分为陆间裂谷（初始洋裂谷）、被动大陆边缘三角洲盆地、海底扇沉积体（盆地）和拉裂盆地 4 种类型（表 2.1）。该方案以成盆动力机制及发育演化过程作为主要分类依据，少量参考了盆地的沉积环境差异，优点在于分类简单，突出盆地的沉积特征，缺点在于缺乏统一分类标准。

表 2.1　基于大地构造动力环境的被动大陆边缘盆地分类（据刘池洋等，2015）

<table>
<tr><th>构造位置</th><th>盆地动力环境</th><th>地壳类型</th><th>盆地鼎盛期类型（原型）</th><th>沉降动力</th><th>地温状态</th><th>沉积速率</th></tr>
<tr><td rowspan="12">大陆边缘</td><td rowspan="8">转换型</td><td rowspan="8">陆壳-洋壳-过渡壳</td><td>斜列（雁行）盆地（en echelon basins）</td><td rowspan="3">转换拉张</td><td rowspan="8">热</td><td rowspan="5">快</td></tr>
<tr><td>断弯分离盆地（fault-bend basins）</td></tr>
<tr><td>转换-补偿盆地（transform-compensation basins）</td></tr>
<tr><td>拉分盆地（pull-apart basins）</td><td rowspan="2">转换挤压</td></tr>
<tr><td>渗漏盆地（leakage basins）</td></tr>
<tr><td>断楔盆地（夹角拉分盆地，fault wedge basins）</td><td rowspan="3">转换旋转</td><td rowspan="3">中</td></tr>
<tr><td>辫状断裂系中的块断盆地（fault-block basins in braided falt systems）</td></tr>
<tr><td>转换旋转盆地（transrotational basins）</td></tr>
<tr><td rowspan="4">离散型</td><td rowspan="4">过渡壳-洋壳-陆壳</td><td>陆间裂谷（初始洋裂谷）（intercontinental rift）</td><td>热沉降，应力</td><td>热</td><td rowspan="2">快</td></tr>
<tr><td>被动大陆边缘三角洲盆地（passive continental margin delta basins）</td><td>应力，重力</td><td rowspan="2">温，凉</td></tr>
<tr><td>海底扇沉积体（盆地）（abyssal fans）</td><td>海底地貌</td><td rowspan="2">中</td></tr>
<tr><td>拉裂盆地（pull-rift basins）</td><td>应力</td><td>热</td></tr>
</table>

二是早期 Jackson 等（2000）、Jackson 和 Hudec（2017）根据盐岩形成阶段及盐构造发育程度将被动大陆边缘盆地划分为前裂谷型（prerift）、同裂谷型（synrift）和后裂谷型（postrift）三类；后来，Rowan 和 Peel（2004）以此为基础进行修改，划分为前裂谷型（prerift）、同伸展型（syn- stretching）、同减薄型（syn- thinning）及同剥蚀型（synexhumation）4 种类型。因为并非所有被动大陆边缘盆地中都有含盐层系，而该方案只考虑了被动大陆边缘盆地盐岩及盐构造的发育，因此该方案并不具有普遍性。

三是根据被动大陆边缘盆地的演化过程，朱伟林等（2013）将被动大陆边缘盆地分为4 种类型：裂谷型被动大陆边缘盆地、弧后型被动大陆边缘盆地、转换型被动大陆边缘盆地和伸展型被动大陆边缘盆地。4 类盆地中裂谷型被动大陆边缘盆地发育于裂谷之上，形成于大陆裂开时期。弧后型被动大陆边缘盆地是在弧后阶段演化中形成的被动大陆边缘盆地，多见于东南亚地区。转换型被动大陆边缘盆地是指发育于转换系统之上的被动大陆边缘盆地。而伸展型被动大陆边缘盆地大部分属于三角洲改造型被动大陆边缘盆地，如墨西哥湾盆地、尼日尔三角洲盆地和尼罗河三角洲盆地等。尽管与前两种方案相比，该方案比较合理，但以东南亚弧后小洋盆为代表的弧后型被动大陆边缘形成于主动大陆边缘，其成盆机制与被动被动大陆边缘盆地完全不同。

四是朱伟林等（2013）根据地层中是否发育火山岩，将被动大陆边缘盆地划分为3 类：火山型被动大陆边缘盆地、非火山型被动大陆边缘盆地和转换型被动大陆边缘盆地。前两种占地球上大陆边缘盆地的49%，主要发育于张应力环境，多为中生代盆地。而转换型被动大陆边缘盆地形成于以剪切应力为主的应力环境，多发育于新生代。非火山型被动大陆边缘盆地形成过程中陆壳与洋壳之间没有相对运动，岩石圈的断裂以伸展为主，破裂过程中岩浆量少，岩浆作用一般仅限于岩石圈深部，没有明显地震活动。典型的非火山型被动大陆边缘盆地为南大西洋东侧的尼日尔三角洲和北大西洋的伊比利亚—纽芬兰、红海、比斯开湾等盆地。火山型被动大陆边缘盆地形成于裂谷伸展阶段，脆性断裂导致高温熔融的软流圈物质从地幔上升进入岩石圈，造成大规模的火山喷发。典型的火山型被动大陆边缘盆地分布于格陵兰东部、南大西洋纳米比亚盆地和澳大利亚西部边缘等地区。

第二节　被动大陆边缘盆地的分类

地震地质综合对比解释发现，全球被动大陆边缘盆地结构与构造特征差异明显（图2.1、表2.2）。首先以盆地结构中的主力层系，即原型盆地演化过程中的优势阶段为依据划分为断陷型、断拗型、拗陷型和改造型4 类，继而结合盆地构造差异（反转构造、高建设三角洲独特的环状构造、盐构造、转换断层）将断拗型、拗陷型、改造型3 类进一步细分为含盐断拗型和无盐断拗型、无盐拗陷型和含盐拗陷型、三角洲改造型和正反转改造型6 个亚类，共细分为7 类被动大陆边缘盆地。其中，优势原型阶段标准确定原则为：类比发现裂谷层系和拗陷层系地温梯度分别平均约为4.0℃/100m 和3.0℃/100m（吴景富等，2013；温志新等，2015），若其厚度分别大于3500m 和4000m，则可保障其下部烃源岩经过了生排烃高峰期，具备形成大油气田的资源基础，因此将这两个厚度视为优势原型阶段的一般标准。当然不同盆地受古地温梯度及有机质类型影响，这两个厚度标准会上下有所浮动。同时，在此基础上研究了7 类被动大陆边缘盆地沉积充填特征，并进一步预测了全球7 类被动大陆边缘盆地的分布范围（图2.2）。

表 2.2　被动大陆边缘盆地类型划分及其基本地质特征

盆地类型		划分依据		漂移期沉积充填特征			典型盆地
类	亚类	盆地结构	构造特征	三角洲	重力流沉积	盐岩和碳酸盐岩	
断陷型		断陷层系为主（厚度大于3500m），坳陷期厚度小于4000m		小型	小规模水道—斜坡扇体系	不发育	西南非沿海盆地
断坳型	无盐断坳型	断陷与坳陷层系均发育，沉积厚度分别大于3500m 和 4000m	无盐构造	中小型	中等规模水道—斜坡扇体系	不发育	坦桑尼亚盆地
	含盐断坳型		盐构造发育			坳陷下部发育盐岩和碳酸盐岩	桑托斯盆地
坳陷型	无盐坳陷型	断陷层系不发育，坳陷层系沉积厚度大于4000m	转换断层控制成盆，窄陆架、陡陆坡，无盐构造	小型	中小规模裙边状海底扇	不发育	苏里南盆地
	含盐坳陷型		伸展断裂控制成盆，宽陆架、陡陆坡，盐构造发育	中小型	中等规模水道—斜坡扇体系	坳陷下部发育盐岩和碳酸盐岩	塞内加尔盆地
改造型	三角洲改造型	以中新世以来改造层系为主沉积厚度大于4000m	从陆向海发育生长断裂、塑性底辟、逆冲褶皱和前渊缓坡 4 大环状构造带	大型	大中型滑塌体，水道—海底扇	不确定	尼日尔三角洲盆地
	正反转改造型		从陆向海挤压反转构造由强变弱	中小型	中等规模水道—斜坡扇体系	不确定	黎凡特盆地

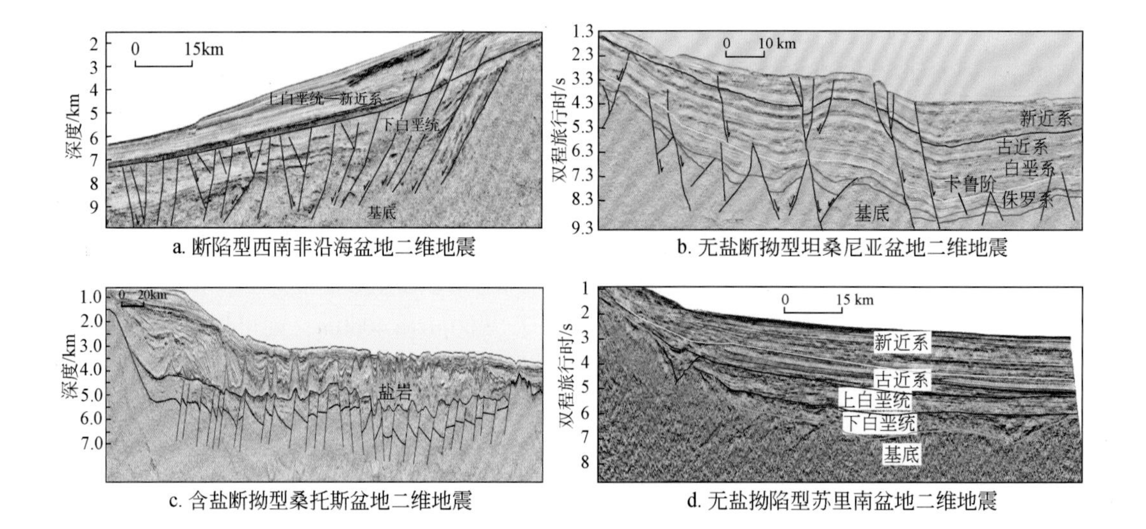

a. 断陷型西南非沿海盆地二维地震

b. 无盐断坳型坦桑尼亚盆地二维地震

c. 含盐断坳型桑托斯盆地二维地震

d. 无盐坳陷型苏里南盆地二维地震

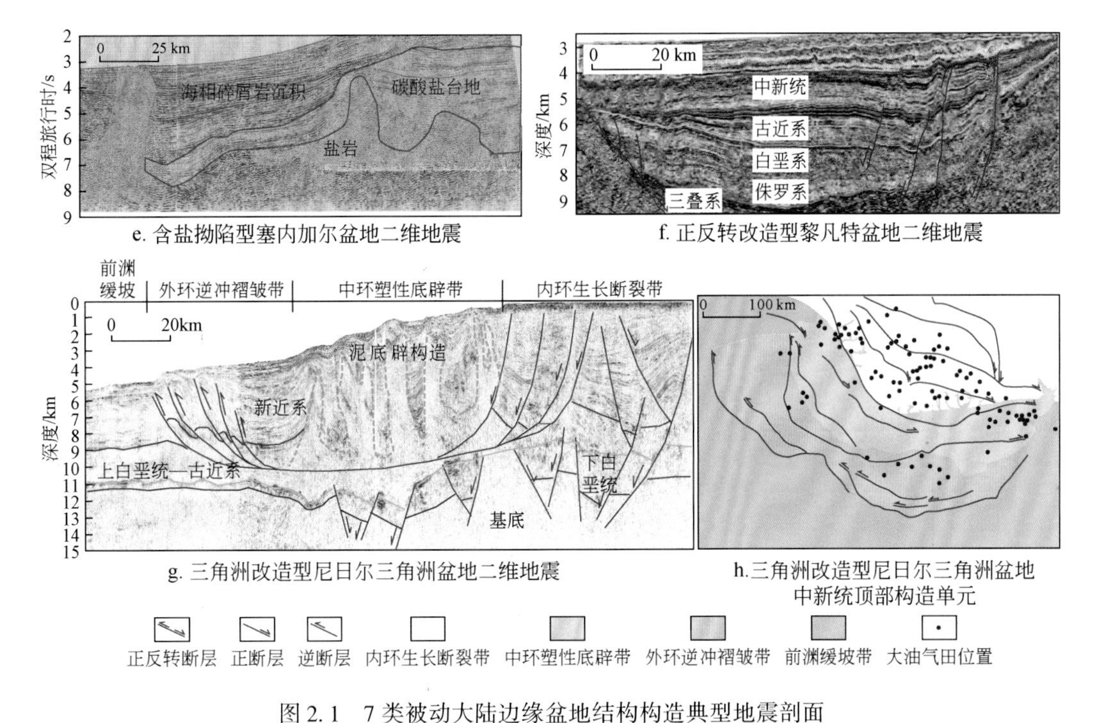

图 2.1　7 类被动大陆边缘盆地结构构造典型地震剖面

一、断陷型被动大陆边缘盆地

断陷型被动大陆边缘盆地，呈“下断上拗”结构，其典型特征是下伏裂谷层系较厚（沉积中心厚度一般大于 3500m）、上覆拗陷层系较薄（沉积中心厚度一般小于 4000m）的盆地结构。7 个类型中，该类盆地全球分布最广，包括北大西洋、北冰洋周缘、澳大利亚西北陆架、马达加斯加岛周缘、南大西洋南段两岸等盆地（图 2.2）。

以西南非沿海盆地为例（图 2.1a、图 2.3），下伏下白垩统陆内—陆间裂谷层系发育，张性断裂控制形成垒堑相间构造特征，钻井揭示为陆相河流、冲积扇、三角洲及湖相沉积体系，地震反射特征表明陆间裂谷期间地垒所形成古隆起上可能发育孤立碳酸盐台地。上覆拗陷层系“棱柱型”特征明显，与下覆地层呈区域角度不整合接触关系，断裂不发育，下部下白垩统地震呈弱振幅近空白反射结构，属于海侵期较深水细粒沉积，中上部地层从陆坡向海底平原，发育多套小型楔形地震反射结构，属于小型三角洲—深水重力流水道—扇沉积体系。

二、无盐断拗型被动大陆边缘盆地

与断陷型相比，该类盆地典型特征为裂谷层系与拗陷层系均比较发育，其沉积中心厚度分别大于 3500m 和 4000m。该类盆地主要分布于印度洋周缘的东非海域和印度大陆东南缘（图 2.2）。

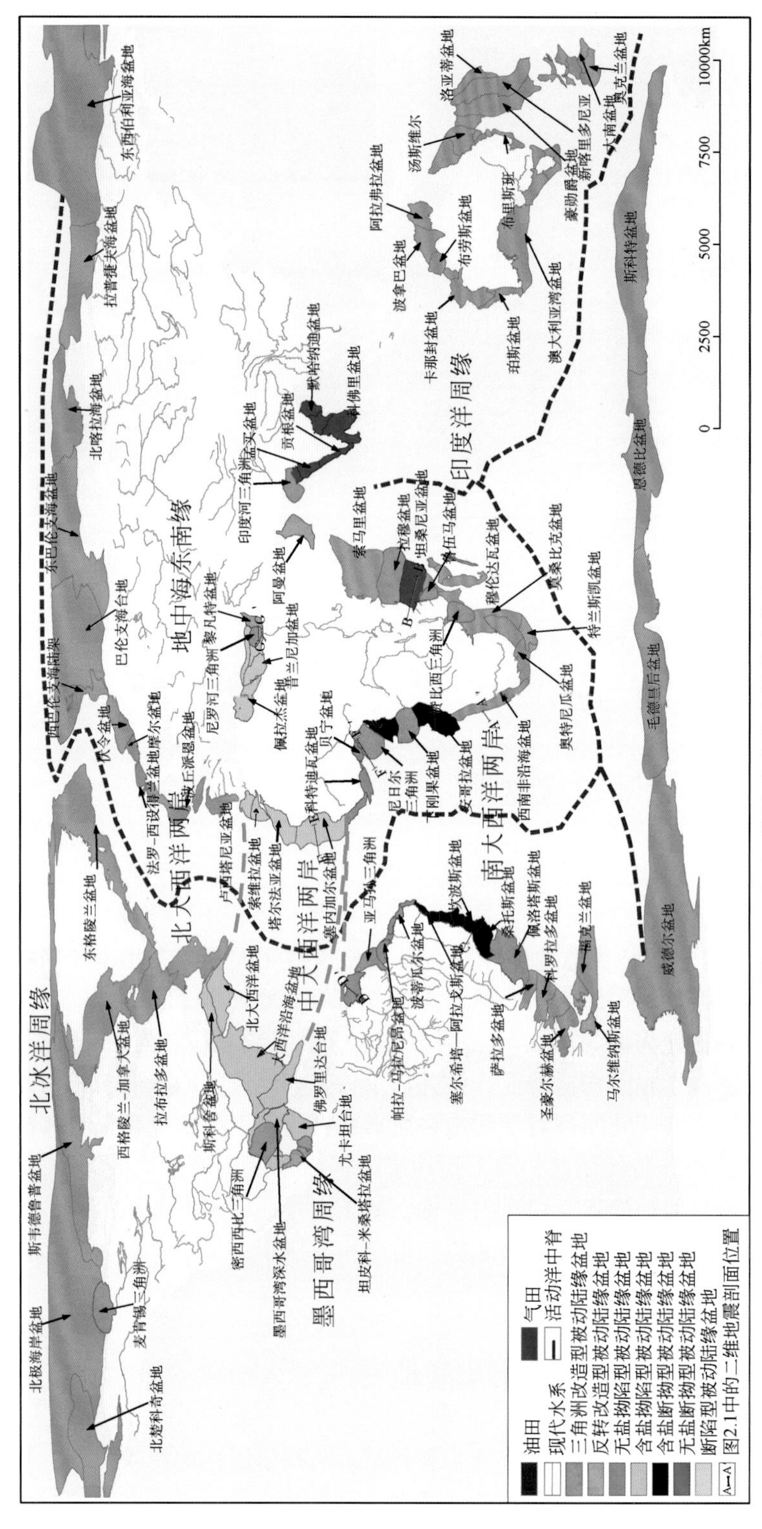

图 2.2　全球7类被动大陆边缘盆地分布

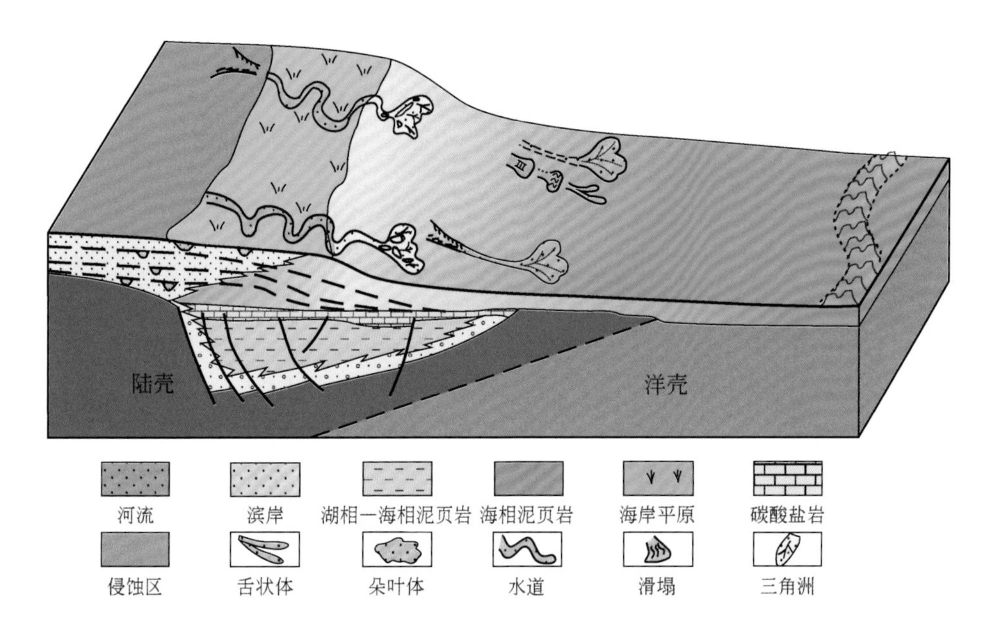

图 2.3　断陷型被动大陆边缘盆地沉积充填模式

以坦桑尼亚盆地为例，与断陷型盆地相比，下部陆内—陆间裂谷层系特征相同，上部漂移期拗陷层系有两点不同（图 2.1b、图 2.4）：①整体厚度大，沉积中心厚度超过 5000m；②地震相揭示了晚白垩世以来，宽缓斜坡带上反映深水沉积体系的楔形、透镜状

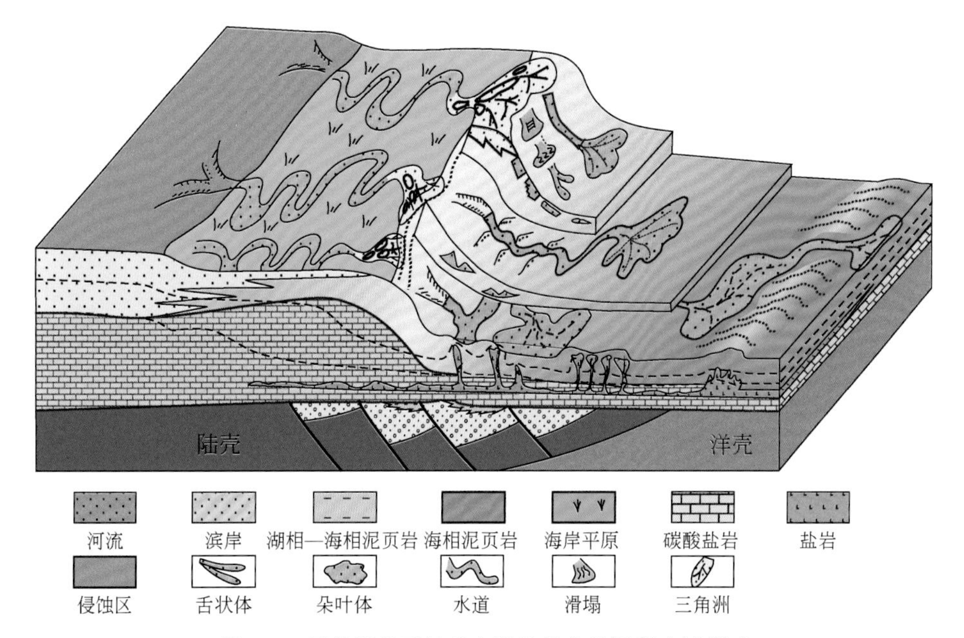

图 2.4　无盐断拗型被动大陆边缘盆地沉积充填模式

强反射结构期次增多、规模变大。形成这种沉积充填差异的原因可能有两个：一是该类盆地比“断陷型”盆地拗陷期海相沉积时间长，因为印度洋周缘在早白垩世已开始进入拗陷沉积阶段；二是物源供给充分，无论是东非大陆的火山活动造山还是印度板块的喜马拉雅碰撞造山，均给下游提供了丰富的物源，因此，中等规模的三角洲—重力流（水道、斜坡扇、海底扇）沉积体系较断陷型盆地更发育。

三、含盐断拗型被动大陆边缘盆地

该类型与无盐断拗型的不同之处在于裂谷阶段晚期即陆间裂谷阶段，发育蒸发盐岩和碳酸盐岩沉积建造，盐构造发育。受古构造环境及古气候条件影响，该类盆地只分布于南大西洋中段两侧（图 2. 2）。

以巴西东部海岸桑托斯盆地为例（图 2. 1c、图 2. 5），早白垩世前阿普特期，南大西洋中段当时处于近 SN 向的陆内裂谷发育阶段，两岸盆地当时主要为陆相河流—三角洲—湖泊沉积体系；进入巴雷姆期陆间裂谷阶段，洋壳出现，地温梯度高，两岸裂谷发生热膨胀翘倾，缺乏碎屑供给，且当时处于低纬度高温蒸发环境，形成了分布范围广（近 $100 \times 10^4 km^2$）、厚度大（最厚为 3000m）的盐岩和碳酸盐岩沉积建造，在桑托斯盆地，盐岩最大厚度可达 2500m，下伏碳酸盐岩最厚可达 500m。由于盐岩的强活动性，不仅能够形成盐丘、盐墙、盐背斜及顶部相关伸展断裂带等构造，而且从一定程度上控制了后期拗陷阶段被动大陆边缘海相深水重力流砂体的分布，盐构造间低洼处往往发育重力流水道及斜坡扇。

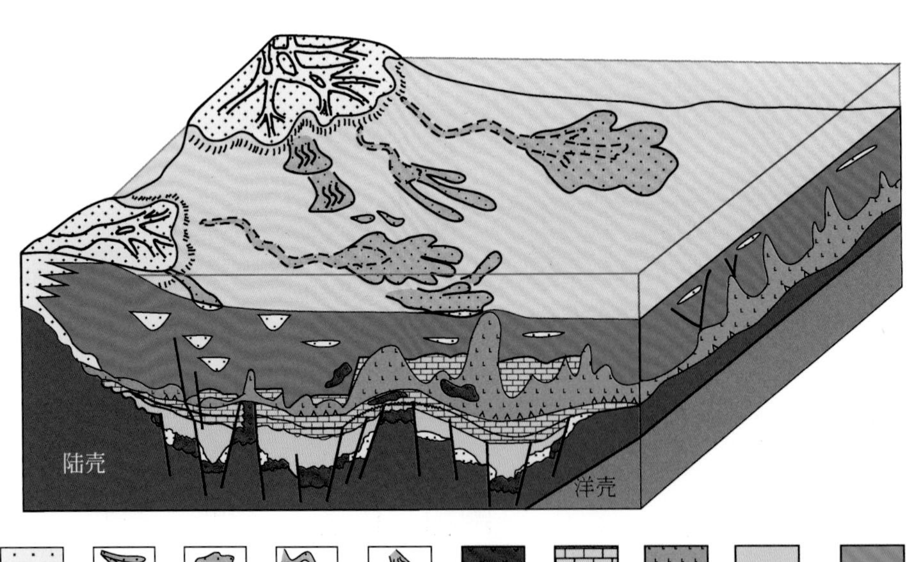

图 2. 5　含盐断拗型被动大陆边缘盆地沉积充填模式

四、无盐坳陷型被动大陆边缘盆地

与其他类型盆地相比，只有该类盆地的形成受走滑转换断层控制，结构独特。纵向上裂谷层系沉积充填厚度虽然很大，但发育范围非常窄，坳陷层系厚度大；横向上显示“窄陆架、陡陆坡”特征。主要分布于南大西洋北段转换边界，包括西非从利比里亚向东到贝宁海岸的诸多盆地，南美洲东北海岸的诸多盆地（图2.2）。

以南美洲东北海岸苏里南盆地为例（图2.1d、图2.6），早白垩世，现今的南大西洋南段两岸在伸展拉张环境下形成近SN向陆内到陆间裂谷的同时，现今的西非利比里亚到贝宁与南美东北海岸的一系列盆地主要发生近EW向走滑转换，形成陡倾角边界断裂的走滑拉分裂谷盆地，这样，最终受控于陡倾角的走滑断裂而形成的被动大陆边缘具有“窄陆架、陡陆坡”的盆地结构。下部被动拉分裂谷窄而深，以碎屑岩沉积充填为主，横向分布范围相对较小。中部陆间拉分裂谷阶段可能发育碳酸盐岩建造。上部漂移期坳陷层系沉积厚度大（大于5000m）以碎屑沉积充填为主，地震揭示整个漂移坳陷层系从下至上在大陆坡下斜坡和陆隆处发育多期次的“裙边状”海底扇。

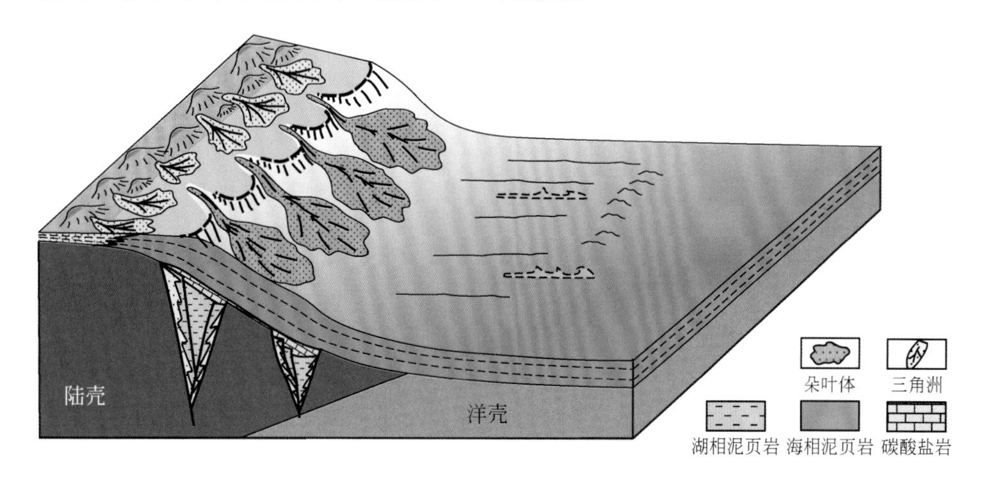

图2.6　无盐坳陷型被动大陆边缘盆地沉积充填模式

五、含盐坳陷型被动大陆边缘盆地

该类盆地与无盐坳陷型的不同之处在于形成于伸展环境且盐岩和碳酸盐岩发育，与含盐拗陷型的不同在于裂谷层系不发育。该类盆地主要分布于中大西洋两岸（图2.2）。

以塞内加尔盆地为例（图2.1e、图2.7），它是随着中大西洋打开而形成的被动大陆边缘盆地。中三叠世，中大西洋两岸盆地处于陆内裂谷阶段，受当时干旱气候的影响，以河流—冲积扇等红色沉积为主；晚三叠世—早侏罗世处于陆间裂谷阶段，形成类似于现今红海一样的盐岩和碳酸盐岩沉积建造；中侏罗世以来，进入漂移期海相沉积阶段，受全球海平面上升及低纬度环境控制，一直到早白垩世，以碳酸盐台地建造为主；晚白垩世至今，尤其中新世以后，随着全球海平面快速下降，陆缘碎屑明显增多，中小型河流—三角洲—深水重力流沉积体系发育，尤其在碳酸盐台地边缘陡岸的前缘深水，从南到北形成了深水海底扇发育带，加上早期陆间裂谷形成大量盐岩的强烈活动，因此，该区大多数盆地与盐相关的多种圈闭类型发育。

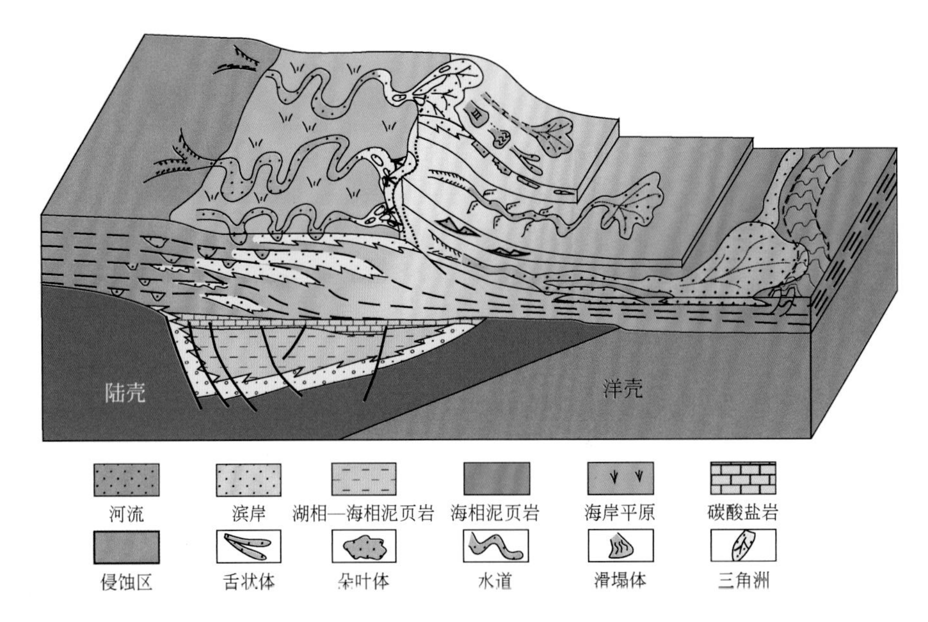

图 2.7　含盐拗陷型被动大陆边缘盆地沉积充填模式

六、三角洲改造型被动大陆边缘盆地

该类盆地是指本节一至五部分所述类型盆地中，那些中新世以后经高建设性三角洲改造而具有生长断裂带、塑性底辟带、逆冲褶皱带、前渊斜坡带 4 大环状构造带的被动大陆边缘盆地。其不仅沉积厚度大（中新世以来沉积厚度大于 4500m），自身层系能够形成独立构造-沉积特征，且改造了原来的盆地结构。受资料限制，目前全球已经勘探证实的该类盆地包括尼日尔、尼罗河、密西西比（北墨西哥湾盆地）、下刚果、鲁伍马和麦肯锡 6 大三角洲改造型盆地。结合现代水系及少量地震剖面预测至少可能还发育福斯杜亚马孙、佩洛塔斯、赞比西（莫桑比克滨海盆地）、拉穆及印度河 5 个三角洲改造型盆地（图 2.2）。

以尼日尔三角洲盆地为例，该类盆地“纵向分层，横向分带”特征明显（图 2.1g、图 2.8）。纵向包含 3 套层系，即下部裂谷层系、中部拗陷层系和上部三角洲改造层系。前两个层系地震反射、沉积充填与断拗型盆地基本一致，而上部自中新统以来高建设三角洲层系发育，且由陆向海形成了生长断裂带、塑性底辟带、逆冲褶皱带、前渊平缓斜坡带 4 大环状构造带，其中生长断裂带发育大规模三角洲前缘亚相砂体，塑性底辟带、逆冲褶皱带和前渊缓坡带上主要为重力流成因的滑塌体、水道及海底扇。

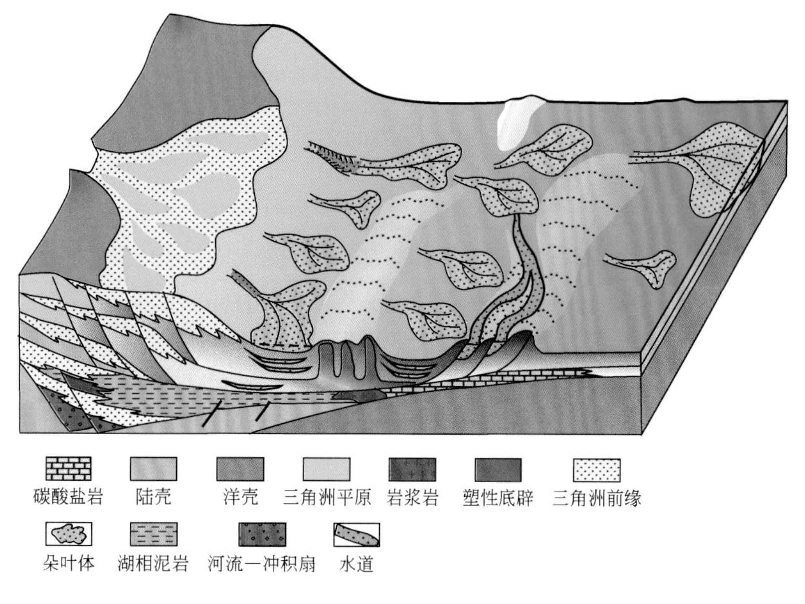

图 2.8　三角洲改造型被动大陆边缘盆地沉积充填模式

七、正反转改造型被动大陆边缘盆地

该类盆地的原型可以是本节一至五部分所述各种类型的被动大陆边缘盆地，中新世以来受周边挤压造山运动影响发生中–轻度的正反转（图 2.1f），但原有漂移期被动大陆边缘的海相沉积充填环境并未被改变，推测仅重力流沉积体系会明显增多。目前能确定的该类盆地包括南墨西哥湾西缘系列盆地，地中海东部埃色托尼海山和黎凡特盆地，阿根廷南部马尔维纳斯盆地（图 2.2）。

第三节　7 类被动大陆边缘盆地成因与分布

基于原型盆地古板块位置重建，发现全球共发育 140 个被动大陆边缘盆地，主要分布于南、中、北大西洋两岸、印度洋周缘、墨西哥湾周缘、北冰洋周缘及地中海东南缘七大地区，其中进行过地震、钻井等勘探开发活动的盆地为 73 个，获得商业油气发现的约 55 个，目前总体上处于中等到低等勘探程度。依据第二节所述分类依据，对勘探程度极低且无任何资料的盆地，通过区域地质条件的类比预测，发现 7 类盆地沿被动大陆边缘走向上具有明显的分段性（图 2.2），如大西洋两岸从南到北依次发育断陷型、含盐断拗型、三角洲改造型、无盐拗陷型、含盐拗陷型和断陷型，主要因为每段盆地形成演化的地质时代、盆地结构构造及沉积充填差异所致。

一、断陷型被动大陆边缘盆地

断陷型被动大陆边缘盆地分布最广，主要分布于北冰洋周缘、北大西洋两岸、南大西洋南段、马达加斯加岛西缘及澳大利亚周缘。

北冰洋周缘、北大西洋两岸周缘盆地拗陷层系沉积厚度薄，是由于它们都是新近纪才开始进入漂移期被动大陆边缘阶段，进入被动拗陷期时间太短，但裂谷层系极其发育，其中北大西洋本身陆内裂谷层系从晚侏罗世到晚白垩世发育时间长，且前裂谷层系从晚二叠世开始就发育一套很厚的夭折裂谷层系；北冰洋周缘盆地前裂谷层系从晚古生代以来就一直发育，推测属于一套弧后裂谷到前陆盆地沉积充填，厚度巨大，勘探潜力同样巨大。

南大西洋两岸南段、马达加斯加西缘及澳大利亚周缘盆地拗陷层系相对较薄，这是因为漂移期陆源碎屑供给相对匮乏。南大西洋两岸南段位于非洲大陆和南美大陆南部，提供碎屑沉积物的陆域狭窄。马达加斯加和澳大利亚为一孤立大陆，地势相对平坦，缺乏大-中型河流三角洲，陆源碎屑被周缘盆地均匀分享，以小型三角洲、深水重力流沉积体系为主，漂移拗陷期沉积厚度不大。

二、无盐断拗型被动大陆边缘盆地

该类盆地主要分布于印度洋周缘，尤其是印度板块东西两侧、东非海域。这些地区裂谷层系和拗陷层系均比较发育。

裂谷层系厚度较大是因为前裂谷发育一套分布范围广的卡鲁夭折裂谷层系，最早从晚石炭世就开始发育，分布于当时的东冈瓦纳板块上，即现今的东非、澳大利亚和南亚板块周缘，加上侏罗系陆内—陆间裂谷活动，导致裂谷层系更发育。拗陷层系发育的原因有二：①拗陷沉积充填周期长，印度洋周缘在早白垩世已开始进入拗陷沉积阶段；②物源供给充分，东非大陆的火山活动造山与印度板块的喜马拉雅碰撞造山，均给下游提供了丰富的陆源碎屑，因而大-中等规模的三角洲—重力流（水道、斜坡扇、海底扇）沉积体系发育。

三、含盐断拗型被动大陆边缘盆地

该类盆地十分特殊，体现在陆内裂谷、陆间裂谷和被动大陆边缘 3 个原型阶段均充填了厚度大、范围广的特殊沉积体系，由于需要特殊的构造及气候条件，只分布在南大西洋中段两侧。

陆内裂谷阶段，当时南大西洋中段初始裂谷南北长度超过 2000km，且充填了一套厚度大的河流—三角洲—湖泊沉积体系。陆间裂谷阶段发育范围广、厚度大的盐岩和碳酸盐岩沉积建造，原因有三：①洋壳出现，地温梯度高，两岸裂谷发生热膨胀翘倾，缺乏碎屑供给；②南端即现今的桑托斯盆地南部边界鲸鱼等火山喷发再次封堵已经发生海侵的断陷湖盆，形成潟湖环境；③当时处于低纬度高温蒸发环境。漂移拗陷期沉积厚度较大，主要是由于陆源碎屑供给丰富。导致东西两岸物源丰富，但原因却不同，东海岸西非系列盆地是由于晚白垩世以来西非裂谷系处于断续活跃期，导致区域性隆升，而西海岸南美洲晚白垩世以来，安第斯从弧后盆地演化为弧后前陆盆地，形成了从西向东横跨整个南美洲大范围河流水系，不论哪种原因，两岸漂移期都形成了众多中等规模的三角洲—重力流（水道、斜坡扇、海底扇）沉积体系，其中刚果河规模最大，形成了三角洲改造型盆地。

四、无盐拗陷型被动大陆边缘盆地

无盐拗陷型被动大陆边缘盆地，也称转换拗陷型被动大陆边缘盆地，主要分布在南大西洋北段，包括西非利比里亚到贝宁一线沿海盆地及南美圭亚那滨海至巴西波蒂瓜尔盆地等一系列盆地。

裂谷层系不发育不是因为纵向上沉积厚度小，而是平面上沉积范围窄，主要原因为该类盆地是从被动裂谷进一步演化而来。被动裂谷本身都具有深而窄的特点，大部分地区裂谷层系不发育，而且进一步演化进入漂移期后，由“陡”断层控制形成的被动大陆边缘盆地具有“窄”陆架“陡”陆坡特征，这样仅窄陆架上保存了少量碎屑沉积，其他大部分碎屑直接沿陡陆坡发生重力作用，形成了厚度较大的拗陷沉积。

五、含盐拗陷型被动大陆边缘盆地

含盐拗陷型被动大陆边缘盆地，也称拉张拗陷型被动大陆边缘盆地，主要分布在中大西洋两岸，包括西北非摩洛哥到塞内加尔一线沿海盆地，北美东海岸加拿大斯科舍到佛罗里达滨海等一系列盆地。

该地区裂谷层系不甚发育推测可能有两种原因（裂谷层系因拗陷层系厚度大未被钻井揭示）：①气候原因，因为裂谷层系形成于极其干旱的中三叠世，当时断陷盆地以河流、冲积扇等陆相红色沉积充填为主，湖相细粒沉积不发育；②构造原因，即当时裂谷受相对平缓的边界断裂控制，形成宽且浅的断陷盆地，湖相细粒沉积同样不发育。陆间裂谷含盐与南大西洋中段含盐断拗型盆地类似，漂移期拗陷沉积厚度大，主要原因是：①该地区盆地从中侏罗世就开始进入拗陷海相沉积，地质时间最长；②该地区位于赤道附近，从中侏罗世至早白垩世期间，海相碳酸盐台地发育，沉积建造速度快。

六、三角洲改造型被动大陆边缘盆地

该类盆地全球范围内共发育 11 个，其中尼日尔、尼罗河、密西西比（北墨西哥湾盆地）、下刚果、鲁伍马和麦肯锡 6 个三角洲改造型盆地已被勘探证实，结合现代水系及少量地震资料预测至少还发育福斯杜亚马孙、佩洛塔斯、赞比西（莫桑比克滨海盆地）、拉穆和印度河 5 个该类盆地（图 2. 2）。

前三角洲层系可能与前述 5 类中的任何一类相同，如刚果河三角洲盆地前三角洲层系演化过程与南北两侧的宽扎和加蓬海岸盆地基本类似，其成因本章不做赘述。

三角洲层系本身所形成的主要原因为重力构造（王燮培等，1990），即重力因素引起的构造变形，包括褶皱和断裂，进一步可以将这种重力构造细分为重力扩展、重力滑动和底辟作用3种类型。以不含盐三角洲为例，由陆向海首先由于三角洲前缘砂体越来越厚，同时其不断向海高建设进积导致地层坡度越来越大，沉积砂体受重力作用垂向断落，并沿斜坡向下发生扩展，随着三角洲砂体的不断进积，在三角洲砂体最发育的前缘相带形成了内环生长断裂带。随着向海方向坡度增大，砂体沿底层前三角洲泥岩发生重力滑动。如果坡度大，发生垮塌，砂体一直以块状形式搬运至陆坡坡脚和陆隆处，由于多次垮塌，早期沉积砂体阻挡晚期发生逆冲，形成外环逆冲褶皱带，同时砂体在搬运途中经过厚度大、含水量高的前三角洲厚泥岩层，由于密度倒置，在重力作用下，泥岩向上刺穿，部分砂体在刺穿构造之间的微小次盆中保存，形成了中环泥底辟构造带，少量砂体未被逆冲褶皱带和泥底辟构造带所捕获，在三角洲前渊斜坡带沉积。如果坡度较小，上述重力作用不是以块体搬运而是以水道—扇体形式发生，形成机制类似。如果前三角洲层系含盐，形成机理相同，只是盐活动性更强，尤其是中环盐底辟构造带会更复杂，形成多种类型与盐相关构造。

七、正反转改造型被动大陆边缘盆地

由于被动大陆边缘盆地形成于伸展环境，于是正反转改造型盆地分布局限，仅改造了少量中新世造山带附近的被动大陆边缘盆地，包括南墨西哥湾西缘系列盆地，地中海东部埃色托尼海山和黎凡特盆地，阿根廷南部马尔维纳斯盆地（图2.2）。

这类盆地全部形成于中新世全球性挤压碰撞造山的波及效应，导致少数造山带附近盆地发生轻到中等程度反转。其中墨西哥湾西缘系列盆地和南美最南端的马尔维纳斯盆地因距西部科迪勒拉造山带最近，靠陆一侧反转强度大，达到中等，形成了逆冲褶皱带。地中海东部黎凡特盆地和埃色托尼海山盆地受特提斯洋关闭影响，不但早期正断层发生逆冲，而且形成挤压背斜构造。

第三章 被动大陆边缘盆地（海洋）勘探开发形势

全球被动大陆边缘盆地分布广泛，其海域面积和深水面积分别占全球海域总面积和深水总面积的78%和86%。随着油气风险勘探重心转向被动大陆边缘深水，每年新增储量中，陆上占比逐年下降，而深水、超深水占比稳步增加。该类盆地已发现的油气田，开发程度整体偏低，从在产油气田的开采程度来看，陆上及浅水地区最高，超深水最低。国际七大石油巨头均重视海域油气勘探开发，其海上资产的数量占比均超过50%，涵盖南大西洋两岸、墨西哥湾、东非、地中海、澳大利亚西北陆架和北极等海域。

第一节 被动大陆边缘盆地与深水的关系

根据IHS的数据统计，全球共发育主要含油气盆地468个，划分为裂谷、被动大陆边缘、克拉通、弧后、弧前及前陆6种类型（温志新等，2014；IHS，2018），其中与海域相关的盆地有285个，海域总的沉积面积可达$5358\times10^4km^2$，涉及被动大陆边缘盆地、裂谷盆地、弧后盆地、弧前盆地、前陆盆地、克拉通盆地6类（图3.1）。不论是盆地个数还是沉积面积，涉及海域的5类盆地中以被动大陆边缘盆地为主，被动大陆边缘盆地137个，占总数量近50%。被动大陆边缘盆地中现今处于大于200m深水的面积为$3318\times10^4km^2$，占全球海域深水总沉积面积的86.3%；处于大于1500m超深水的面积为$2217\times10^4km^2$，占全球超深水总沉积面积的88.6%（图3.2）。因此，全球深水油气勘探的主战场位于被动大陆边缘盆地深水领域（张功成等，2015，2017；温志新等，2016；朱伟林等，2017；Andrew，2017）。

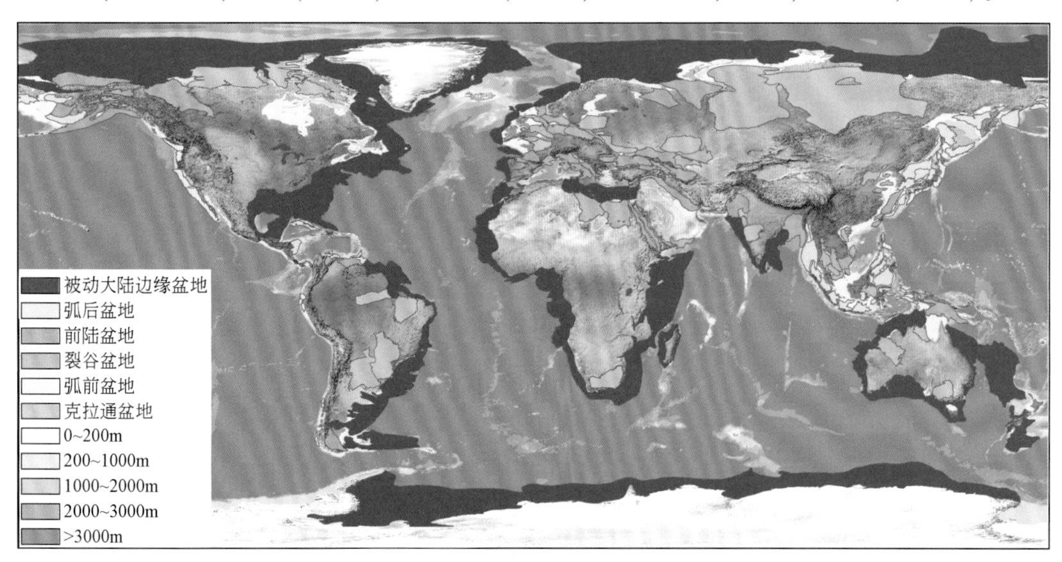

图3.1 全球海域盆地类型分布

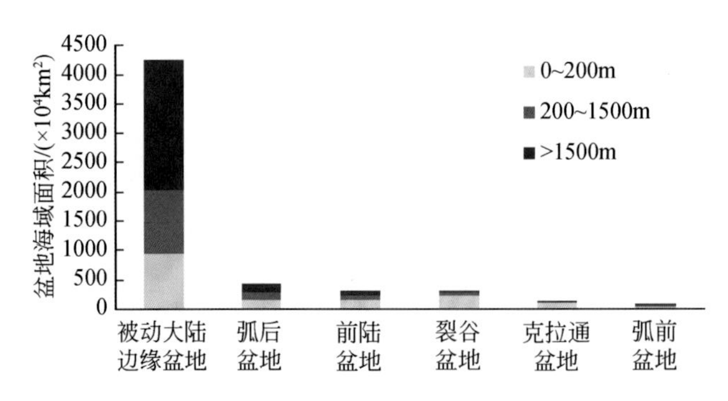

图 3.2　不同类型盆地在海域所占盆地面积统计柱状图

第二节　被动大陆边缘盆地勘探趋势

被动大陆边缘盆地每年发现的油气储量呈明显周期性变化，天然气储量占比稳中有升。陆上油气储量占比逐年下降，海域油气勘探起步较晚，但发现储量占总储量的比例稳步增加，单个油气田储量规模由陆地向海域逐渐增大。

一、油气勘探概况

被动大陆边缘盆地的油气勘探始于 20 世纪初，截至 2017 年年底，共发现油田 4285 个，可采储量 3592×10^8bbl①；气田 2468 个，可采储量 2896×10^8bbl 油当量，占全球已发现可采储量的 15%。其中海域共发现油气田 3418 个，石油可采储量 2646×10^8bbl，天然气可采储量 2267×10^8bbl 油当量，海域油气储量占被动大陆边缘盆地总储量的 75.6%。已发现油气田主要分布在南大西洋两岸、墨西哥湾、印度洋周缘、北大西洋东岸及东地中海等地区（图 3.3）（中国石油勘探开发研究院，2017）。

二、不同领域储量变化趋势

被动大陆边缘盆地的油气勘探早期主要集中在陆上，其油气储量占全球被动大陆边缘盆地总储量的 3.6%。1959 年，墨西哥国家石油公司（PEMEX）在苏瑞斯特盆地浅水区获得油气发现，拉开了被动大陆边缘盆地海域油气勘探的序幕，随后海域油气新发现储量呈跨越式增长的趋势。

1. 年发现储量波动明显，天然气储量占比稳中有升

20 世纪 60 年代以来，被动大陆边缘盆地每年新发现的油气可采储量在 105×10^8bbl 油当量上下波动，并随着新的勘探领域重大突破而出现波峰（图 3.4）。例如，1977 年，墨

① $1\text{bbl}=0.159\text{m}^3$。

图 3.3　被动大陆边缘盆地勘探已发现油气田平面分布

西哥苏瑞斯特盆地浅水区勘探取得突破，发现了 Akal 油田，其石油可采储量 146×10^8bbl，天然气 17.6×10^8bbl 油当量；1988 年峰值出现，是由于东巴伦支海盆地发现 Shtokmanovskoye 巨型气田，可采储量约为 202×10^8bbl 油当量；2006 年的高峰是由于巴西桑托斯盆地超深水盐下发现了 Lula、Buzios 巨型油田，其可采储量达 210×10^8bbl；2011 ~ 2012 年间高峰是由于鲁伍马盆地超深水地区相继发现了 Mamba、Golfinho/Atum、Coral 等巨型气田，总可采储量高达 152×10^8bbl 油当量。

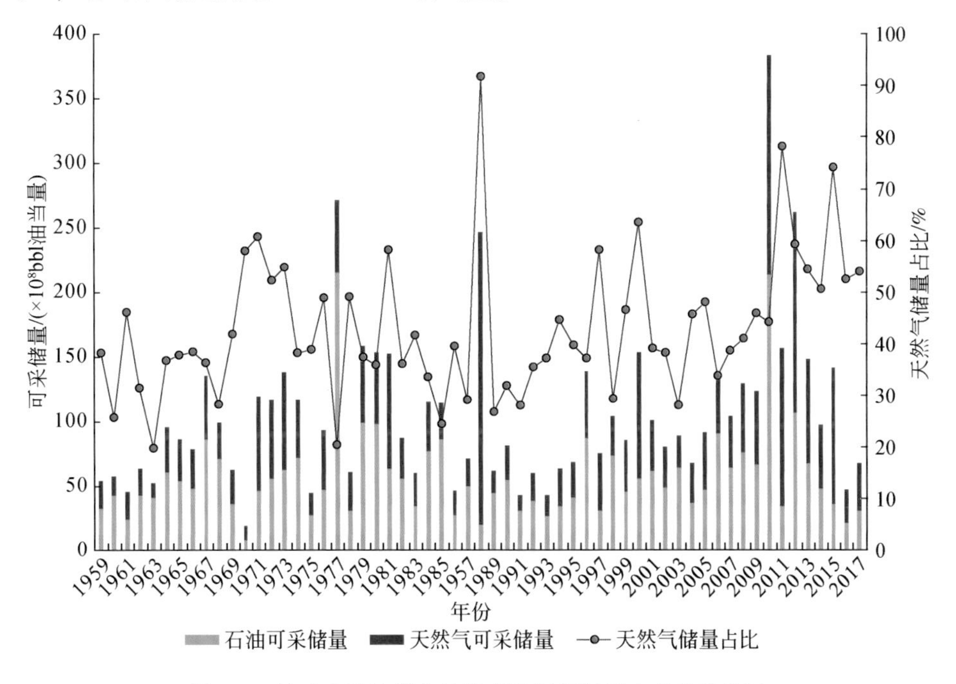

图 3.4　被动大陆边缘盆地发现油气储量历史变化柱状图

被动大陆边缘盆地早期的油气发现以油为主，天然气储量占比不足一半，为 30% ~ 40% 左右（图 3.4）。2000 年以来天然气储量占比呈逐年增加的趋势，尤其是 2011 年以来，天然气年均储量占比均超过 50%，最高接近 80%。主要是由于出现了多个富气盆地，例如：澳大利亚西北周缘波拿巴盆地（Abadi 气田）、卡那封盆地（Jansz 和 Wheatstone 气田）、东地中海的黎凡特和埃色托尼海山盆地（Tamar、Leviathan 和 Zohr 等气田）、东非鲁伍马盆地（Mamba、Prosperidade、Golfinho/Atum、Coral 和 Orca 等气田）、中大西洋塞内加尔盆地（Yakaar、Ahmeyim/Guembeul、Marsouin 和 Teranga 等气田）等。

2. 单个油气田储量规模由陆地向海域逐渐增大

被动大陆边缘盆地的陆海油气储量规模分布不均（图 3.5），其中陆上为 1575×10^8bbl 油当量，储量占比不足 25%。海域油气储量占比高，其中浅水领域储量规模最大，为 1867×10^8bbl 油当量，大型油田包括苏瑞斯特盆地 Akal 油田和孟买盆地 Mumbai High 油田；深水领域油气储量约 1800×10^8bbl 油当量，如东巴伦支海盆地 Shtokmanovskoye 气田和鲁伍马盆地 Prosperidade 气田等大型气田；超深水领域约 1250×10^8bbl 油当量，如桑托斯盆地 Buzios、Libra 和 Lula 等大型油田及鲁伍马盆地 Mamba 大型气田。

从不同领域的单个油气田储量规模来看，由陆地向浅水、深水、超深水，油气田平均规模分别为 0.5×10^8bbl 油当量、0.934×10^8bbl 油当量、1.8×10^8bbl 油当量和 3.15×10^8bbl 油当量，呈现出逐渐增大的趋势（图 3.5）。

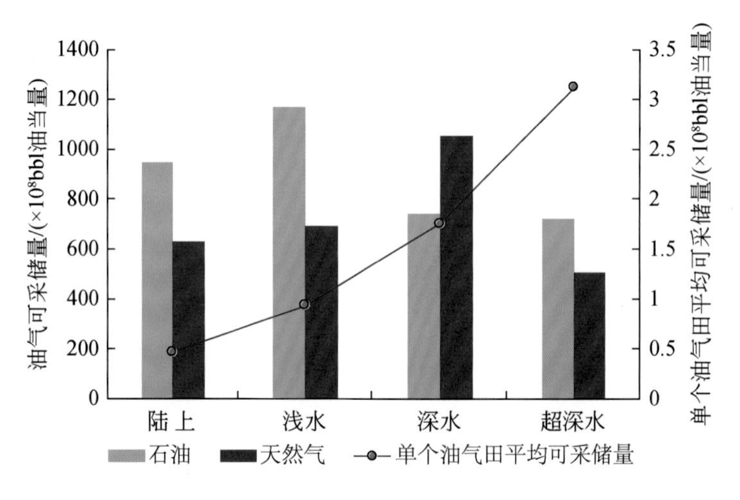

图 3.5　被动大陆边缘盆地不同领域油气可采储量

3. 陆上储量占比逐年降低并趋于稳定

1958 年之前，针对被动大陆边缘盆地的油气勘探全部位于陆上，共发现油气储量 235×10^8bbl油当量。1959 年，PEMEX 在墨西哥湾苏瑞斯特盆地 10m 水深的浅水领域发现 Santa Ana 油田，石油可采储量 3080×10^4bbl，被动大陆边缘盆地进入了海域油气勘探阶段。早期的陆上油气发现储量占比超过 95%，1964 年大幅降至 65%，随后呈现逐年递减的趋势。尤其是 1995 年以来，除少数年份的陆上储量占比为 12% ~19% 外，其他年份的油气储量占比仅为 2% ~9%（图 3.6）。

4. 深水、超深水储量占比稳步增加

1971 年，伍德赛德石油公司（Woodside）在澳大利亚布劳斯盆地 500m 水深位置发现了 Torosa 气田，可采储量 20.4×10^8bbl 油当量，占当年发现总储量的 17%，其中石油 1.2×10^8bbl，天然气 19.2×10^8bbl 油当量，这一发现标志着油公司针对被动大陆边缘盆地的勘探开始进入深水领域。深水油气勘探初期出现几年低潮期，从 1978 年开始，年发现储量占比均保持在 20% 以上，并逐年增长至 1999 年的峰值 82.2%，随后逐年下降，2017 年为 11.7%（图 3.7）。

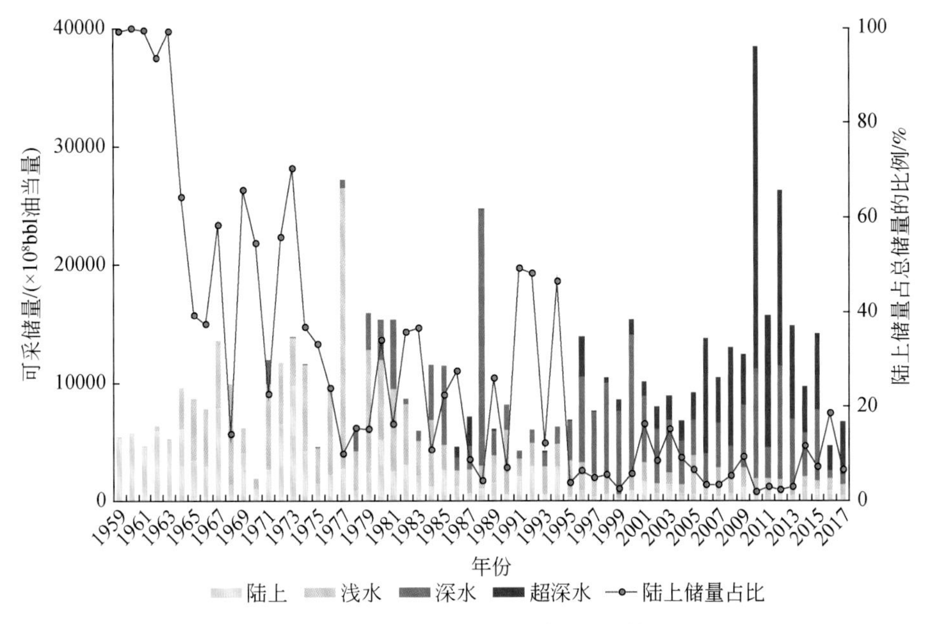

图 3.6　被动大陆边缘盆地不同领域年发现储量柱状图

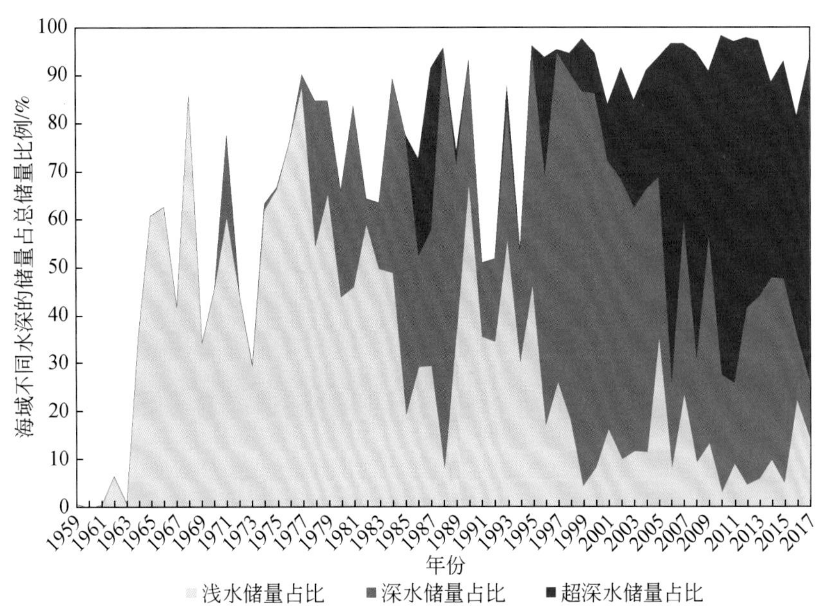

图 3.7　被动大陆边缘盆地海域不同水深范围新发现储量占比

1986 年，巴西国家石油公司（Petrobras）在巴西桑托斯盆地 2000m 水深发现了 AlbacoraLeste 油田，其石油可采储量 8.7×10^8bbl，天然气可采储量 66×10^6bbl 油当量，油气储量占当年发现总储量的 20.1%（图 3.7）。尤其是 2006 年以来，随着巴西桑托斯盆地 Lula、Libra 等巨型油田的发现，超深水油气勘探进入跨越式发展阶段，其年均储量占比可达 55%。桑托斯、墨西哥湾深水、鲁伍马、坎波斯、塞内加尔、黎凡特和下刚果等盆地的单个油气田可采储量可达 50×10^8 ~ 500×10^8bbl 油当量，例如桑托斯盆地 Buzios、Libra 和 Lula 等巨型油田以及鲁伍马盆地 Mamba 等巨型气田。

第三节　被动大陆边缘盆地开发现状

被动大陆边缘盆地油气开发程度整体偏低，但在不同领域差别较大。从在产油气田的开采程度来看，浅水和陆上领域较高，油气采出量均超过剩余可采储量，深水领域采出量接近剩余可采储量，超深水领域采出量不足剩余可采储量的四分之一。

一、油气开发概况

被动大陆边缘盆地剩余油气可采储量超过 4300×10^8bbl 油当量，约占被动大陆边缘盆地油气总发现可采储量的三分之二。其中尼日尔三角洲、苏瑞斯特、下刚果、坎波斯、墨西哥湾深水等盆地目前油气产量高，油气累计采出量均超过 100×10^8bbl 油当量；尼日尔三角洲、桑托斯、鲁伍马、下刚果、东巴伦支海和卡那封等盆地剩余可采储量大（图 3.8），油气剩余可采储量均超过 200×10^8bbl 油当量。

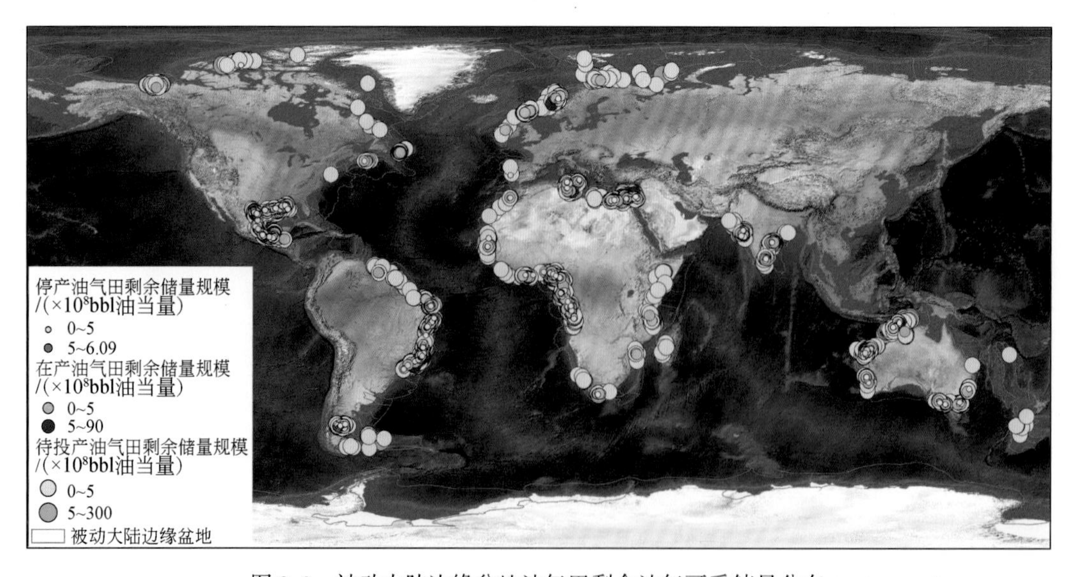

图 3.8　被动大陆边缘盆地油气田剩余油气可采储量分布

根据油气田的开发状态，可将被动大陆边缘盆地的油气田分为在产、待投产、已停产三种情况。不同状态的油气田剩余可采储量差别很大，其中待投产油气田 3668 个，剩余可采储量最大，约为2500×10^8bbl油当量，其中天然气剩余可采储量约为石油的两倍。在产油气田2223个，在产油气田中已开采出超过一半的储量，剩余可采储量约为1750×10^8bbl油当量，石油和天然气剩余可采储量占比相近。已停产油气田860个，已开采约60%的储量，剩余可采储量相对较小，不足100×10^8bbl油当量（图3.9）。

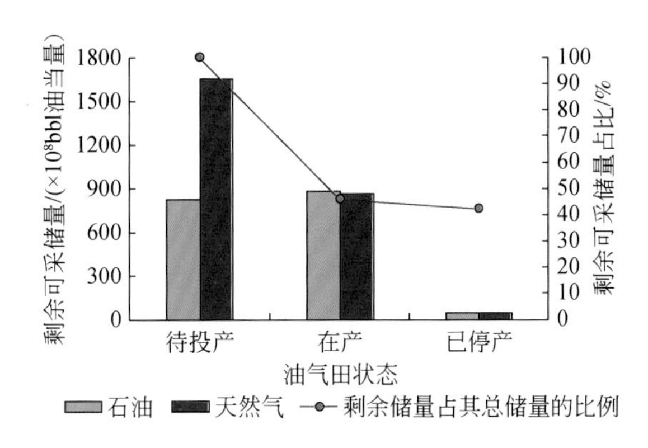

图3.9　被动大陆边缘盆地不同状态油气田剩余可采储量柱状图

二、不同领域开发现状

被动大陆边缘盆地不同领域的油气产量变化较大，从目前来看浅水领域已采出量最高，为928×10^8bbl油当量（每年约16×10^8bbl油当量）；陆上和深水已产出油气分别为775×10^8bbl油当量和381×10^8bbl油当量；超深水领域由于处于勘探开发的早期阶段，目前产出量最小，为76×10^8bbl油当量，但未来潜力巨大。

1. 陆上

被动大陆边缘盆地陆上已发现油气田数量超过3300个，剩余可采储量超过800×10^8bbl油当量（图3.10）。待投产油气田1375个，剩余油气可采储量约190×10^8bbl油当量，以天然气为主。其中尼日尔三角洲、斯韦德鲁普、麦肯锡三角洲、穆伦达瓦等盆地的油气剩余可采储量均超过10×10^8bbl油当量。

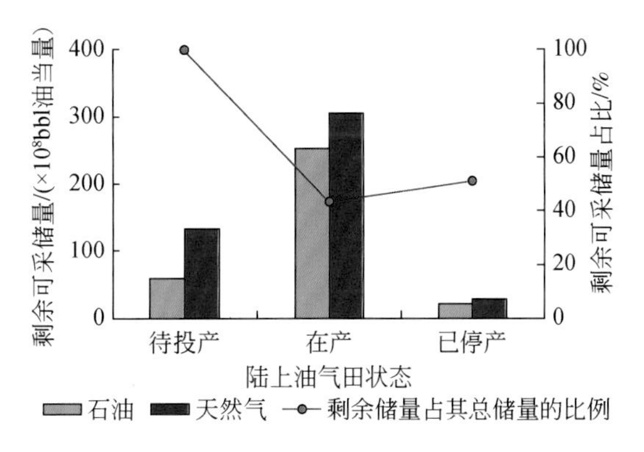

图3.10　陆上领域不同状态油气田剩余可采储量柱状图

陆上在产油气田 1382 个，已采出油气量占其总储量的比例超过 50%，剩余可采储量超过 550×10^8bbl 油当量，天然气占比略高于石油。其中尼日尔三角洲的油气剩余可采储量均为 200×10^8bbl 油当量左右；坦皮科–米桑特拉、圣豪尔赫、苏瑞斯特和北埃及等盆地的油气剩余可采储量均位于 15×10^8 ~35×10^8bbl 油当量。

陆上已停产油气田 576 个，剩余可采储量约 50×10^8bbl 油当量，天然气占比高于石油。其中尼日尔三角洲有停产油气田 60 个，剩余可采储量最高，可达 40×10^8bbl 油当量；其他盆地的油气剩余可采储量均不足 0.7×10^8bbl 油当量。

2. 浅水

被动大陆边缘盆地已发现浅水油气田约 2000 个，剩余可采储量约 950×10^8bbl 油当量（图 3.11）。其中待投产油气田 1311 个，剩余油气可采储量约 420×10^8bbl 油当量，天然气储量占比约为石油的两倍。尼日尔三角洲有油气田 234 个，剩余可采储量最高，达 85×10^8bbl 油当量；波拿巴、佩拉杰、苏瑞斯特、下刚果和卡那封等盆地均为 20×10^8 ~50×10^8bbl 油当量。

浅水领域在产油气田 516 个，油气采出量占其总储量的比例超过 60%，剩余可采储量约 500×10^8bbl 油当量，其中天然气储量占比略高于石油。尼日尔三角洲在产油田有 112 个，剩余可采储量约 115×10^8bbl 油当量；苏瑞斯特、下刚果、尼罗河三角洲、卡那封、孟买和北大西洋等盆地的在产油气田均有 30×10^8 ~70×10^8bbl 油当量的剩余可采储量规模。

浅水领域已停产油气田 172 个，剩余可采储量约 27×10^8bbl 油当量，石油储量占比高。其中尼日尔三角洲有已停产油气田 27 个，剩余可采储量约 18×10^8bbl 油当量；坎波斯盆地和下刚果盆地已停产油气田剩余可采储量均为 2×10^8 ~3×10^8bbl 油当量；其他盆地的已停产油气田剩余可采储量均不足 1×10^8bbl 油当量。

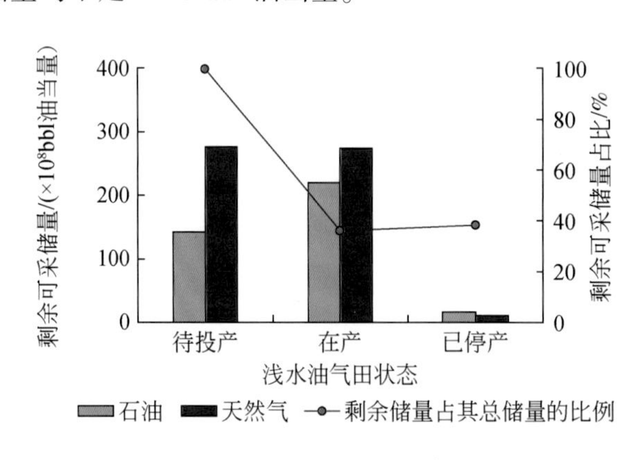

图 3.11　浅水地区不同状态油气田剩余可采储量柱状图

3. 深水

被动大陆边缘盆地已发现深水油气田 1025 个，剩余可采储量超过 1400×10^8bbl 油当量（图 3.12）。其中待投产油气田 681 个，剩余油气可采储量约 1020×10^8bbl 油当量，天然气储量占比约为石油的 4 倍。其中东巴伦支海盆地有 4 个气田，剩余可采储量高达 215×10^8bbl 油当量；鲁伍马盆地共 10 个气田，剩余可采储量约 135×10^8bbl 油当量；布劳斯、卡那封、波拿巴、墨西哥湾深水和下刚果等盆地待投产油气田均为 40×10^{8} ~ 90×10^{8}bbl 油当量。

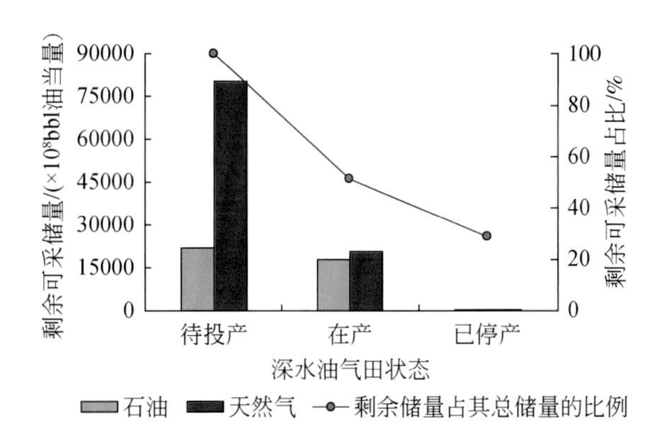

图 3.12　深水地区不同状态油气田剩余可采储量柱状图

深水领域在产油气田 258 个，油气采出量占其总储量的 48.4%，剩余可采储量约 400×10^{8}bbl油当量，石油和天然气的储量占比相近。卡那封、坎波斯、下刚果、尼罗河三角洲、尼日尔三角洲、墨西哥湾深水和伏令等盆地在产油气田均有 25×10^{8} ~ 65×10^{8}bbl 油当量的剩余可采储量规模，其中坎波斯盆地和下刚果盆地均为油田，尼罗河三角洲盆地主要为气田。

深水领域已停产油气田 86 个，剩余可采储量约 8×10^{8}bbl 油当量，油和气储量占比相当。其中墨西哥湾深水盆地有 66 个已停产油气田，剩余可采储量 3.7×10^{8}bbl 油当量；坎波斯盆地已停产油气田有 3 个，剩余可采储量 1.8×10^{8}bbl 油当量；其他盆地的已停产油气田剩余可采储量均不足 5.5×10^{6}bbl 油当量。

4. *超深水*

被动大陆边缘盆地已发现超深水油气田约 400 个，剩余可采储量约 1150×10^{8}bbl 油当量（图 3.13）。其中待投产油气田 301 个，剩余油气可采储量约 850×10^{8}bbl 油当量，天然气储量占比略高于石油。桑托斯盆地目前有待投产油田 34 个，剩余可采储量最高，超过

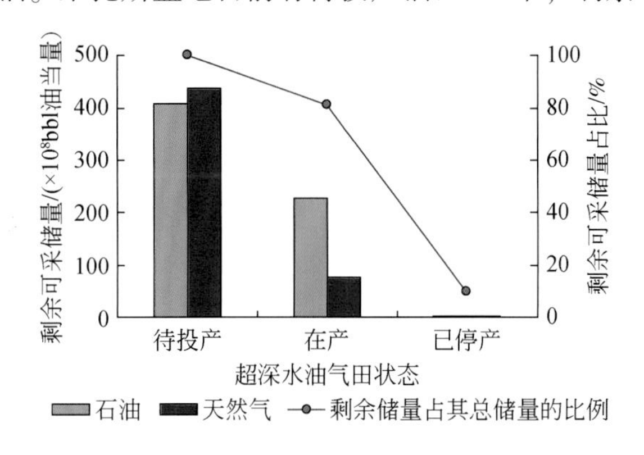

图 3.13　超深水地区不同状态油气田剩余可采储量柱状图

270×10^8bbl；其次为鲁伍马盆地，共有 4 个待投产气田，可采储量达 120×10^8bbl 油当量；另外塞内加尔、墨西哥湾深水、黎凡特、下刚果、圭亚那、尼日尔三角洲和坦桑尼亚等盆地待投产油气田均可达 30×10^8 ~ 75×10^8bbl 剩余可采储量规模，坎波斯、宽扎、塞尔希培-阿拉戈斯、科特迪瓦、圣埃斯皮里图桑托和克里希纳-戈达瓦里等盆地待投产油气田都约为 10×10^8 ~ 30×10^8bbl油当量。

超深水领域在产油气田 67 个，油气采出量占其总储量的比例不足 20%，剩余可采储量约 300×10^8bbl 油当量，石油储量占比约为天然气的 3 倍，未来开发潜力巨大。其中桑托斯盆地有油田 6 个，剩余可采储量约 215×10^8bbl 油当量；其次为坎波斯盆地和墨西哥湾深水盆地，均达到 35×10^8bbl 油当量左右的剩余可采储量规模；另外黎凡特盆地 Tamar 气田的剩余可采储量约 15×10^8bbl 油当量。

超深水领域已停产油气田 26 个，剩余可采储量约 0.6×10^8bbl 油当量，天然气储量占比超过 95%。其中墨西哥湾深水盆地有 25 个气田，剩余可采储量约 0.56×10^8bbl 油当量；坎波斯盆地有 1 个油田，剩余可采储量约 0.04×10^8bbl 油当量。

第四节　国际油公司加大深水资产储备

国际七大石油巨头均重视海域油气勘探，并在全球多个海域积累了大量的优质资产，作为其储、产量和价值重要的增长点。以埃克森美孚公司（ExxonMobil）和壳牌（Shell）为代表的国际七大石油巨头海上资产的数量占比均超过 50% 以上（图 3.14），其中挪威国家石油公司（Equinor）占比最高，为 88%；意大利埃尼集团（ENI）拥有海洋项目最多，达 389 个；英国石油公司（BP）、Shell 和 Equinor 拥有的深水和超深水资产比例都超过 30%。这些公司的海上资产，处于勘探阶段的占 33% ~ 51%，开发阶段的占 46% ~ 66%；另外从资产分布来看，除北海、澳大利亚西北陆架、南大西洋两岸和墨西哥湾等传统热点海域外，东非、西北非、地中海及北极等前沿领域也已经进行了战略布局（图 3.15）。

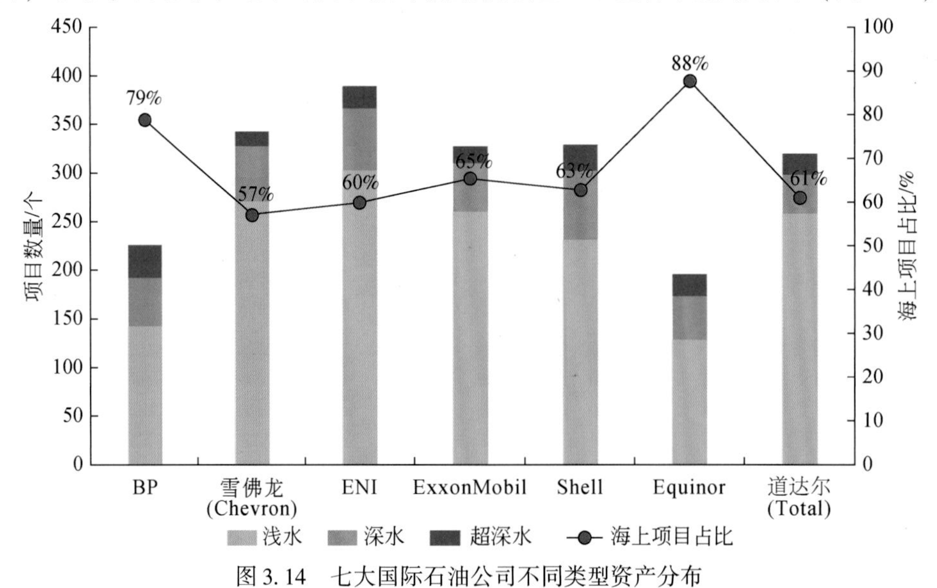

图 3.14　七大国际石油公司不同类型资产分布

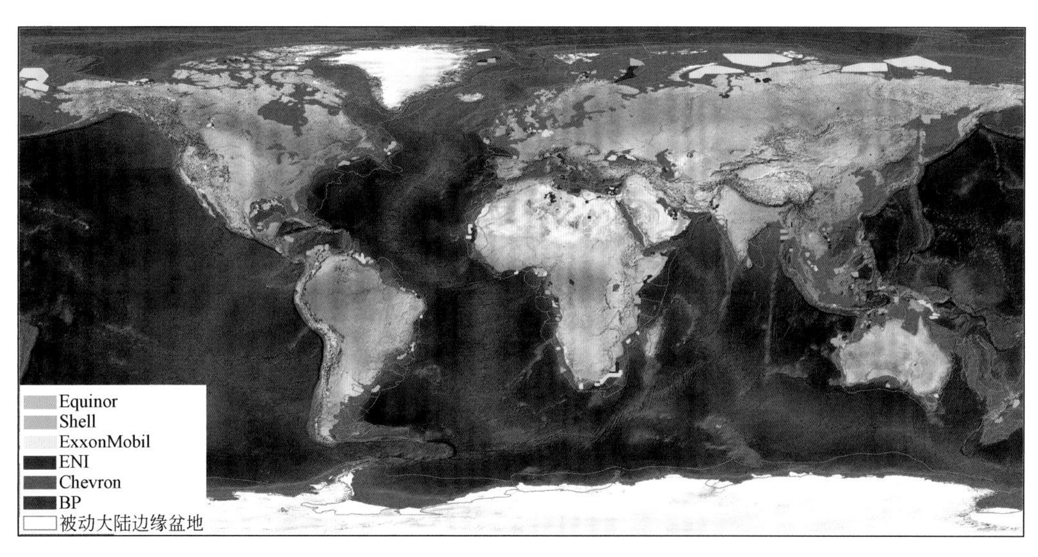

图 3.15　七大国际石油公司不同类型资产平面分布

近年来国际油价虽然持续低迷，但国际大油公司布局深水的热情丝毫未减。2014 年以来，各大国际油公司进入海上尤其深水领域仍然十分活跃。2015 ~ 2016 年共获取海上区块 163 个，其中通过招标方式进入 154 个，以深水风险勘探区块为主，除传统海上勘探领域之外，重点布局东地中海、东非、缅甸等深水勘探前沿地区。获得海上区块面积最多的前十家公司中，七大巨头占据五席。分析其原因不难发现随着油价回暖，大部分深水油气资产已经具备经济价值（图 3.16）。以巴西深水盐下油气田为例，虽然钻井工程费用高，但平均高达 1.62×10^4bbl 的单井日产量，大大提高了资产的经济性，目前以 10% 折现率计，盈亏平衡油价为 40 美元/bbl 左右。巴西盐下、北海、尼日利亚等深水油田平衡油价低于 40 美元/bbl，东非、北海的盈亏平衡气价为 2 ~4 美元/10^3ft^{3}①。因此被动大陆边缘盆地将是未来油气勘探的主战场（温志新等，2016；中国石油勘探开发研究院，2017；童晓光等，2018）。

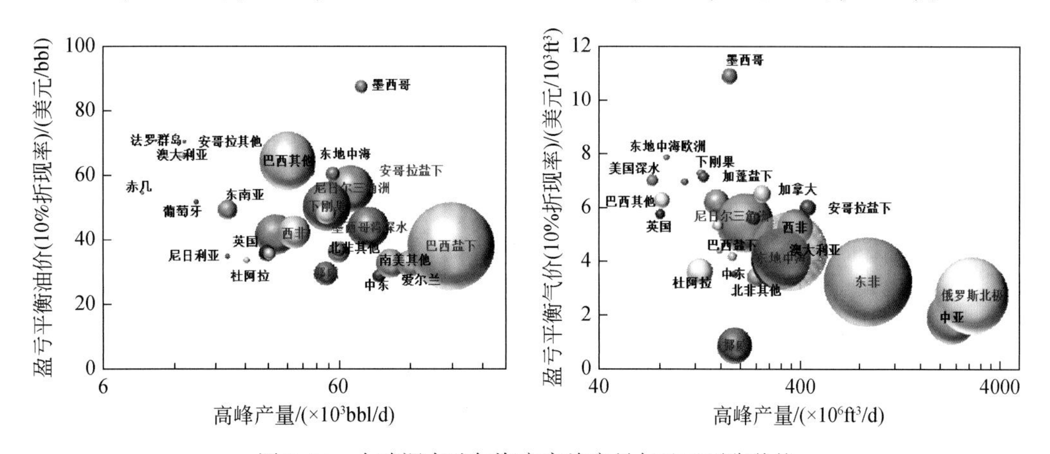

图 3.16　全球深水油气资产高峰产量与盈亏平衡价格

---

① $1ft^3=2.832\times10^{-2}m^3$。

第四章　澳大利亚西北陆架被动大陆边缘盆地群

澳大利亚西北大陆边缘是早侏罗世以来经过陆内、陆间到被动大陆边缘 3 个原型盆地演化而来的被动大陆边缘盆地。在陆内裂谷之前，该盆地群属于东冈瓦纳的一部分，经过了晚古生代卡鲁期（晚石炭世到晚三叠世）陆内夭折裂谷演化，导致该盆地发育巨厚的裂谷层系，最厚超过 10000m。同时由于该盆地漂移来源于澳大利亚岛上的陆源碎屑相对匮乏，拗陷期沉积厚度一般小于 4000m。因此该盆地群均属于断陷型被动大陆边缘盆地。

第一节　地 质 概 况

澳大利亚大陆是属于冈瓦纳大陆的一个组成部分，经过漫长的地质演化历史，具有特殊的大地构造演化进程，中生代之后开始了被动大陆边缘的演化过程，形成了一系列稳定的含油气盆地（图 4.1），盆地中发育稳定的油气系统，具有油气生成、运移、成藏的有利构造背景和沉积环境。

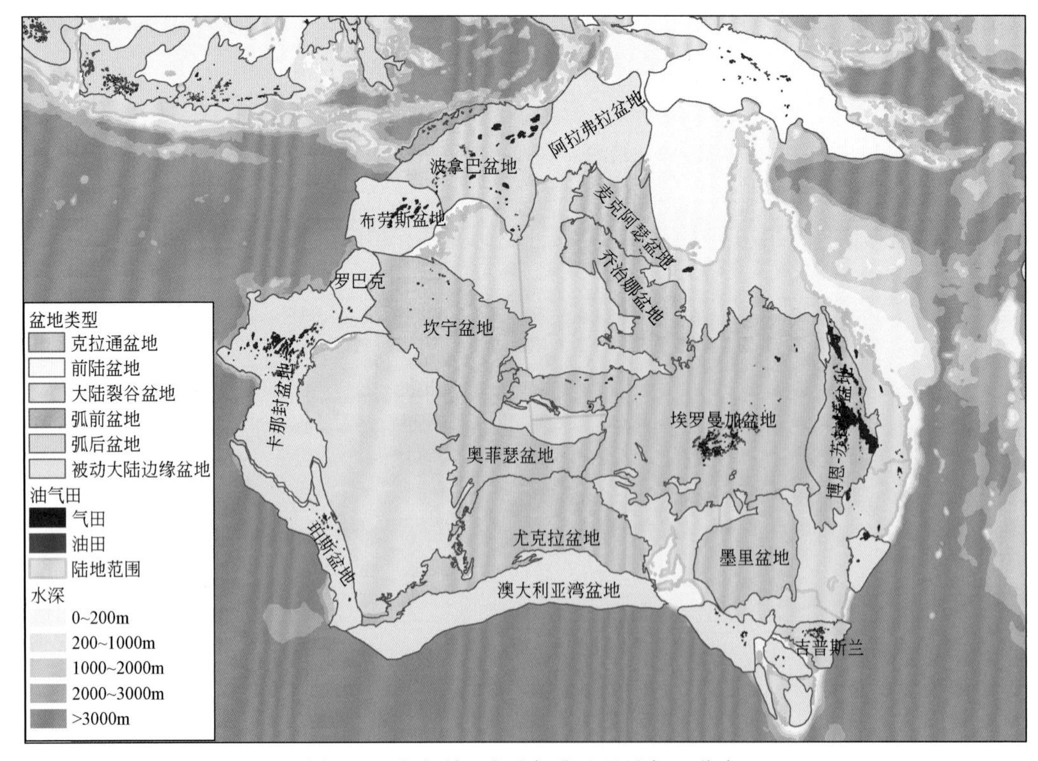

图 4.1　澳大利亚含油气盆地及油气田分布

澳大利亚西北陆架被动大陆边缘盆地群是澳大利亚油气的主要产区，目前其油气产量占整个澳大利亚的80%以上，可采储量占69%。其中主要包含卡那封（Canarvon）、罗巴克（Roebuck）（又称坎宁海域盆地）、布劳斯（Browse）和波拿巴（Bonaparte）4个盆地。沉积盆地总面积为123.6×10^4km^2，主体均位于海域。

截至2017年年底，澳西北陆架共发现397个油气田，总油气2P可采储量为493×10^8bbl，其中石油为78×10^8bbl，天然气为415.8×10^8bbl油当量，天然气占84.2%；目前剩余油气可采储量为397.5×10^8bbl，占83.6%；共发现20个大于5×10^8bbl油当量以上的油气田，其中卡那封盆地最多，为10个，大油气田储量为324×10^8bbl，占总储量的66%（IHS，2018）。根据CNPC 2015年对西北陆架的评价结果，西北陆架4个盆地待发现石油可采资源量为60.6×10^8bbl，天然气为121.86×10^8bbl油当量（表4.1）（中国石油勘探开发研究院，2017）。

表4.1　澳大利亚西北陆架主要盆地油气储量综合信息

盆地	面积/(×10^4km)	2P可采储量/(×10^6bbl油当量)		剩余可采储量/(×10^6bbl油当量)	大油气田个数/个	大油气田储量(×10^6bbl油当量)	待发现可采资源量/(×10^6bbl油当量)	
		石油	天然气				石油	天然气
波拿巴	44.1	2180	8677	9275	5	7503	424	1646
布劳斯	21.3	1253	7962	8866	6	7760	631	4518
罗巴克	8.4	46	173	219	/	/	1985	650
卡那封	49.8	4320	24696	21390	12	18123	3020	5372
合计	123.6	7799	41508	39750	23	33386	6060	12186

西北陆架第一个油气田发现于1954年（图4.2），后来经历了一个近10年的沉寂期，油气田发现很少。进入19世纪70年代，发现了Rankin和Goodwyn等大气田，80年代发

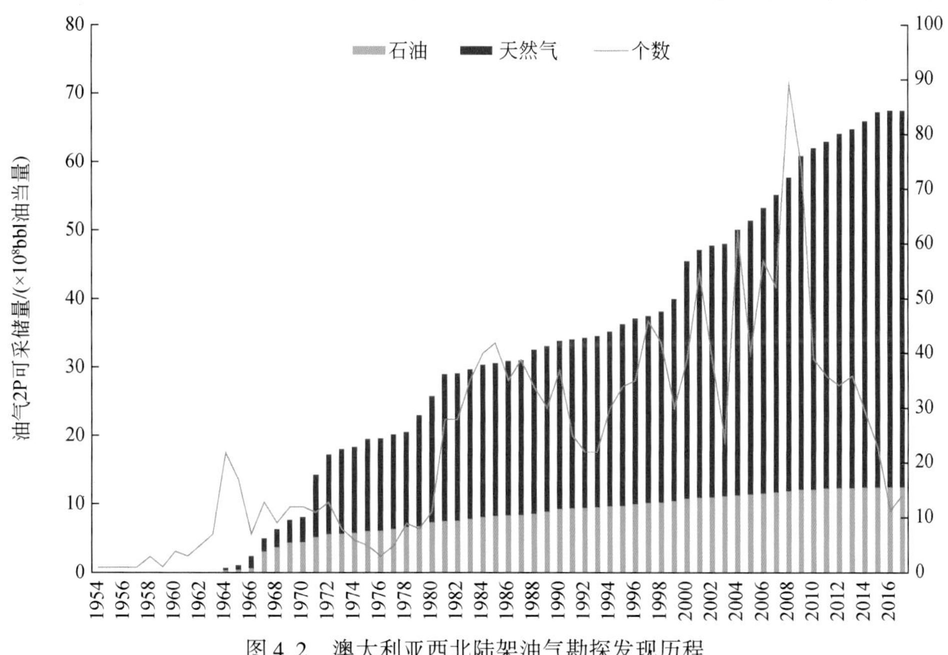

图4.2　澳大利亚西北陆架油气勘探发现历程

现了 Gorgon 大气田，进入了储量发现的高峰期，2000 年先后发现了 Abadi、Jansz 和 Brecknock south 大气田，进入了另一个储量发现高峰，油气发现越来越少。目前西北陆架的油气发现还主要位于水深小于 500m 的浅水区（图 4.3），发现储量为 324.7×10^8bbl，占 71%；500～1500m 水深发现的储量为 131.5×10^8bbl，占 28.7%；大于 1500m 水深的发现有 3 个，储量为 1.4×10^8bbl，仅占 0.3%。目前最深的油气藏水深为 2691m。整体而言，西北陆架深水和超深水勘探程度仍然比较低。

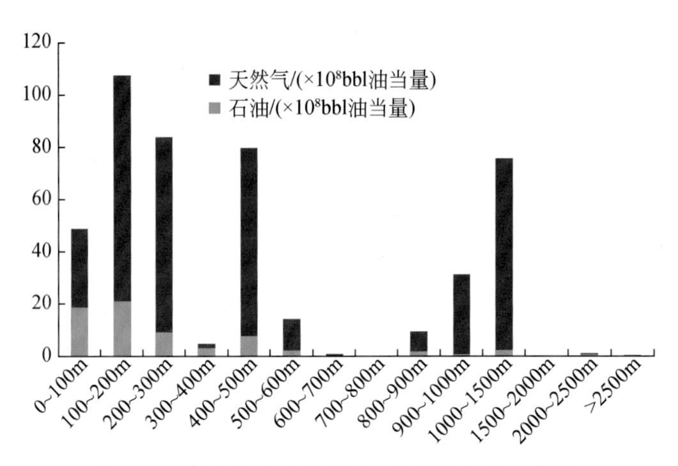

图 4.3 澳大利亚西北陆架已发现油气田水深图

第二节 澳大利亚西北陆架构造-沉积演化

一、区域构造演化

澳大利亚西北陆架超级盆地是一个长期继承性发育的叠合盆地，在由克拉通内盆地向被动大陆边缘盆地转化过程中经历了复杂的构造演化过程（图 4.4）。可以划分为 3 个主要阶段，整体来看澳大利亚西北陆架盆地演化进程是在板块离散动力背景下，长期处于伸展状态的构造环境，以伸展沉降作用为主，持续时间长，且具有叠加沉降效应。与之对应的构造反转阶段相对持续的时间短，具差异化和局限性特征。

1. 晚石炭世—三叠纪卡鲁期陆内夭折裂谷演化阶段

西澳大利亚大陆自中元古宙起，在早-中元古宙形成的古老克拉通伊尔冈和皮尔巴拉两个古老地盾背景下，一直处于克拉通盆地发育阶段。中石炭世开始联合古陆的形成，给西澳大利亚盆地的沉积模式造成巨大的改变。至晚石炭纪，整个澳大利亚处于高纬度区，南极点位于西澳大利亚的南部，纳缪尔期（Namurian）至斯蒂芬期（Stephanian），整个南冈瓦纳大陆和澳大利亚大陆为冰层所覆盖，冰层的覆盖延迟了澳大利亚的沉积作用，直到早二叠世冰盖完全融化。

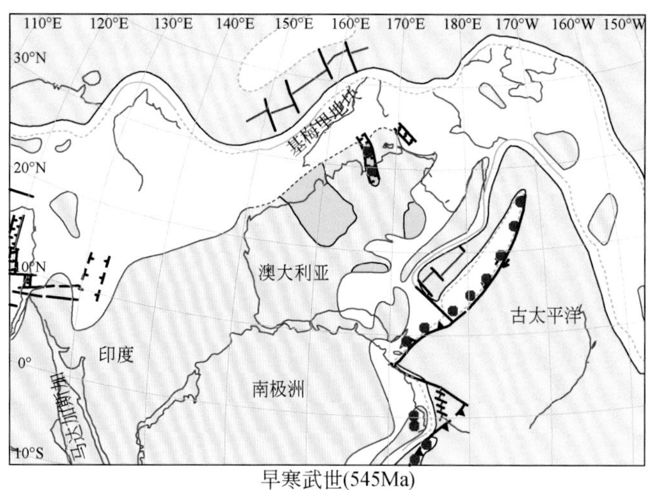

早寒武世(545Ma)

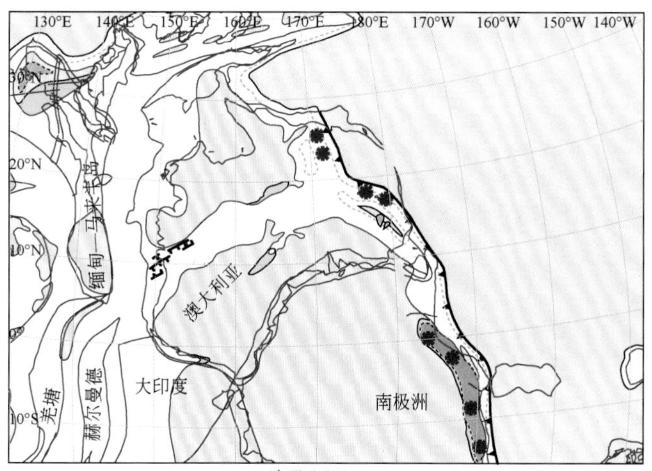

奥陶纪(475Ma)

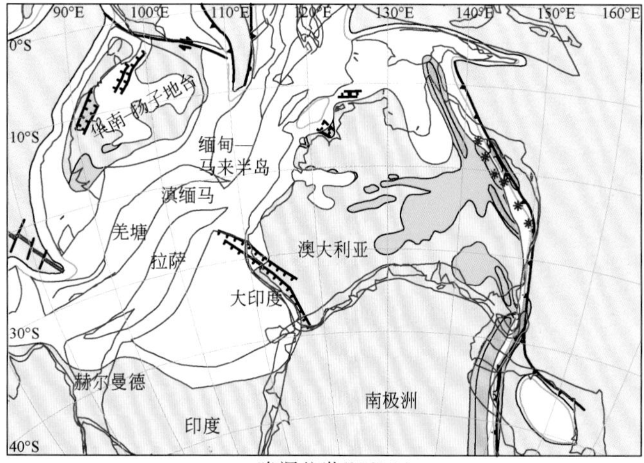

晚泥盆世(370Ma)

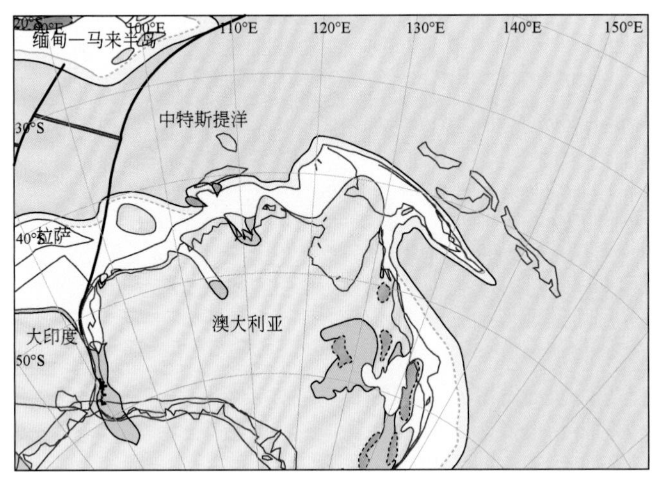

晚二叠世(250Ma)

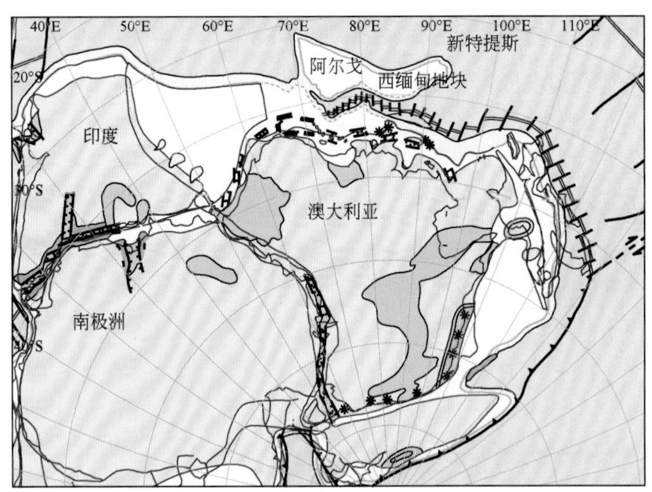

晚侏罗纪(152Ma)

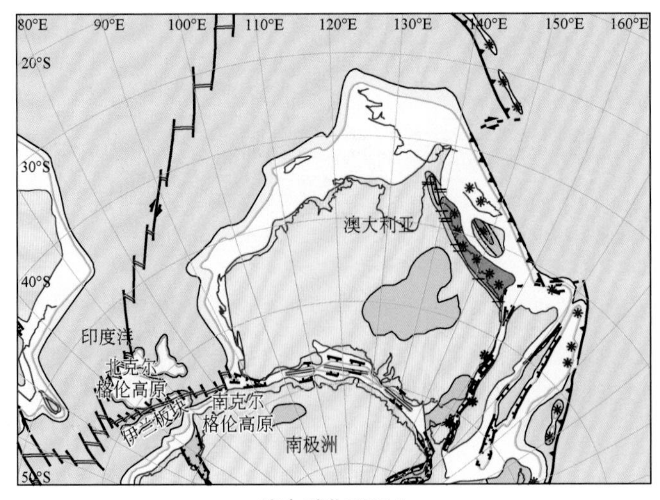

晚白垩世(90Ma)

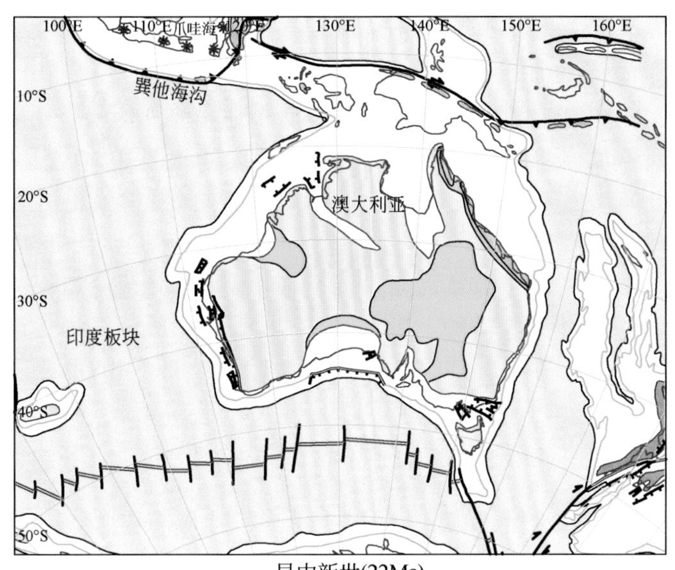

早中新世(22Ma)

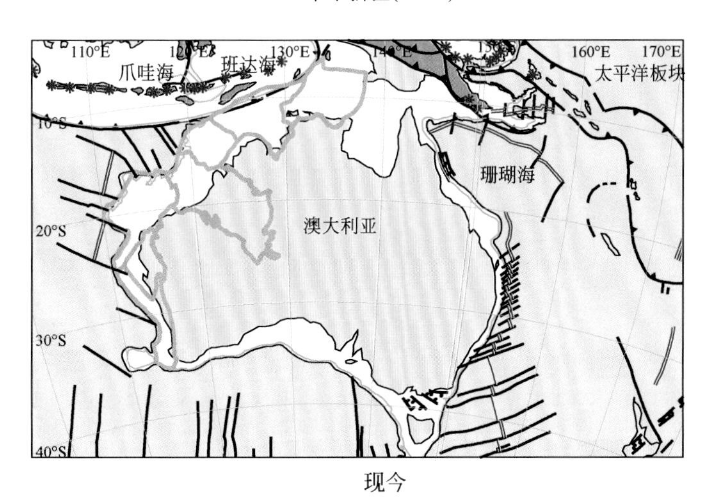

现今

与造山带相关的活动挤压运动　陆地　正断层　古位置可能的陆地边界
与造山带相关的相互挤压运动　三角洲　走滑断层　现今海岸线
与抬升相关的伸展　陆架　逆断层　古海岸线
非造山期陆块　冰盖　洋中脊及转换断层
洋壳　陆坡裙　消减带　蒸发盐　红层
陆架/陆坡坡折　海底扇　伸展、裂谷相关的火山活动　磷酸盐　黏土岩
盐盆　消减相关的火山　火山　煤层

图 4.4　澳大利亚板块构造–沉积演化重建

西北陆架波拿巴盆地、布劳斯盆地和卡那封盆地均处于泛大陆内部，在同样的古构造和古地理环境背景下，构造相对不活跃，盆地稳定沉降，且由于冰层覆盖，沉积充填也相

对缓慢，为陆源碎屑岩层沉积，发育含煤层系和冰川沉积扇。石炭—二叠纪地层在波拿巴盆地 Petrel 拗陷厚度相对较大，且发育边界断层；卡那封盆地和布劳斯盆地厚度均较薄，横向变化稳定，盆内和盆缘基本不发育断层。

晚石炭世—三叠纪整个冈瓦纳东部发生卡鲁期“地幔柱”活动，发生了区域性的地壳隆升、断裂和火山活动，导致基梅里（Cimmerian）大陆从冈瓦纳大陆分离（张建球等，2008），新特提洋开始形成，该期热事件于三叠纪末—早侏罗世停止活动，在东冈瓦纳地区形成了广泛分布的陆内夭折裂谷盆地。在澳洲西北与新特提斯洋之间形成 NE 向裂陷，从北卡那封盆地、布劳斯盆地到波拿巴盆地均不同程度地发育该套裂谷层系地层，与上部侏罗纪地层呈明显的角度不整合接触。当时处于特提斯洋南缘，以海相碎屑岩沉积及碳酸盐岩建造为主，伴随海退在晚三叠世沉积了一套以三角洲为主的巨厚 Mungaroo 组地层，其中卡那封盆地最发育。

2. 侏罗纪陆内—陆间裂谷演化阶段

三叠纪末期（诺利期），随着拉萨及西缅甸等微板块依次从冈瓦纳的澳大利亚边缘裂解，印度洋开始形成，西澳巨盆地早侏罗世发育形成陆壳发育的陆内裂谷，中—晚侏罗世洋壳普遍发育，形成陆间裂谷盆地。西澳巨盆地在整个侏罗纪的陆内—陆间裂谷阶段形成了与早期夭折裂谷系统不同的一系列 NW—SE 向断层，使得西澳巨盆地的构造格架已定。此时多旋回的海进与海退所形成的多个不整合面与同期发育的断层也为大油气田圈闭的形成提供了条件。此时期为西澳巨盆地沉积最重要的时期，其中卡那封盆地沉积的 Perth 三角洲与 Legendre 三角洲均为盆地重要的烃源岩与储集层来源，Dingo 组页岩与 Legendre 组的砂岩均来源于这两个三角洲沉积，而且布劳斯盆地与波拿巴盆地此阶段的 Plover 三角洲沉积所形成的 Plover 组与 Vulcan 组同样为两个盆地主力的烃源岩与储集层。

3. 白垩纪以后被动大陆边缘演化阶段

白垩纪以后的西澳巨盆地发展为裂后拗陷阶段，成为稳定漂移的被动大陆边缘，持续接受海相沉积。此阶段瓦兰今期至巴雷姆期澳大利亚与大印度微板块完成了解体与分离，此后整个澳大利亚西北大陆架的沉积环境成为开放海相，并稳定地接受沉积。此阶段沉积巨厚的页岩与灰岩为整个澳大利亚西北大陆架大油气田提供了区域盖层。值得注意的是，至新近纪，澳大利亚板块与欧亚板块的碰撞与走滑使西北大陆架发育不同程度的反转构造（Brown et al.，2003）。

二、沉积充填特征

澳大利亚西北陆架各盆地自显生宙以来，长期保持为持续的沉降区，发育巨厚的沉积盖层，最大沉积厚度累计达 14 ~ 16km。地层发育全，在前寒武纪结晶基底上发育有早古生代寒武系、奥陶系和泥盆系，晚古生代石炭系和二叠系和中生代以来至现今各时代地层（Longley et al.，2003）（图 4.5）。

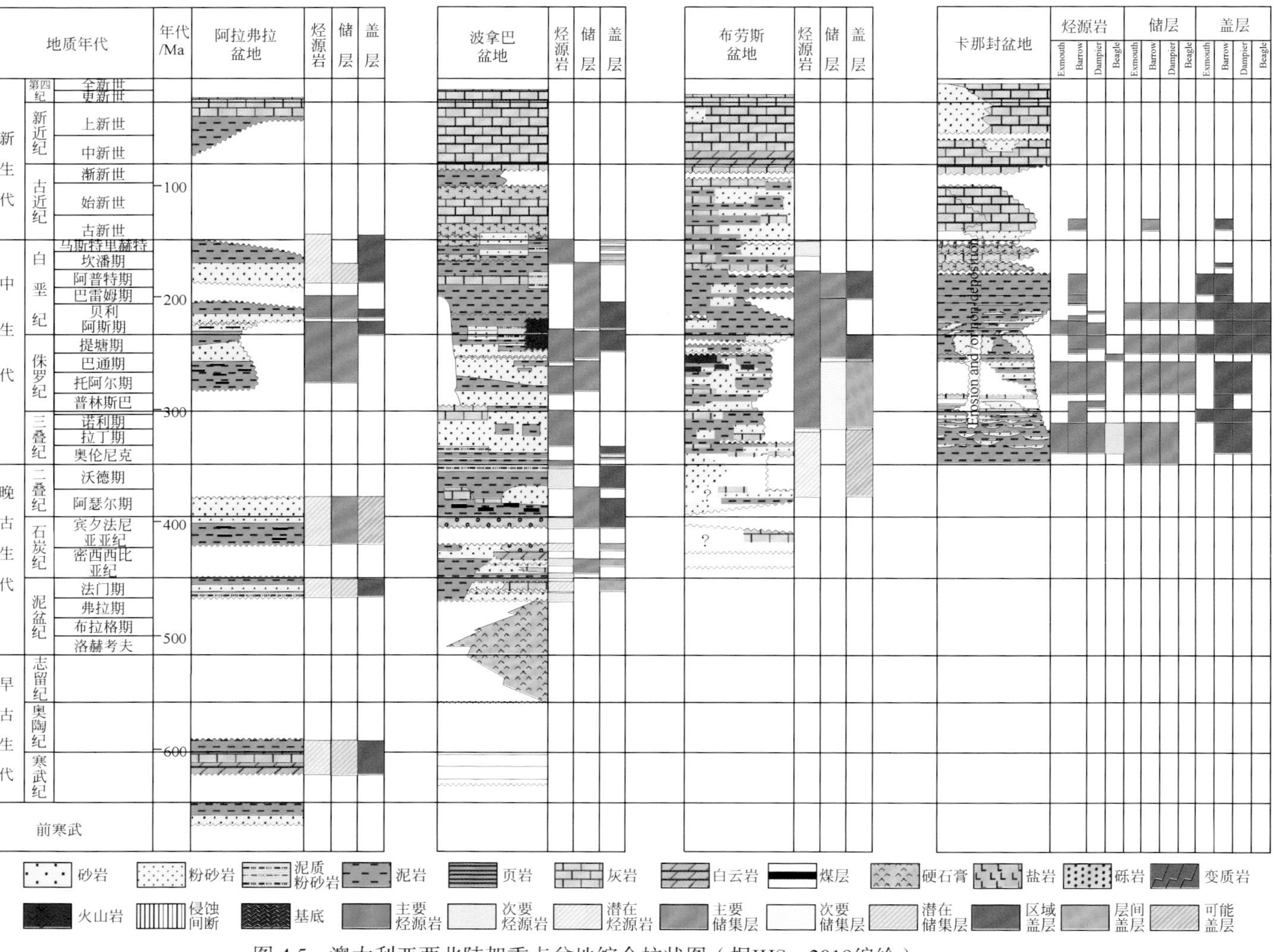

图 4.5 澳大利亚西北陆架重点盆地综合柱状图（据IHS，2018编绘）

1. 三叠纪之前的夭折裂谷层序

三叠纪之前的夭折裂谷层序主要为大型的三角洲沉积体系，是主要气源岩和储层发育段；侏罗纪的陆内—陆间裂谷层序，早期发育大型三角洲沉积体系，晚期为小型近源三角洲和海相泥岩沉积，也是主要的生油岩和储层发育段。白垩纪至今的被动大陆边缘层序早期主要为海相泥岩沉积，是一套区域性盖层，晚期为海相碳酸盐岩沉积。

西北陆架卡鲁裂谷作用开始于晚石炭世，在波拿巴盆地的 Petre 斜坡与坎宁盆地沉积了粗碎屑岩，随后西北陆架发生了一次大范围的海侵，岩性以前三角洲泥岩、海相页岩、陆架页岩和碳酸盐岩为主。到早二叠世发生了第二次海侵，且澳大利亚板块已迁移至低纬度热带气候区，发育了广阔的碳酸盐岩陆架沉积，而在靠近陆架一侧发育海岸平原相和三角洲相沉积。早二叠世碳酸盐岩是波拿巴盆地 Londonderry 隆起上古潜山油气藏的重要勘探目标。

晚二叠世—三叠纪为陆内裂谷发育阶段，在整个西北陆架发育了一套向西北增厚的上二叠统和三叠系河流—三角洲到浅海相的沉积组合，在卡那封盆地、布劳斯盆地以及波拿巴盆地三叠系的河湖—三角洲砂岩中均发现大型气藏。上三叠统 Mungaroo 三角洲规模巨大且分布广，储层物性较好，该砂体在晚三叠世构造反转与卡洛夫破裂不整合定型的隆起上都有发育，构造规模大，是最为重要的大气田的储层。

2. 侏罗纪的陆内　陆间裂谷层序

在晚侏罗世，主要地堑或凹陷加速沉降，邻近的隆起由于抬升而缺失上侏罗统。在波拿巴盆地，卡洛夫破裂不整合面之上 Flamingo 群与 Vulcan 组的细粒沉积物在全盆地范围内沉积，同时代的三角洲沉积层序命名为 Frigate 组。在 Vulcan 拗陷，Flamingo 群（上 Vulcan 和下 Vulcan 组）的沉积物传统上被认为是高质量的烃源岩。近年来在上 Vulcan 组提塘阶砂岩中的石油发现（Tenacious-1 井）指示上 Vulcan 组也有作为储层的潜力。在 Petrel 斜坡近海部分，Flamingo 群顶部上侏罗统的一套砂岩被认为是一个次级的勘探目标，在 Vulcan 拗陷也发育上侏罗统海底扇。在卡那封盆地，上侏罗统 Dingo 页岩也是优质烃源岩，同时代的三角洲或扇三角洲沉积层序依次命名为 Learmonth 组、Biggada 组、Dupuy 组、Angel 组，卡那封盆地上侏罗统构造圈闭的储集层均位于上述地层内。晚侏罗世卡那封盆地发育大量的海底扇或滨岸滩坝砂体，具备了形成大型地层岩性油气藏的有利条件，如以牛津期（Oxfordian）滨岸滩坝砂体为主力储集层的 Jansz 气田为典型的地层-岩性气藏。

3. 白垩纪至今的被动大陆边缘层序

早白垩世澳大利亚西北陆架大陆边缘同时发生海侵，随着差异沉降减弱，早白垩世地层广泛超覆在各隆起之上。在波拿巴盆地与布劳斯盆地，早白垩纪 Echuca Shoals 组页岩是其下的中—下侏罗统 Plover 三角洲砂体、Elang 三角洲砂体、上侏罗统 Frigate 三角洲砂体的区域盖层，Petrel 斜坡同时代地层命名为 Darwin 组。在卡那封盆地，同年代地层称为 Barrow 群，对应 Exmouth 凹陷与 Barrow 凹陷的三角洲层序，其他地区命名为 Flag 组。

早白垩世瓦兰今不整合（KA）之后直至晚白垩世早期，西北陆架进入热沉降阶段。

Bathurst Island 群的细粒碎屑岩和碳酸盐岩在整个波拿巴盆地与布劳斯盆地沉积；在卡那封盆地，自下而上依次发育 Muderong 页岩、Windalia 放射虫岩与下 Gearle 粉砂岩，以及与 Muderong 页岩同期发育的 Birdrong 砂岩、Mardie 绿砂岩与 Windalia 砂岩。

晚白垩世晚期受构造变动和应力调节的控制，波拿巴盆地与布劳斯盆地发生构造反转，主要表现为断块的差异隆升作用较强，形成规模大小不等的断块构造，在斜坡和断块构造高部位普遍抬升并遭受剥蚀，局部形成角度不整合，沉积充填以海退沉积旋回为特点，陆架边缘向西北方向迁移到 Scott 凸起以外，在 Yampi 斜坡形成海底峡谷，在 Caswell 拗陷中央形成浊积岩，并发育低水位域砂岩，Puffin 组内沟谷和扇砂体测试已经发现了油流（Puffin-1 井）。卡那封盆地上白垩统主要发育一套粉砂岩与泥晶灰岩，上述反转构造的表现并不明显。

新生代被动大陆边缘演化阶段，以发育厚层的进积台地碳酸盐岩为特色。卡那封盆地、波拿巴盆地与布劳斯盆地均发育碳酸盐台地的厚层沉积序列。

第三节　生、储、盖层特征

一、烃源岩特征

整个西北陆架的主力烃源岩主要分布在卡那封盆地的埃克斯茅斯台地以及巴罗-丹皮尔次盆、布劳斯盆地以及波拿巴盆地的马里塔地堑区域，主要为三叠系与侏罗系的烃源岩。澳大利亚西北陆架烃源岩的主要特征是烃源岩的生烃潜量低，并且干酪根的类型主要为Ⅱ、Ⅲ型干酪根，所以西北陆架的烃源岩主体上已经决定了以生气为主。这也是澳大利亚西北陆架是一个产气区的根本原因。另外澳大利亚西北陆架的主力烃源岩埋藏深度大，成熟度很高，大部分烃源岩都已到达生气窗或者为过成熟状态。整个西澳盆地中，侏罗系牛津阶烃源岩大部分都已到达生气窗或者过成熟状态，所以整个西澳巨盆地中三叠统与中-下侏罗统的烃源岩基本到达生气窗或者过成熟状态，都是以生气为主（Falvey and Mutter，1981）。

波拿巴盆地主要烃源岩为古生代二叠系 Keyling 组页岩，干酪根为Ⅱ、Ⅲ型；中生代侏罗系 Plover 组页岩，干酪根类型主要为Ⅲ型；Vulcan 组页岩，干酪根类型为Ⅱ、Ⅲ型（Preston，2000；Barrett，2004）。布劳斯盆地主要烃源岩为中生界侏罗系 Vulcan 组页岩，干酪根主要为Ⅱ、Ⅲ型；白垩系 Echuca Shoal 组泥岩，干酪根以Ⅲ型为主。卡那封盆地主要烃源岩为中生代三叠系 Locker 组页岩，干酪根为Ⅱ、Ⅲ型，生气为主；侏罗系 Athol 组页岩和 Dingo 组泥岩，干酪根Ⅱ、Ⅲ型，生气为主；下白垩统 Forestier 组泥岩和 Muderong 组页岩生油岩，干酪根Ⅱ、Ⅲ型，生油为主（冯杨伟等，2011；金莉等，2015）。

澳大利亚西古生代烃源岩只有波拿巴、佩思和博恩-苏拉特盆地发育，波拿巴盆地二叠系主要分布于陆上部分，晚石炭世—早二叠世海侵期沉积的海相页岩，后期成熟生烃，产气为主（表 4.2）。

表 4.2 澳大利亚西北陆架重点盆地烃源岩特征对比

盆地名称	地质年代		烃源岩	岩性	干酪根	R^o/%	TOC/%	油/气	原型阶段
波拿巴盆地	中生代	J	Vulcan 组	页岩	Ⅱ/Ⅲ	0.35～1.5	2.0	油	陆内—陆间裂谷
		J	Plover 组	页岩	Ⅲ	0.44～0.7	2.2～13.9	气	
	古生代	P	Keyling 组	页岩	Ⅱ/Ⅲ	>0.8	2.8	气	陆内夭折裂谷
		C	Milligans 组	页岩	Ⅲ	0.95	0.1～0.2	气	
布劳斯盆地	中生代	K	Echuca Shoal 组	泥岩	Ⅲ	0.5	1.9	气	被动大陆边缘
		J	Vulcan 组	页岩	Ⅱ/Ⅲ	0.65～1.1	1.0～2.0	气	陆内—陆间裂谷
卡那封盆地	中生代	K_1	Muderong 组	页岩	Ⅱ/Ⅲ	0.4～1.7	1.0～3.0	气	被动大陆边缘
		J_2	Dingo 组	泥岩	Ⅱ/Ⅲ	0.26～6	2.0～3.0	气	陆内—陆间裂谷
		J_1	Athol 组	页岩	Ⅱ$_2$	0.3～2.0	1.74	气	
		Tr	Mungaroo 组	页岩	Ⅱ/Ⅲ	0.6～1.0	2.19	气	陆内夭折裂谷
		Tr	Locker 组	页岩	Ⅱ/Ⅲ	0.45～0.6	1.0～5.0	气	

中生代各盆地烃源岩普遍发育，澳大利亚西北陆架在中生界进入裂陷期，三叠系地层普遍过成熟，只有卡那封盆地进入裂陷期较晚，三叠系发育生气源岩。侏罗纪广泛发育的断陷裂谷控制了生油岩的展布，对石油的区域分布有着重要的控制作用，是广泛分布的良好烃源岩，早期生气，晚期生油。白垩系地层普遍未进入生烃门限。佩思盆地经历两期裂陷，三叠系烃源岩主要分布在北佩思盆地，在 Dandaragan 海槽过成熟（Bradshaw，1993；朱伟林等，2013）。

二、储盖组合

除波拿巴盆地的 Petrel 次盆中的主力储集层为二叠系砂岩外，整个西澳巨盆地的储集层均为中生代的三角洲砂岩体。其中分布于整个卡那封盆地的三叠系诺利阶 Mangaroo 组储集层与侏罗系辛涅缪尔阶至卡洛夫阶的 Plover 组储集层是整个西澳巨盆地最重要的储集层，在其中分布的资源储量占整个西澳巨盆地总资源量的一半以上。三叠纪诺利期的 Fitzory 造山后沉积了非常厚的遍布整个卡那封盆地的 Mungaroo 组，并且辛涅缪尔期至卡洛夫期在布劳斯盆地与波拿巴盆地同样沉积了厚且遍布整个盆地的 Plover 组。Mungaroo 组与 Plover 组均是海相至三角洲相的过渡相沉积环境下形成的，地层层系中既有页岩也有砂岩，也就是主力的烃源岩，与储集层处于同一套层系中，这也就是这两套储集层系聚集巨大储量的主要原因（Romine et al.，1997；姜雄鹰和傅志飞，2010；常吟善等，2015）（表 4.3）。

白垩纪瓦兰今期当澳大利亚板块与大印度板块完全解体分离后，整个澳大利亚西北陆架成为开放海相沉积环境，此后整个白垩纪，在澳大利亚西北陆架沉积了一套厚的页岩层系，成为整个澳大利亚西北陆架的区域盖层，这套白垩系的盖层封盖了整个西澳巨盆地 97% 以上的烃类，如果没有白垩系这套海相页岩层系，那么整个西北陆架将仅有极少的油气资源能够储存下来。

表 4.3 澳大利亚重点盆地储集层特征对比

盆地名称	地质年代		储集层	岩性	沉积环境	孔隙度/%	渗透率/mD*	原型阶段
波拿巴盆地	中生代	J_3	Vulcan 组	砂岩	浅海	12～23	30～2000	陆内—陆间裂谷
		J_{1-2}	Plover 组	砂岩	河流—三角洲相	21～22	10	
		T_{2-3}	Challis 组	砂岩	河流—边缘海、浅海	23～30	平均 2000	陆内夭折裂谷
	古生代	P	Hyland Bay 组	砂岩	三角洲平原	1～25	1～95	
布劳斯盆地	中生代	K	Bathurst Island 群	砂岩	浅海	24～27	平均 250	被动大陆边缘
		K_1	上 Heywood 组	砂岩	海相	平均 9	8～1000	
		K_1	Brewster 组	砂岩	深海海沟	7～12	平均 50	
卡那封盆地	中生代	K_1	Barrow 群	砂岩	三角洲平原、浅海陆架、深海盆地	15～35	平均 50	被动大陆边缘
		J_3	Angel 组	砂岩	深海相	11～25	平均 1000	陆内—陆间裂谷
		J_3	Biggada 组	砂岩	深海相	16～27	平均 257	
		J_{1-2}	Legendre 组	砂岩	三角洲平原	15～35	5～2000	
		J_{1-2}	Athol 组	砂岩	海相	14～23	890～2000	
		J_1	Noth Rankin 组	砂岩	滨岸	11-25	20～5000	
		J_1	Evergreen 组	砂岩	河流、三角洲平原	14～23	27～91	
		J_1	Precipice	砂岩	河流、河道	15～23	21～133	
		T_{2-3}	Mungaroo 组	砂岩	河流—三角洲相	平均 19.5	平均 1400	陆内夭折裂谷

* $1mD=1\times10^{-3}\mu m^2$。

波拿巴盆地发育5套区域盖层，古生界盖层主要分布在石炭系—二叠系，中生界盖层主要分布在上侏罗统和白垩系，岩性都以泥页岩为主；盆地发育古生界和中生界两套储集层系，海上主要储集层为二叠系—白垩系，陆上主要储集层为石炭系，古生界泥盆系—石炭系储集层为河流—三角洲沉积环境，部分存在硅酸盐化，物性较差，中生界早期为河流—三角洲沉积环境，晚期为浅海相沉积，物性较好，侏罗系 Plover 组是最主要的储集层。

布劳斯盆地发育的区域盖层为上侏罗统—下白垩统的下 Vulcan 组和 Heywood 组海相泥岩。盆地主要的储集层都发育在中生代侏罗系和白垩系的河流—三角洲相砂岩，最重要的储层是下侏罗统同裂谷期的砂岩和下白垩统低水位扇（表 4.4）。

表 4.4 澳大利亚重点盆地盖层特征对比

盆地名称	地质年代		盖层	岩性	沉积环境	盖层性质	原型阶段
波拿巴盆地	中生代	K_{1-2}	Bathurst Island 群	泥岩	浅海、深海陆架	层间盖层	陆内—陆间裂谷
		Tr_1	Mount Goodwin 组	页岩	海相	区域盖层	陆内夭折裂谷
	古生代	P_2-Tr_1	Fossil Head	页岩	海相	区域盖层	
		P_1	Treachery 页岩组	页岩	湖相	区域盖层	

续表

盆地名称	地质年代		盖层	岩性	沉积环境	盖层性质	原型阶段
布劳斯盆地	中生代	K_{1-2}	上 Heywood 组	泥岩	海相	区域盖层	被动大陆边缘
		J_{2-3}	下 Vulcan 组	页岩	海相	区域盖层	陆内—陆间裂谷
卡那封盆地	中生代	K_1	Muderong 页岩组	泥岩	海相	区域盖层	被动大陆边缘
		J_2	Dingo 组	页岩	海相	半区域盖层	陆内—陆间裂谷
		Tr	Locker 组	页岩	海相	层间盖层	陆内夭折裂谷

卡那封盆地主要发育三套区域盖层，下三叠统的河流—边缘海相沉积的 Mungaroo 组页岩，侏罗系海侵期沉积的厚层 Dingo 组泥岩和下白垩统浅海沉积环境的 Muderong 组页岩。盆地发育的储集层主要是中生界储层，三叠系的河流—三角洲—边缘海沉积环境的砂岩是分布范围最大的储集层，主要分布在埃克斯茅斯高地、巴罗次盆和兰金断块的早-中侏罗统深水浊积扇砂岩也是较好的海相砂岩储集层。上侏罗统—下白垩统时期的深水重力流或水下扇也是重要的储集层。

澳大利亚被动大陆边缘盆地储集层主要为裂陷期的深水重力流沉积和海退期沉积的河流—三角洲相砂岩，盖层主要为海侵期发育的浅海沉积环境的海相泥页岩（表 4.3、表 4.4）。

第四节　大油气田解剖及油气分布规律

截至 2017 年年底，澳大利亚西北陆架共发现 20 个大于 5×10^8bbl 油当量的大油气田，其中卡那封盆地最多，为 10 个，大油气田储量为 324×10^8bbl 油当量，占总储量的 66%。

一、大气田的分布特点

澳大利亚西北陆架大气田除 Scarborough、Callirhoe 气田与 Petrel 气田储集层分布在白垩系与二叠系之外，其余大气田储集层则都分布在侏罗系与三叠系，尤其是三叠系的诺利阶以及中侏罗统储集层所分布的大气田更多，大气田的储集层全部分布在白垩系区域盖层之下。

澳大利亚西北陆架大气田大多分布在盆地内断层或者背斜发育的地区（图 4.6），所以西北陆架大气田的圈闭类型多为构造圈闭或者构造不整合圈闭，其中 6 个大气田为构造不整合圈闭，14 个大气田为构造圈闭；大气田位置大都分布在盆地内地层沉积厚度大的区域，也就是盆地的沉积中心区域；气田的位置都分布在各次盆内烃源岩成熟度高的区域。

澳大利亚西北陆架大气田的埋藏深度都比较大，除台地区域部分大气田埋藏深度不到 3000m，其余大气田埋藏深度均在 3000 ~ 4000m，甚至可达 4600m。

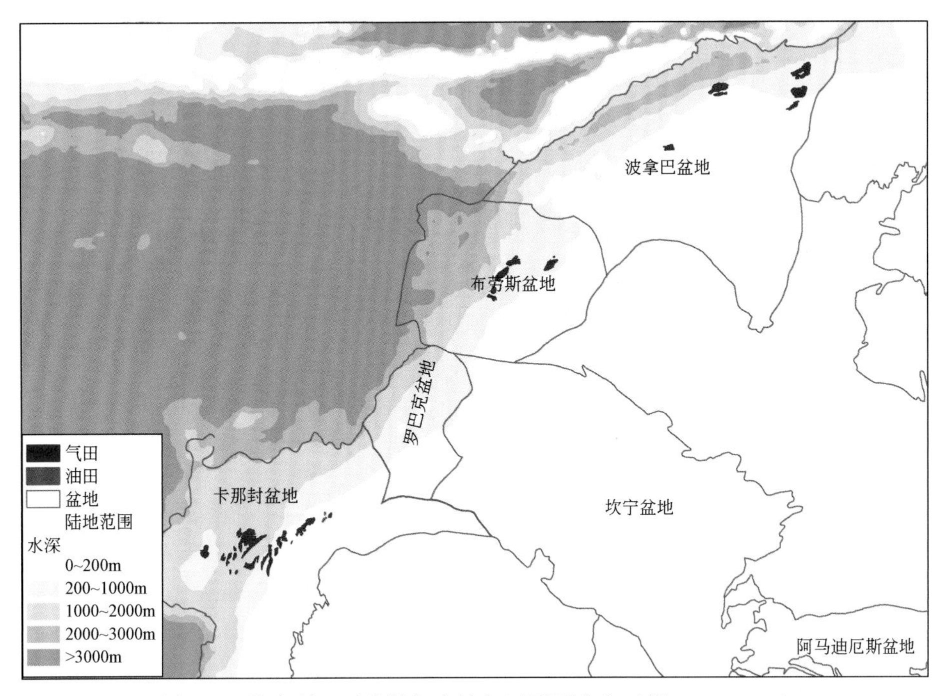

图 4.6　澳大利亚西北陆架大油气田平面分布（据 IHS，2018）

二、大气田分布的主控因素

从西北陆架巨型盆地的原型盆地类型及其叠加发展过程出发，综合分析大气田成藏要素特征及其配置关系，认为原型裂谷阶段自生自储型构造成藏、被动边缘阶段拗陷层系海相页岩的有效封盖、多期伸展型原型盆地的连续叠加，控制了该区天然气的富集（温志新等，2011）。

1. 原型裂谷盆地阶段自生自储型构造成藏

西北大陆架从二叠纪到早白垩世发育多套优质烃源岩（Bradshaw，1993），全部形成于裂谷原型盆地之中，为海相泥页岩；TOC 一般 1% ~5%，最高达 13.9%；干酪根Ⅱ、Ⅲ型，以生气为主。从晚古生代到中新生代，西北大陆架自始至终处于古新世特提斯洋南缘。一方面，不论是夭折裂谷还是陆内—陆间裂谷，都是发生在陆壳边缘的裂谷，仍然长期处于海相沉积环境。另一方面，伴随多期次裂谷的区域热隆升作用，往往形成多期次的海退型大型三角洲沉积建造，保障了断裂控制凹陷带快速沉积环境充足的物源供给，并使携带陆生有机质在相对封闭环境中得以保存，形成了优质以生气为主的源岩。

除了波拿巴盆地 Petrel 大气田主力储集层为二叠系滨海砂岩外，其他大气田的储集层均为中生代裂谷阶段的三角洲砂岩体，孔隙度一般介于 15% ~28% （Mory，1988）。其中整个西澳巨盆地最重要的储集层有两套，一是夭折裂谷期分布于整个卡那封盆地的三叠系诺利阶的 Mangaroo 组储集层，二是陆内—陆间裂谷阶段分布于布劳斯和波拿巴盆地的侏罗系辛涅缪尔阶至卡洛夫阶 Plover 组储集层，这两套储层的可采储量占整个西澳巨盆地总储量的一半以上。这两个组均发育于裂谷阶段海相至三角洲相过渡相沉积环境（图 4.7），地层中既

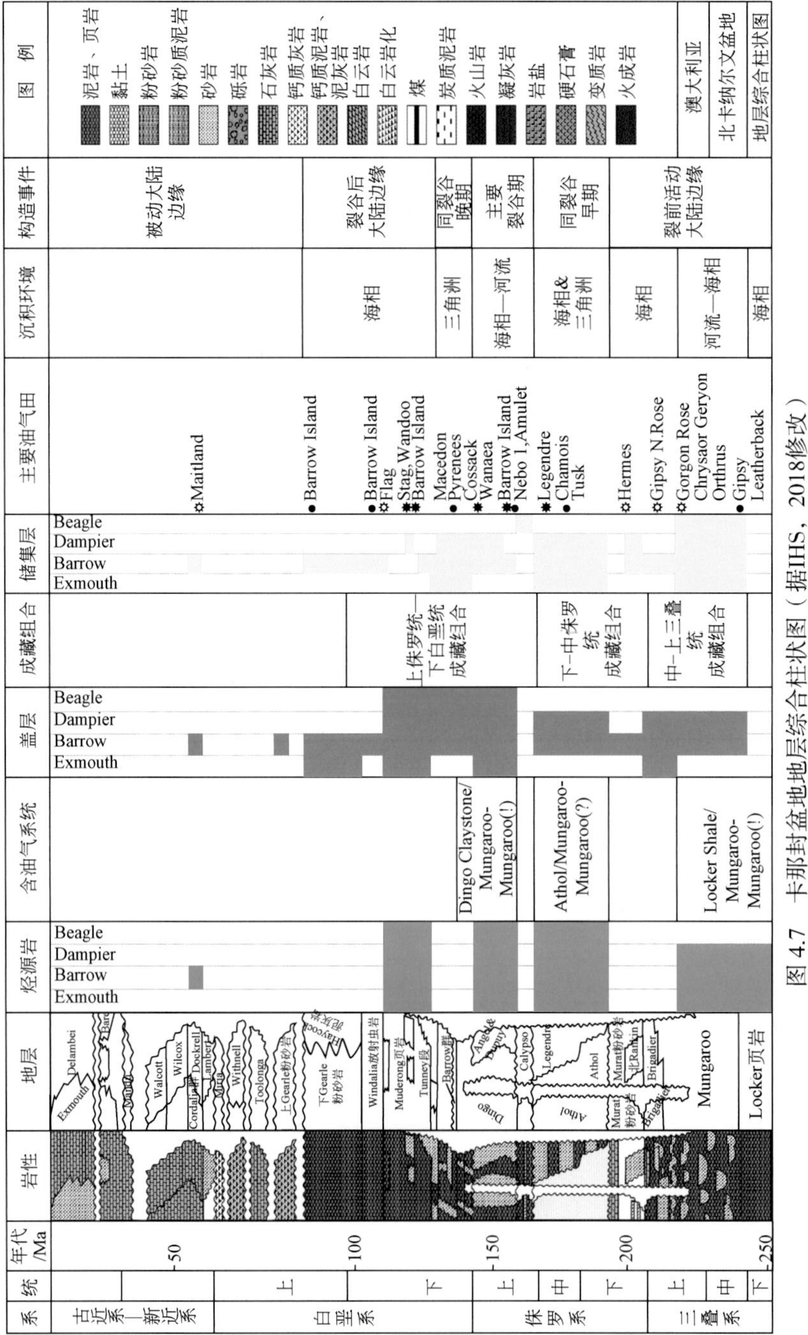

图 4.7　卡那封盆地地层综合柱状图（据IHS，2018修改）

有页岩也有砂岩，形成了主力烃源岩与储集层处于同一套层系之中的自生自储型组合，也是这两套储集层系分布巨大储量的根本原因。

裂谷阶段不仅控制了自生自储组合形式，而且形成了大量的构造及构造-不整合圈闭（图4.8），其中14个大气田为构造圈闭，包括背斜及断块；6个大气田为构造-不整合圈闭。白垩纪之前，经历了两期裂谷原型盆地发育阶段，断裂活动的差异，形成了多个沉积中心的多个次盆。盆地后期的构造运动所形成的构造样式基本都继承了前期的构造轮廓，这一构造现象在北卡那封盆地表现得最为显著，断裂构造作用使得裂谷盆地内构造格局进一步复杂化，并形成若干个次一级断陷和凸起构造单元，而且两期裂谷的沉积沉降中心并不完全一致。不论哪种方式，继承性同生发育的大型断裂、背斜等构造与多期次海进海退所形成的大量不整合圈闭一直是油气聚集运聚的主要场所，如果顶部及翼部直接被后期大面积海相页岩所覆盖，油气富集已是必然。

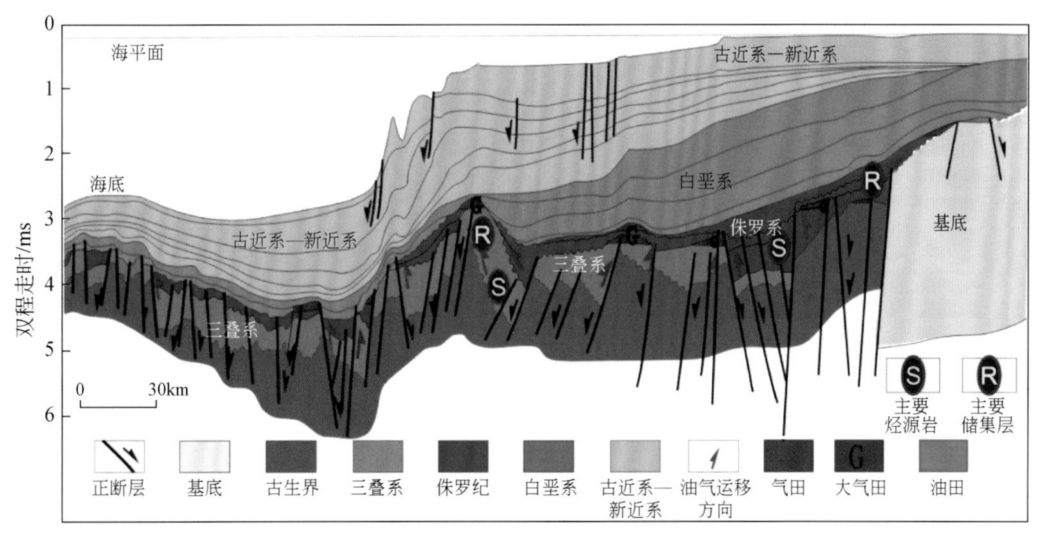

图4.8　澳大利亚西北大陆架大气田成藏模式

2. 漂移期海相“被盖”形成了高效的区域性封堵

白垩纪瓦兰今期，当澳大利亚板块与大印度板块完全解体分离后，整个澳大利亚西北大陆架成为开放海相的沉积环境，此后整个白垩纪，在澳大利亚西北大陆架沉积了一套巨厚的页岩层系，成为整个澳大利亚西北大陆架的区域盖层（图4.8），这套白垩系的页岩封盖了整个西澳巨盆地97%以上的烃类（Bradshaw，1993），也就是说，如果没有白垩系这套开放海相的页岩层系，那么整个西北大陆架将仅有极少的油气资源能够保存下来。

3. 多期伸展型原型盆地的连续叠加

西北大陆架20个大气田都分布在盆地内地层沉积厚度大的区域，即盆地的沉积中心，也是烃源岩成熟度高的区域（图4.9）。一方面可以印证大气田的形成只发生短距离运移的自生自储组合形式；另一方面表明，西北大陆架经过长期以伸展应力为主的裂谷及被动边缘拗陷阶段，沉积厚度巨大，最大可达10000m，使原本就少的生油型有机质进入生气或过成熟度阶段，天然气资源更丰富，再加上就近运聚成藏，大气田总体埋藏深度大。

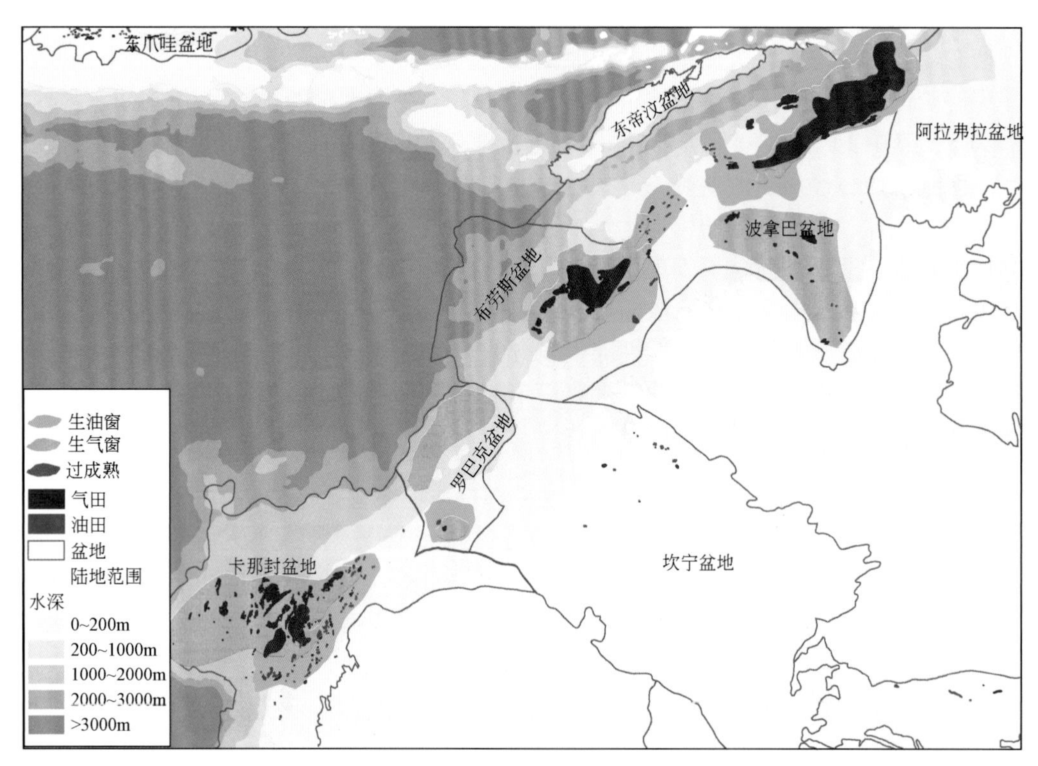

图 4.9　西北大陆架主要烃源岩与气田分布（据 Falvey and Mutter，1981 修改）

第五节　勘探潜力评价

一、波拿巴盆地

波拿巴盆地目前已证实的含油气系统是 Milligans/Kuriyippi－Milligans 含油气系统、Hyland Bay/Keyling-Hyland Bay 含油气系统、Elang－Elang 含油气系统和 Vulcan－Plover 含油气系统。

Milligans/Kuriyippi－Milligans 含油气系统主要分布在 Petrel 次盆南部的陆上区域。包括 Petrel 次盆和 Sahul 向斜，主要烃源岩为 Hyland Bay 组，最厚可达 650m。Elang－Elang 含油气系统主要分布在 Vulcan 次盆北部的 Laminara 构造带，Vulcan－Plover 含油气系统在盆地大范围均有分布，特别是 Vulcan 次盆，烃源岩厚度可达 1000m（Earl，2004；Cadman et al.，2004）。

盆地最有利的成藏组合为 Plover 组构造成藏组合，在整个盆地范围均有分布，特别是 Calder 地堑、Malita 地堑以及 Vulcan 次盆；其次为 Plover 组构造－不整合成藏组合，主要分布在 Vulcan 次盆的西部深凹区。

通过含油气系统分析、成藏组合评价认为，Vulcan 次盆、盆地中北部的 Flamingo 向斜、Sahul 台地、Calder 地堑以及 Malita 地堑均为已知含油气系统的分布区，Plover 组储层中分布的构造成藏组合和构造-不整合成藏组合主要分布在 Vulcan 次盆、Malita 地堑和 Calder 地堑，因此盆地的勘探前景区主要分布在波拿巴盆地北部的 Vulcan 次盆、Flamingo 向斜、Sahul 台地、Calder 地堑和 Malita 地堑一带。

结合油气藏环带分布特点，认为波拿巴盆地有利勘探区有以下 4 个地区（图 4.10）。

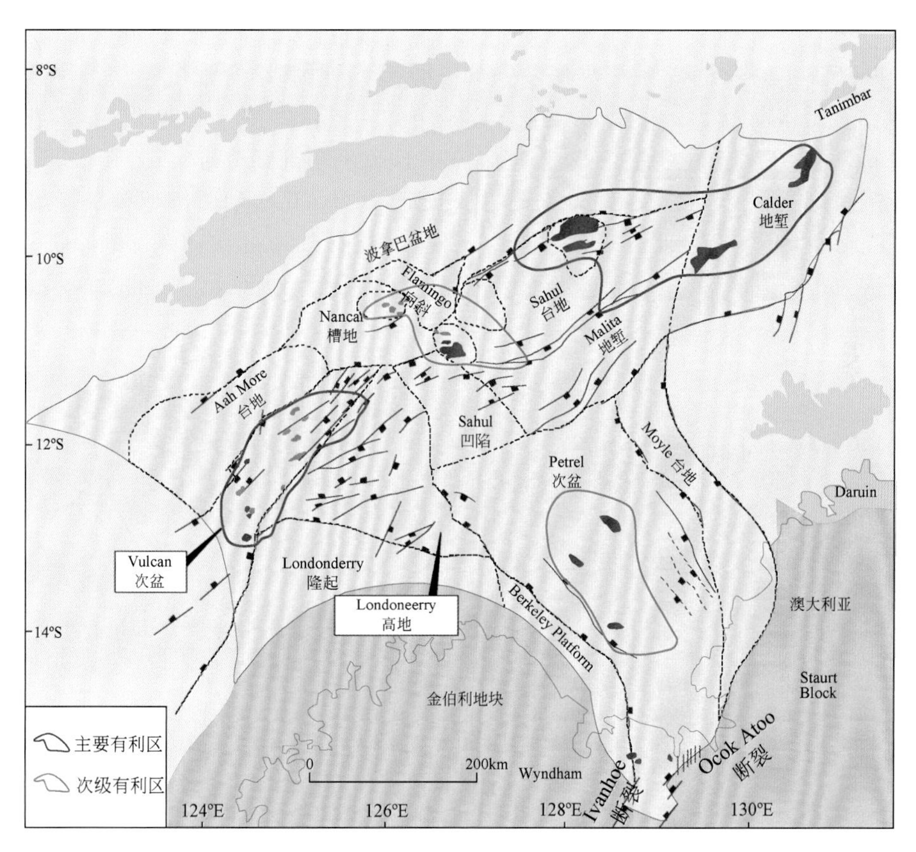

图 4.10　波拿巴盆地综合评价有利区分布

1. Calder 地堑、Malita 地堑

该地区是波拿巴盆地最有利成藏区带，成藏有利因素是烃源岩发育，成熟度较高，构造高部位储集层发育，不利因素是晚期断层发育，圈闭破坏，储层埋深较大，多为三角洲前缘细粒沉积，物性是影响成藏的关键因素。

2. Vulcan 次盆

Vulcan 次盆成藏有利因素是构造发育，圈闭落实，储盖配置较好；不利因素是油气运移距离较远，后期圈闭被破坏，保存条件是成藏的关键因素。

3. Flamingo 向斜

Flamingo 向斜位于盆地中北部，由于构造情况比较复杂，圈闭落实情况不明，是相对次级有利区带。

4. Petrel 次盆西南部

Petrel 次盆发育古生代地层，烃源岩落实，但是储层沉积较早，岩性致密，为次级有利区带。

二、布劳斯盆地

布劳斯已证实的含油气系统为侏罗系—三叠系/下白垩系含油气系统，主要分布在 Caswell 次盆和 Barcoo 次盆。根据成藏组合评价可知，上侏罗统—下白垩统成藏组合是布劳斯盆地较有利的成藏组合，主要分布在 Caswell 次盆的东部断阶带。

布劳斯盆地已发现油气田主要位于 3 个构造带：Caswell 次盆西部与 Scott 台地相接的枢纽带，Caswell 次盆北部与 Vulcan 次盆相接的枢纽带和 Caswell 次盆东部断阶带。综合上述分析，认为布劳斯盆地的有利成藏区带主要位于以下 3 个地区（图 4.11）。

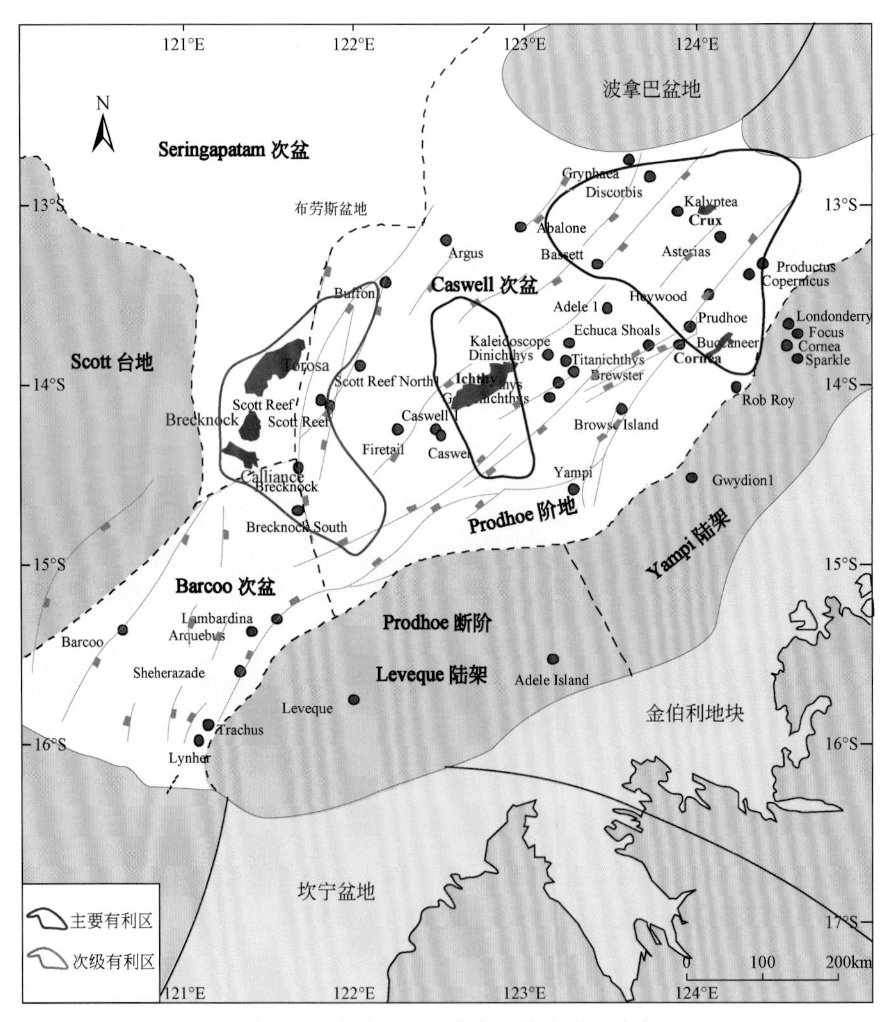

图 4.11　布劳斯盆地综合评价有利区分布

1. Caswell 次盆的西部枢纽带

该地区已发现 Calliance、Torosa、Brecknock 3 个油气田，储集层主要为三叠系 Sahul 群，侏罗系 Plover 组和 Malita 组，属于中下侏罗统成藏组合和上三叠统—中侏罗统两个成藏组合。

2. Caswell 次盆中部断阶带

该地区已发现 Ichthy 油气田，主要储层是 Brewster 砂岩和侏罗系的 Plover 组砂岩，所在的成藏组合是中下侏罗统成藏组合和上侏罗统—下白垩统成藏组合，以生气为主。

3. Caswell 次盆北部枢纽带

已发现 Cornea、Crux 两个气田，烃源岩主要为侏罗系 Plover 组和下 Vulcan 组泥岩，储层主要分布在中侏罗统和下白垩统（Plover 组和上 Vulcan 组），为三角洲—浊积扇相砂岩，储层物性中等，以生气为主。

三、卡那封盆地

卡那封盆地已有 60 多年的勘探历史，盆地烃源岩和储集层丰富、圈闭类型多样，在三叠统、侏罗统、白垩统和古近系储集层中都有油气发现。

从油气储量上看，盆地中的石油（含凝析油）绝大部分分布于巴罗次盆、丹皮尔次盆和兰金台地，天然气主要分布于兰金台地和埃克斯茅斯高地。油气的地理分布呈现“内油外气”的特征，这种分布特征主要受烃源岩和构造圈闭展布控制。

综合考虑盆地内含油气系统及成藏组合的分布特征，结合盆地的构造特征认为巴罗次盆北部、丹皮尔次盆、兰金台地及埃克斯茅斯高地东北部是盆地内主要的勘探区带，巴罗次盆南部、伊外斯特盖特尔次盆北部是盆地内次要的勘探区带（图 4.12）。盆地中巴罗次

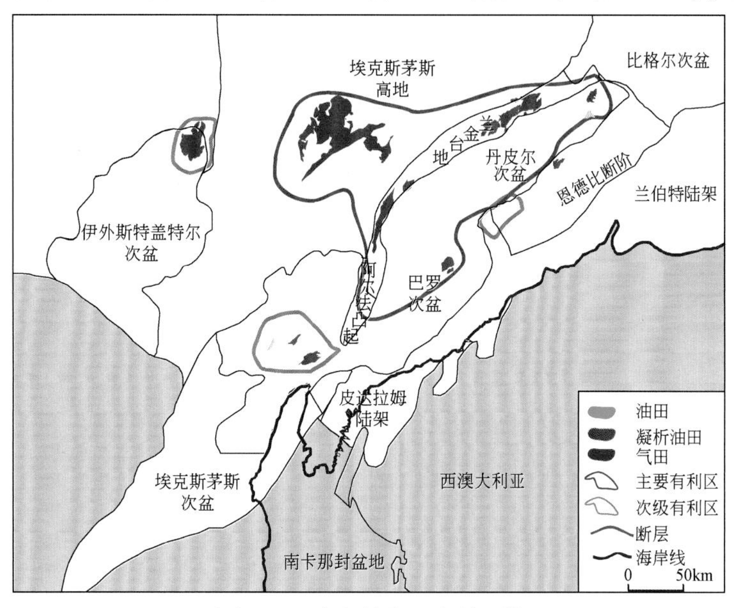

图 4.12　卡那封盆地有利区带

盆、丹皮尔次盆为勘探成熟盆地，虽然以往已经找到了大量气田油田，但仍有很多已证实成藏组合的勘探目标和未勘探类型目标，勘探前景好。埃克斯茅斯高地目前仍为勘探未成熟盆地，但近年已有巨型气田发现，因此是最具勘探潜力的地区。巴罗次盆、丹皮尔次盆及周边有利构造带被三维地震覆盖，探井密度1口/1000km^2；埃克斯茅斯高地仅为二维地震覆盖，且大部分面积二维地震也很稀疏，钻井也很少，只有十几口井。

卡那封盆地的主要有利区在勘探成熟的巴罗次盆、丹皮尔次盆，以及勘探未成熟但近年已有巨型气田发现埃克斯茅斯高地，次级有利区是丹皮尔次盆东部、巴罗次盆南部、伊外斯特盖特尔次盆西北部（Benson et al.，2004）。

第五章　南大西洋两岸被动大陆边缘盆地群

南大西洋两岸是晚侏罗世开始，从南向北打开，经过裂谷期、过渡期和漂移期三个演化阶段而形成的系列被动大陆边缘盆地。受构造环境、古气候及物源供给等多因素控制，该地区形成了断陷型、含盐断拗型、无盐拗陷型和三角洲改造型4类被动大陆边缘盆地。

第一节　勘探开发概况

南大西洋两岸共发育桑托斯、坎波斯、福斯杜亚马孙（亚马孙三角洲）、圭亚那、科特迪瓦、尼日尔三角洲、下刚果、安哥拉等31个被动大陆边缘盆地（图5.1），总沉积面积$827\times10^4km^2$，水深大于200m的盆地面积为$555\times10^4km^2$。南美洲东海岸从南向北涉及阿根廷、乌拉圭、巴西、法属圭亚那、苏里南、圭亚那6个国家，西非海岸从南向北涉及南非、纳米比亚、安哥拉、刚果布、加蓬、喀麦隆、圣多美普林西比、尼日利亚、加纳、科特迪瓦、利比里亚、塞拉利昂、塞内加尔、毛里塔尼亚和摩洛哥等17个国家。

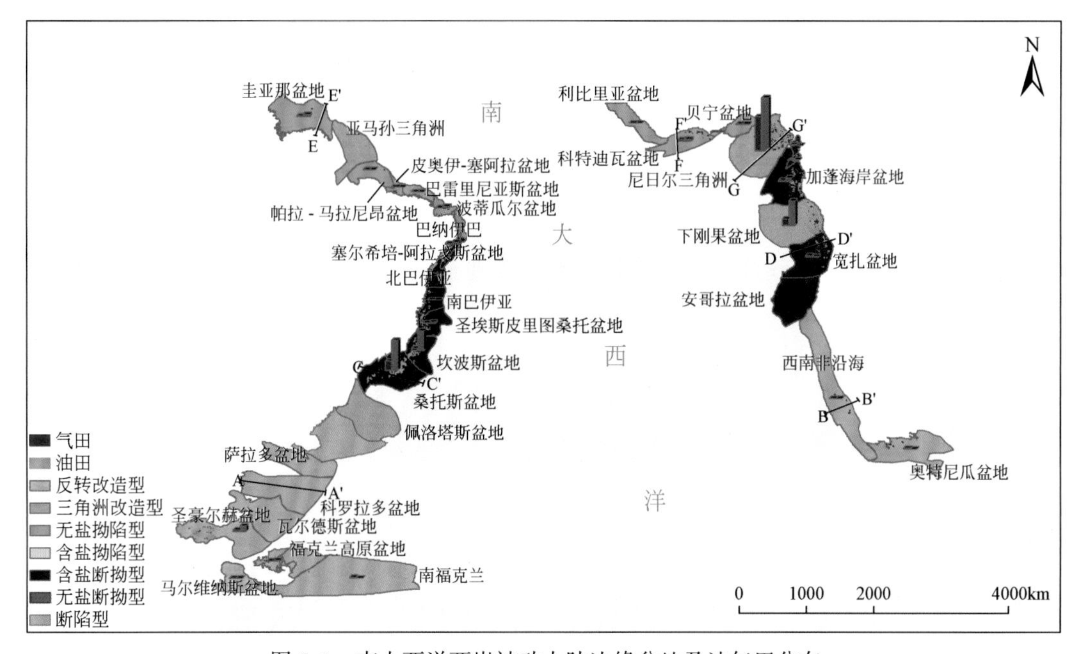

图5.1　南大西洋两岸被动大陆边缘盆地及油气田分布

一、南美东海岸被动大陆边缘盆地勘探开发概况

南美东部含油气盆地已发现油气田 707 个，累计发现 2P 可采储量 1002×10^8bbl 油当量。分布于 12 个含油气盆地（图 5.1）。发现油气田比较多的盆地位于巴西海域，主要包括桑托斯盆地、坎波斯盆地、波蒂瓜尔盆地、塞尔希培-阿拉戈斯等盆地。未发现油气田的盆地主要位于南部阿根廷海域，包括科罗拉多盆地、萨拉多盆地、佩洛塔斯盆地、南福克兰盆地等。南美东部已发现的油气资源以油田为主，气田较少，气田主要分布于塞尔希培-阿拉戈斯等盆地。

已发现的 707 个油气田中，大型油气田 33 个（可采储量大于 5×10^8bbl 油当量）、中型油气田 87 个（可采储量 1×10^8 ~ 5×10^8bbl 油当量）、小型油气田 581 个（可采储量小于 1×10^8bbl 油当量）。其中大油气田累计发现 2P 可采储量 436×10^8bbl 油当量，大型油气田仅发现于 6 个盆地，其中坎波斯盆地发现了 14 个、桑托斯盆地发现了 11 个、圭亚那滨海盆地 7 个、圣埃斯皮里图桑托盆地仅发现 1 个；33 个大型油气田中有 32 个大型油田，仅桑托斯盆地发现大型气田 1 个。

已发现的 87 个中型油气田，累计发现 2P 可采储量 185×10^8bbl 油当量，主要分布在 9 个盆地（图 5.1）。发现最多的盆地有坎波斯盆地和桑托斯盆地，分别为 36 个和 18 个，其他 7 个盆地均小于 10 个。坎波斯盆地已发现油气田 105 个，大中型（可采储量大于 1×10^8bbl 油当量）以上的达 50 个，占 48%；桑托斯盆地已发现油气田 49 个，大中型（可采储量大于 1×10^8bbl 油当量）以上达 27 个，占 55%，表明坎波斯和桑托斯盆地仍处在寻找大中型油气田的阶段，总体勘探程度较低，勘探潜力巨大。雷康卡沃、塞尔希培-阿拉戈斯和波蒂瓜尔盆地属于巴西勘探成熟度比较高的盆地，已发现大量油气田，未发现大型油气田，分别发现中型油气田 7 个、4 个和 2 个，占油气田总数的 5%、4% 和 1%，表明三个盆地总体以小型油气田为主，潜力有限。

已发现 581 个小型油气田累计 2P 可采储量 59×10^8bbl 油当量，其中仅波蒂瓜尔、塞尔希培-阿拉戈斯盆地和圣埃斯皮里图桑托盆地就发现 460 个，占区域小型油气发现的 79%。除上述 4 个盆地和坎波斯、桑托斯盆地外，其他盆地仅有零星油气发现，勘探成熟度总体较低。

二、西非海岸被动大陆边缘盆地勘探开发概况

西非被动大陆边缘盆地从南到北包括奥特尼瓜、西南非沿海、宽扎、下刚果、加蓬海岸、杜阿拉、尼日尔三角洲、贝宁、科特迪瓦、利比里亚 10 个盆地（图 5.1）。沉积面积 150.9×10^4km^2，其中陆上 15.1×10^4km^2，海上 135.8×10^4km^2。截至目前累计发现油气可采储量 1794.9×10^8bbl 当量，石油 1167.5×10^8bbl，天然气 627.4×10^8bbl 油当量。剩余油气可采储量 1078.6×10^8bbl 油当量。共发现大油气田 53 个，累计可采储量 512.24×10^8bbl 油当量。已发现的 53 个大油气田中，尼日尔三角洲盆地 33 个、下刚果盆地 16 个、加蓬海岸盆地、西南沿海盆地及科特迪瓦盆地各 1 个，形成这种现象，除了勘探程度不均衡以

外，主要是由于原型盆地叠加发展过程及其沉积充填差异所致。

第二节　原型盆地及岩相古地理重建

南大西洋两岸被动大陆边缘盆地具有明显的共轭性，是中生代—新生代随着西冈瓦纳裂解、南大西洋的形成而伴生的系列盆地（Katz and Mello，2000；Mann，2004；Weimer and Slatt，2010）。其原型盆地经历了早期陆内裂谷、过渡期陆间裂谷和漂移期被动大陆边缘3个原型演化阶段，两岸分别充填了湖泊相、潟湖相及海相沉积体系（图5.2、图5.3）。受成盆动力学机制及古地理环境控制，其沉积充填明显具有分段性，从南至北分别以里奥格兰德转换断裂带和阿斯康斯昂转换断裂带为界划分为3个阶段（图5.2）。

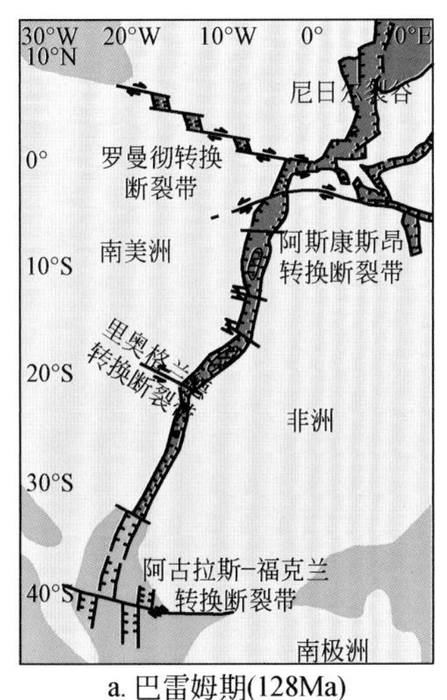

a. 巴雷姆期(128Ma)

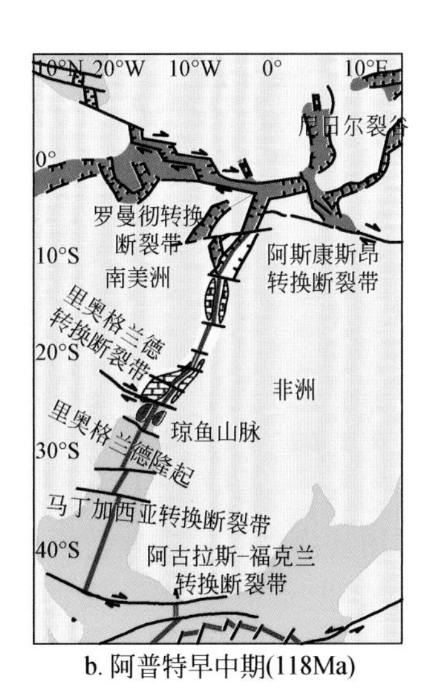

b. 阿普特早中期(118Ma)

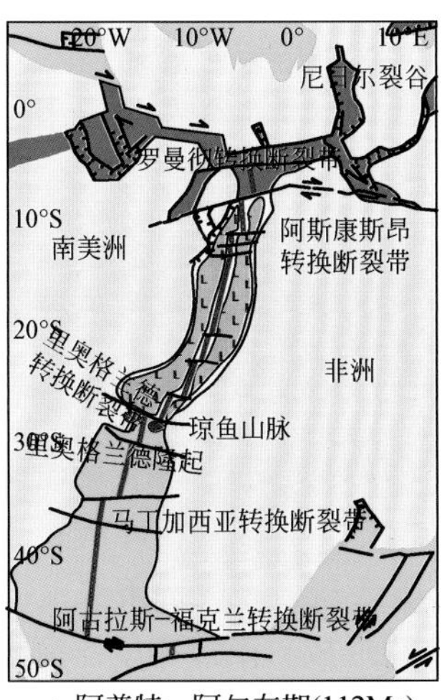

c. 阿普特—阿尔布期(112Ma)

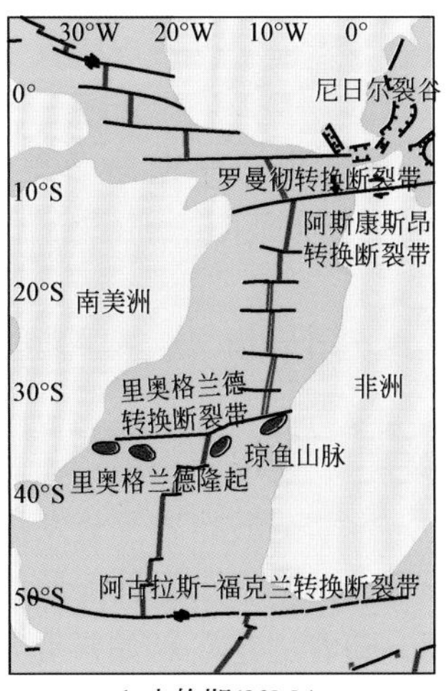

d. 土伦期(90Ma)

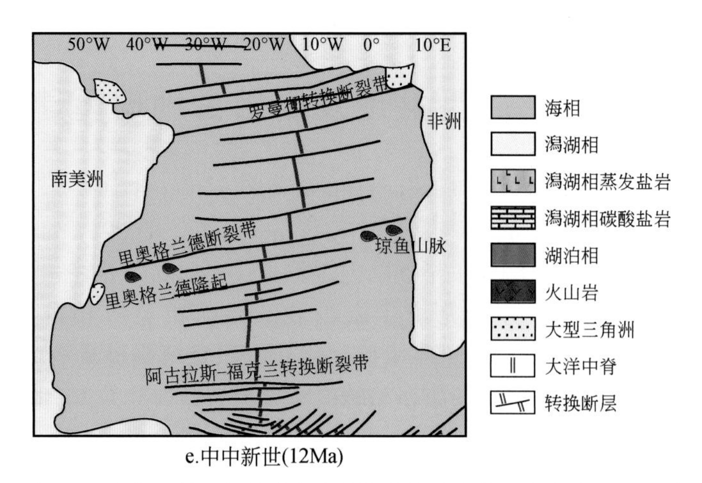

图 5.2　南大西洋两岸被动大陆边缘盆构造演化及岩相古地理重建

（据 Torsik and Rousse，2009；Rupke and Schmid，2010 修改）

一、早白垩世巴雷姆期

这个时期，南大西洋两岸“三段”均为陆内裂谷盆地，以陆相沉积体系为主，但南段逐渐过渡为海相沉积（图 5.2、图 5.3）。

拉张伸展作用首先从西冈瓦纳大陆南端即现今的南非西海岸开始，受特里斯坦地幔柱事件影响，裂谷作用从南向北展开，受近 SN 向主张性断裂控制，形成近 SN 向的狭长裂谷带，其间以近 EW 向走滑断层形成调接带相隔形成多个次级断陷（Brownfield and Charpentier，2006；Torsik and Rousse，2009）。裂谷中充填主要为湖泊、河流及三角洲等陆相沉积体系，钻井及露头显示，该套地层在现今的南大西洋两岸大陆架及大陆坡下伏裂谷层系中广泛发育。该阶段晚期再一次发生了强烈的伸展，南段南部与印度洋海水沟通，形成海相沉积体系；南段北部仍为陆相沉积，形成了深湖相的泥岩沉积。北段，EW 向伸展量转换为近 EW 向的阿斯康斯昂及罗曼彻转换断裂带滑移量（Rupke and Schmid，2010），发育窄而深、分布范围小的拉分裂谷盆地，以陆相碎屑岩沉积为主。

二、早白垩世阿普特期

早白垩世阿普特期，两岸“三段”均为过渡期陆间裂谷盆地，南段沉积了海相硅质碎屑岩，中段主要为潟湖相碳酸盐岩及蒸发盐岩沉积，北段以湖相碎屑岩沉积为主，受热隆升及低纬度环境影响，两岸三段据具备形成孤立碳酸盐台地建造条件（图 5.2、图 5.3）。

阿普特早中期，随着“窄”初始洋壳从南向北形成，南部印度洋海水大范围侵入，形成了一套海侵型砂砾岩体，标志早期裂谷阶段结束，进入陆间裂谷阶段。伴随着强烈的岩浆活动，在现今的中段形成了近 EW 向的里奥格兰德隆起—琼鱼山脉火山岩高地，受其横向阻挡控制，在中段近 SN 向狭长裂陷区形成了海水循环受限的局限潟湖沉积环境，由于

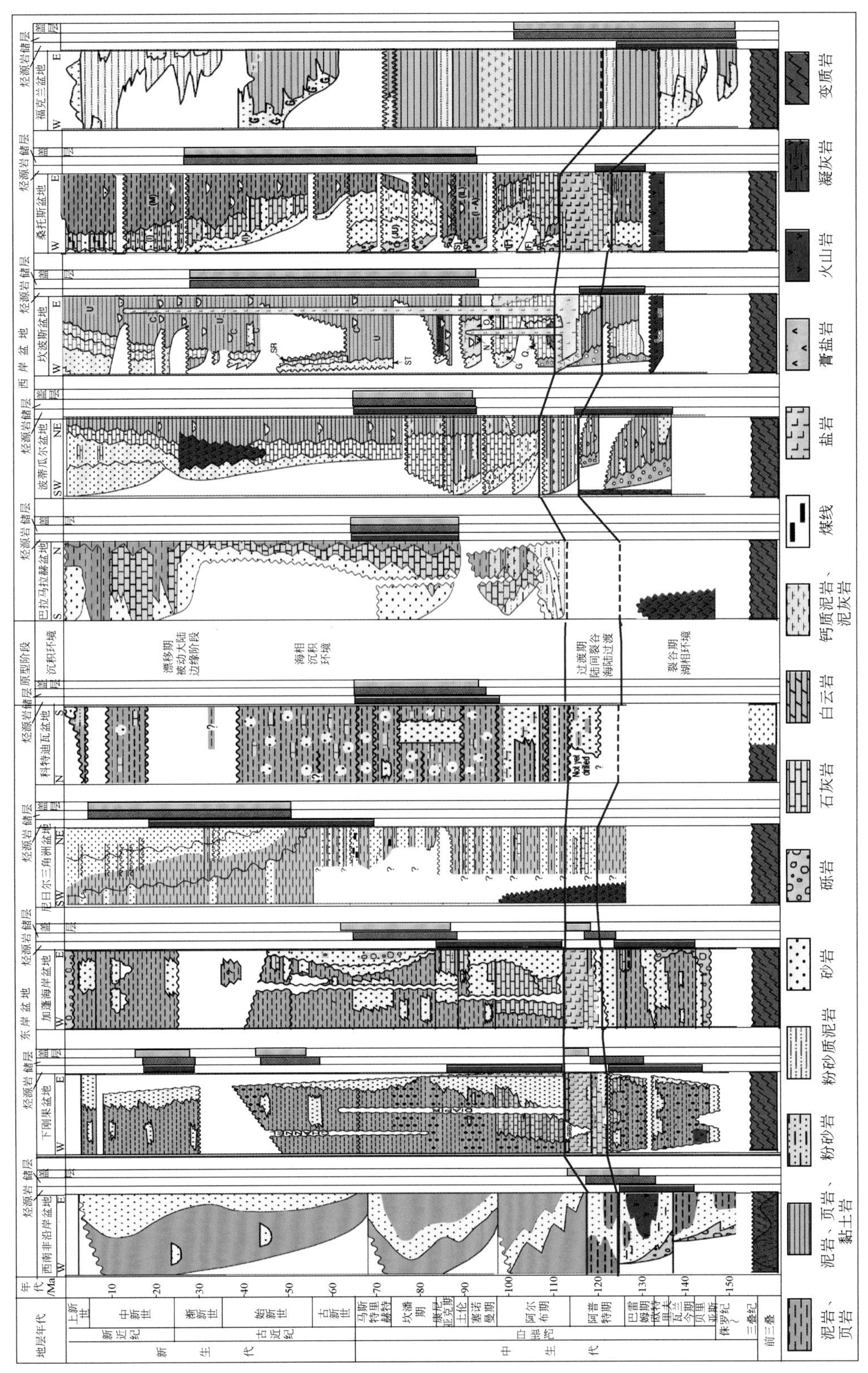

图 5.3　南大西洋两岸被动大陆边缘盆地地层综合对比（据IHS，2018修改）

窄洋壳出现，地温梯度增高明显，陆间裂谷两侧边界断块出现热膨胀翘倾作用，缺乏碎屑岩供给，靠近赤道，蒸发量大，形成一套分布广泛的碳酸盐岩沉积（Torsik and Rousse，2009）。北段近 EW 向张扭断裂带控制的裂谷层系发育规模较小，相对封闭，仍以湖相碎屑沉积为主。南段由于该时期与印度洋连同，海水循环畅通，形成滨浅海相碎屑沉积（Rupke and Schmid，2010）。

阿普特晚期，随着蒸发量持续增加，中段盆地形成由盐岩、硬石膏组成的蒸发岩层系（Torsik and Rousse，2009），其中以盐岩为主，总面积接近 $100\times10^4\,km^2$，最大厚度超过 4000m。北段转换型盆地由于拉分裂谷发育范围有限，南部海水尚未进入，仍以湖相碎屑沉积为主。南段两岸各盆地依然为海相碎屑岩沉积。推测南段和北段局部垒式断块发育孤立碳酸盐台地建造。

三、早白垩世阿尔布期至今

早白垩世阿尔布期以来，两岸“三段”均为漂移期被动大陆边缘盆地，全部为海相沉积，但沉积厚度差异明显（Rupke and Schmid，2010）。从阿尔布早期开始，出现洋壳的海底不断扩张，向两侧带动岩石圈运动，形成开阔的新生大洋，两侧洋壳趋于变冷，从两岸向洋中脊发生对称的沉降拗陷作用，在陆壳及过渡带上，形成了漂移状态的被动大陆边缘沉积楔状体。此时由于海水大量进入，蒸发岩沉积结束，伴随着全球性海平面上升与下降，从下至上，漂移期经历了一个大的海侵、海退旋回，即下部海侵层系和上部海退层系（图 5.2、图 5.3）。

海侵层系（阿尔布阶到马斯特里赫特阶），由早期浅海至晚期深海沉积组成。南段以海相碎屑岩沉积为主。中段由早期滨浅海碳酸盐岩过渡到碎屑岩沉积。北段此时由于南美板块沿转换断层向西移动的同时，向南运动，沟通了北部中大西洋海水，为海相碎屑沉积充填。塞诺曼期到土伦期最大海泛期，在中断和北段形成一套缺氧环境黑色页岩。值得注意的是，北段海相重力流扇体最多。由于北段受陡倾角的转换断裂控制形成的被动大陆边缘具有“窄”陆架、“陡”陆坡特征，大量被河流搬运至岸边砂体，容易受洪水、地震等阵发性因素影响，沿较陡陆坡滑塌形成重力流沉积体系，它们对斜坡或者沟谷产生垂向和侧向上的侵蚀，往往在陆棚及上斜坡上形成彼此平行的海底峡谷或补给水道，这些负载沉积物的密度流失去动力后卸载，在下斜坡和陆隆上形成海底扇群等重力流沉积体系。

海退层系（古新世至今），受全球海平面持续下降影响，两岸物源供给充足，砂体向海进积，三角洲—深水重力流水沉积体系普遍发育，其中不乏尼日尔、下刚果、福斯杜亚马孙及佩洛塔斯等大规模高建设性三角洲盆地。

第三节　盆地结构差异及分段对比

地震地质综合对比解释发现，南、中、北三段盆地及尼日尔等大型三角洲盆地结构差异明显。基于此，首次以盆地结构中的主力层系，即盆地演化过程中优势原型阶段为依据划分为南段断陷型、中段含盐断拗型、北段无盐拗陷型和尼日尔等三角洲型 4 个类型（图

5.1)。类比发现，裂谷层系和拗陷层系（含三角洲层系）地温梯度分别平均约为4.0℃/100m和3.0℃/100m，裂谷层系如果具有形成大油气田资源基础，烃源岩必须经过生排烃高峰期，沉积厚度一般需要大于3500 m，同理拗陷层系一般为4000m，故将此设定为优势原型阶段的一般标准，即裂谷层系和拗陷层系沉积充填厚度分别为大于3500m和4000m。当然不同盆地受古地温梯度及有机质类型影响不同，这两个划分优势原型盆地厚度标准会上下有所浮动。

一、南段断陷型被动大陆边缘盆地

南段断陷型被动大陆边缘盆地，呈“下断上拗”结构，其典型特征是下伏裂谷层系较厚（沉积中心厚度一般大于3500m）、上覆拗陷层系较薄（沉积中心厚度一般小于4000m）的盆地结构（图5.4），其中裂谷层系属于优势原型阶段。多用户地震数据证实，整个南段盆地中，除了佩洛塔斯盆地发育一个大规模三角洲外，均属于断陷型盆地（图5.1）。下伏裂谷层系普遍发育，张性断裂控制形成垒堑相间构造特征。钻井揭示上段为陆相河流—冲积扇—湖相沉积体系，下段主要为火山岩充填（Franke et al., 2007），向海方向SDR（seaward dipping reflectors）现象明显增多。上覆拗陷层系“楔形”特征明显，断裂不发育，以下伏地层呈区域性角度不整合接触关系，底部为一组连续强反射，厚度几十米到一百米不等，为过渡期陆间裂谷阶段海侵砂砾岩沉积。拗陷层系下部地震呈弱振幅近空白反射结构，以海侵期较深水细粒沉积为主；中、上部地层从陆坡向海底平原，发育多套小型楔形地震反射结构，属于小型三角洲—深水重力流沉积体系。

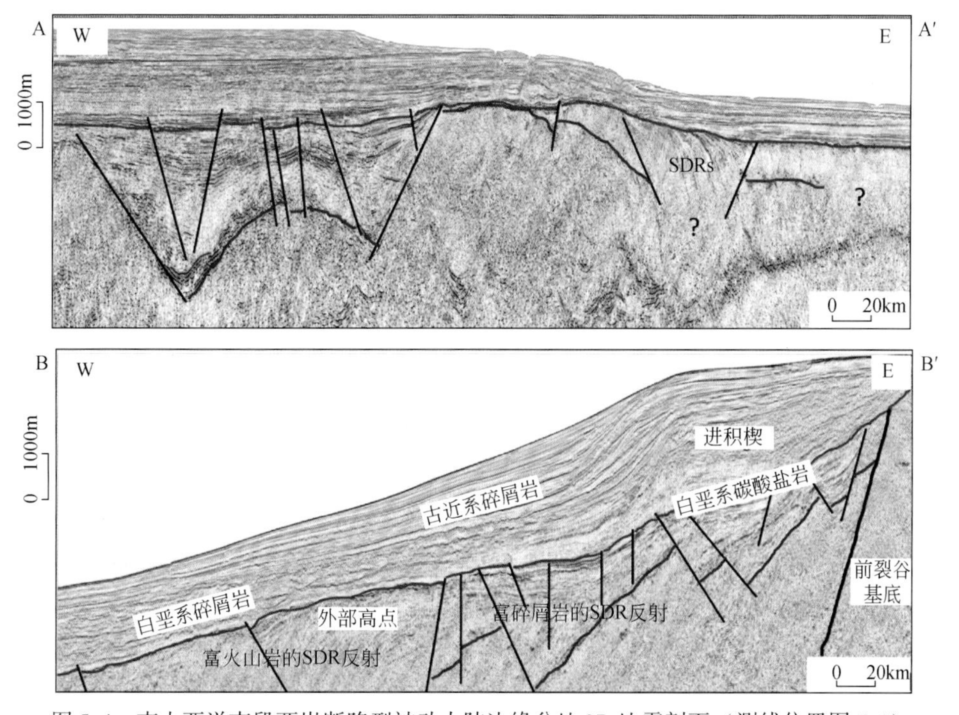

图5.4　南大西洋南段两岸断陷型被动大陆边缘盆地2D地震剖面（测线位置图5.1）

二、中段含盐断拗型被动大陆边缘盆地

中段含盐断拗型被动大陆边缘盆地与南段断陷型盆地相比，除了下伏裂谷层系属于优势原型阶段外，上覆拗陷层系也属于优势原型阶段，且过渡阶段盐岩发育。具体有 3 点不同（图 5.5）：①整体厚度大，沉积中心厚度均超过 5000m；②下部过渡期从下至上发育潟湖相碳酸盐岩和蒸发盐岩沉积建造，前者主要分布在现今的桑托斯、坎波斯、宽扎、下刚果等两岸盆地，最大厚度超过 1000m；后者分布范围广，涵盖中段两岸所有盆地，近 $100\times10^4km^2$，向海方向厚度增大，最厚超过 4000m；③盐构造发育且盐上新生代反映深水沉积体系的楔形、透镜状强反射结构期次增多，规模变大，与当时全球海平面处于下降旋回相一致。

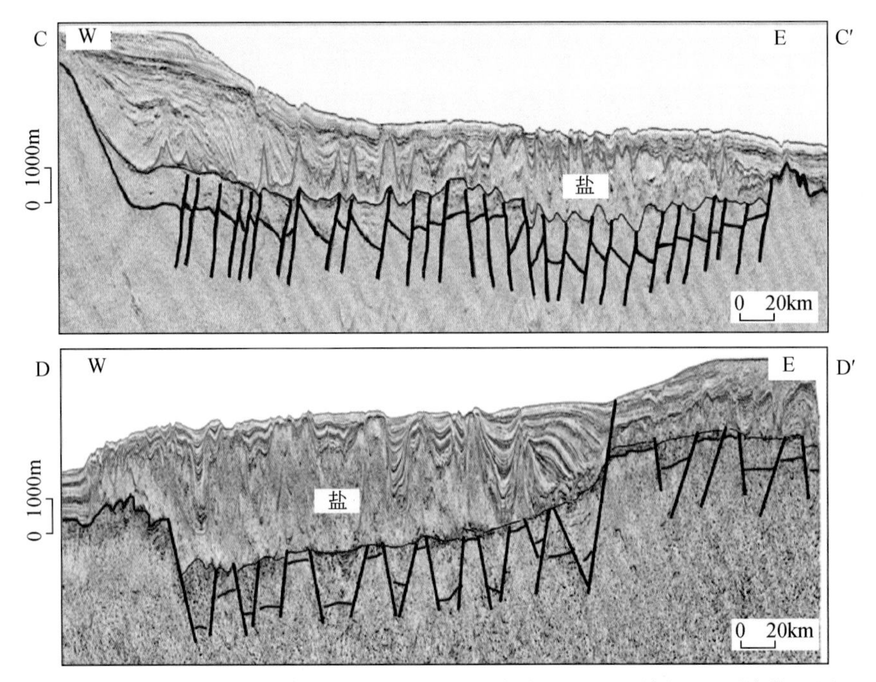

图 5.5　南大西洋中段两岸含盐断拗型被动大陆边缘盆地 2D 地震剖面（测线位置图 5.1）

三、北段无盐拗陷型被动大陆边缘盆地

北段无盐拗陷型被动大陆边缘盆地结构独特（图 5.6），只有拗陷层系属于优势原型阶段，具体体现在：①裂谷层系分布范围小，仅皮奥伊-塞阿拉等少数盆地发育，原因为早期裂谷属于陡断层控制的走滑拉分裂谷盆地盆地，分布范围窄；②拗陷层系厚度大（大于 5000m）且重力流扇体发育，原因为“窄”陆架、“陡”陆坡型盆地沿岸砂体，容易受洪水、地震等阵发性因素影响，沿较陡陆坡滑塌，在下斜坡和陆隆上形成海底扇群等重力流沉积体系。其中该段尼日尔和福斯杜亚马孙两大水系形成了后面述及的三角洲型盆地。

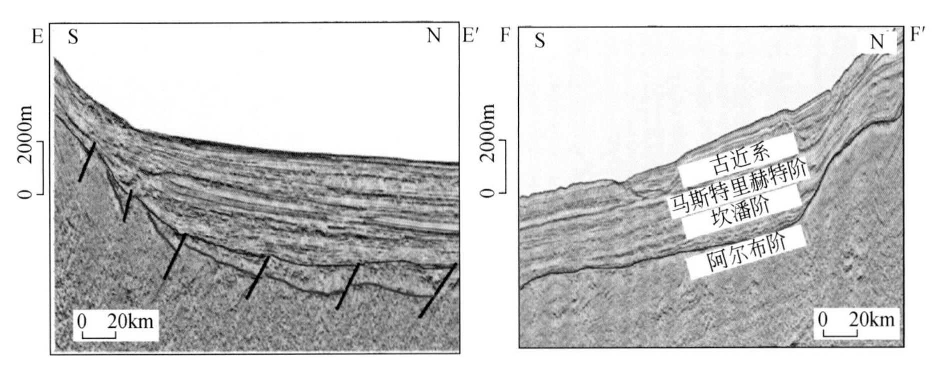

图5.6　南大西洋北段两岸无盐拗陷型被动大陆边缘盆地2D地震剖面（测线位置图5.1）

四、三角洲型被动大陆边缘盆地

三角洲型被动大陆边缘盆地是指，中新世以后能够发育高建设性三角洲层系的盆地。其不仅沉积厚度大（中新世以来沉积厚度大于4500m），自身层系能够形成独立构造-沉积特征，且改造了原来的盆地结构，属于优势原型阶段。根据多用户地震资料，南大西洋两岸发育尼日尔、下刚果、福斯杜亚马孙和佩洛塔斯三角洲型被动大陆边缘盆地（图5.7、图5.8）。

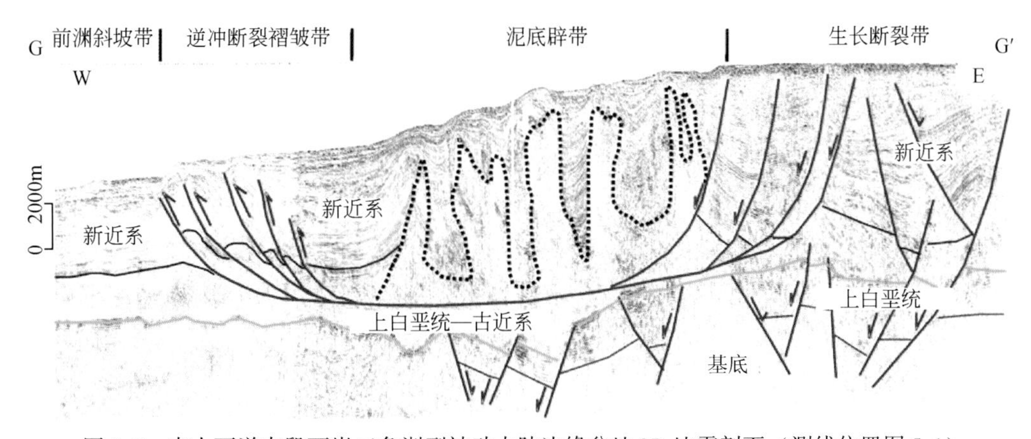

图5.7　南大西洋南段两岸三角洲型被动大陆边缘盆地2D地震剖面（测线位置图5.1）

以尼日尔三角洲盆地为例，该类盆地“垂向分层，横向分带”特征明显（图5.7、图5.8）。垂向分为3套层系，即下部裂谷层系、中部拗陷层系和上部三角洲改造层系。前两个层系地震反射、沉积充填与断拗型盆地基本一致，由于上部自中新统以来高建设三角洲层系发育，受重力均衡、泥底辟和重力流等作用，三角洲层系由陆向海形成了生长断裂带、泥底辟带、逆冲断裂褶皱带、前渊斜坡带4大环状构造带。生长断裂带发育大规模三角洲前缘亚相砂体，泥岩底辟带、逆冲断裂褶皱带和前渊斜坡带上主要为重力流成因的滑塌体、水道及海底扇。

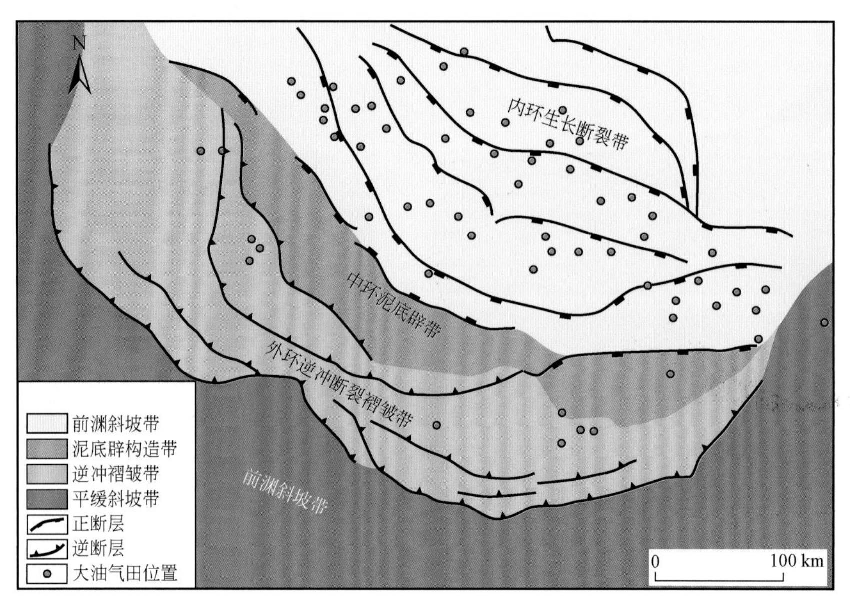

图 5.8　尼日尔三角洲型被动大陆边缘盆地构造单元划分（据 Haack et al.，2000 修改）

第四节　大油气田形成与分布

基于“三段”“四类”盆地结构差异及沉积充填特征，结合已发现大油气田解剖，基本搞清了每类盆地大油气田的成藏规律。

一、南段裂谷层系构造—地层型大油气田

南段断陷型被动大陆边缘盆地形成裂谷层系构造—地层型大油气田（图 5.9）。该类盆地由于拗陷层系沉积厚度一般小于 4000m，受地温梯度低影响（一般小于 3.0℃/100m），海相页岩未达到生排烃高峰期，不具备形成大油气田资源基础，只能作为区域盖层。裂谷层系由于地温梯度高（平均 4.0℃/100m），再加上上覆拗陷层系，北部巴雷姆期湖相和南部海相泥页岩都经过生排烃高峰期，因此具备形成大油气田资源基础。目前，西南非沿海 Kudu 大型气田已证实烃源岩为巴雷姆裂谷期湖相页岩（Franke et al.，2007），TOC 含量平均为 10%，氢指数最高达 600mg HC/gTOC，生烃潜力一般为 9～11mgHC/g，最高达 57mgHC/g。南美东海岸的北福克兰盆地 Logigo 气田和 Sealion 油田烃源岩均为巴雷姆期海相页岩。该套烃源岩在古近纪末开始进入生烃窗（Meloo et al.，2012），沿着断裂垂向运移至裂谷层系顶部重力流或海侵砂砾岩体之中，形成类似 Kudu、Sealion 的大型构造-地层油气藏。同时，陆间裂谷阶段在垒式断块上形成的浅海相碳酸盐岩礁滩建造也是潜在勘探目标。

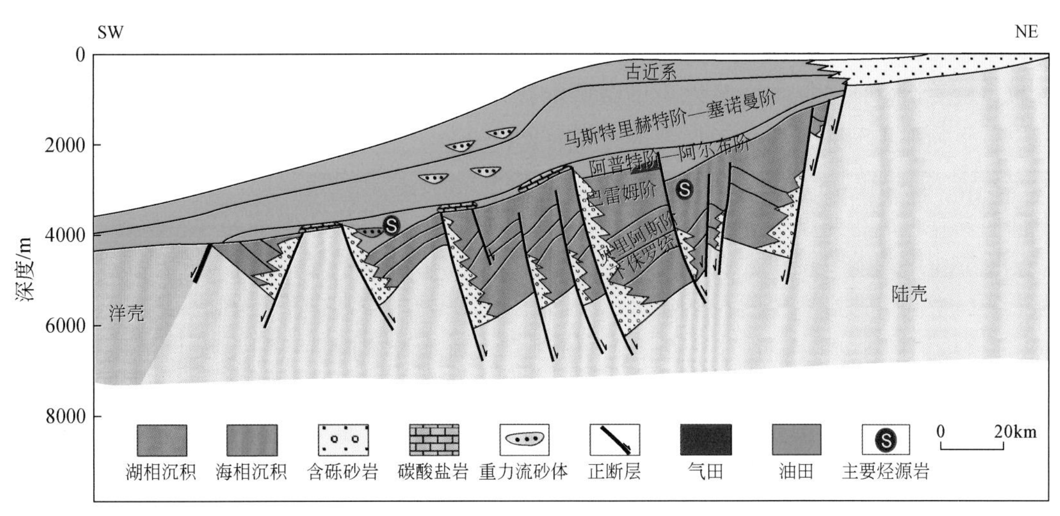

图 5.9　南段断陷型被动大陆边缘盆地油气田成藏模式

二、中段含盐断拗型盆地盐下碳酸盐岩-盐上斜坡扇型大油气田

中段含盐断拗型盆地形成盐下碳酸盐岩-盐上斜坡扇型大油气田（图 5.10）。中段两岸发现大油气田较多，共 47 个，其中巴西东海岸的桑托斯、坎波斯及圣埃斯皮里图桑托等盆地 26 个，西非下刚果盆地、宽扎盆地及加蓬海岸盆地 21 个。研究发现，盐下大油气田储层以下伏碳酸盐岩为主，盐上大油田以重力流扇体为主。

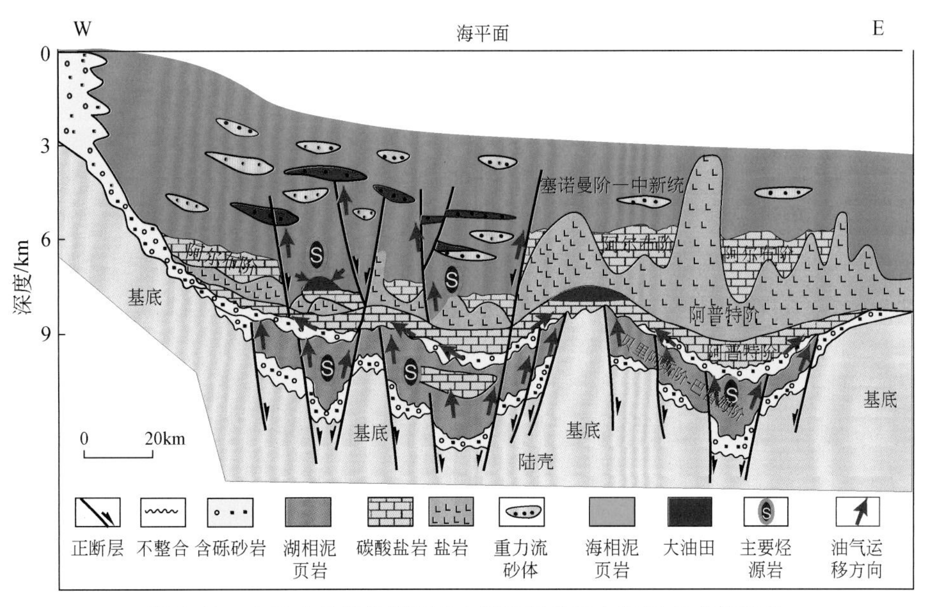

图 5.10　中段含盐断拗型被动大陆边缘盆地大油气田成藏模式

两岸盐下大油气田形成条件具有明显的一致性，这是由于两岸盆地当时属于一个狭长且封闭的陆内断陷湖盆到陆间潟湖相沉积环境。其主力烃源岩形成于陆内裂谷阶段的湖相沉积。坎波斯盆地已证实烃源岩为早白垩世裂谷期拉格菲群（Lagoa Feia）湖相黑色钙质页岩，干酪根类型为Ⅰ型，TOC含量一般为2%～6%，氢指数高达900mgHC/gTOC，生烃潜力超过10mg HC/g岩石（Guardado et al.，2000）。该套页岩在目前两岸盆地的许多地堑中都很发育，沉积厚度一般介于100～400m，大约在中新世达到生油高峰，受顶部厚层盐岩热传导作用影响，现在大部分仍处在生油窗内。如果盐窗不发育，纵向上经过裂谷期断裂系统，横向上通过海侵型不整合面，运移至上覆的阿尔布期盐下碳酸盐岩中，聚集在背斜构造圈闭中，这些背斜往往是断陷之间的古隆起或者垒式断块上所形成的孤立碳酸盐台地，发育介壳及微生物两类优质储层。其中，巴西东海岸的桑托斯盆地发现盐下碳酸盐岩大油气田最多为9个，其次坎波斯为3个，而西非在宽扎盆地发现3个。另外，加蓬海岸盆地还发现了1个盐下砂岩大油气田。区域盖层均为直接覆盖在碳酸盐岩或者砂砾岩之上的分布范围广（约$100\times10^4km^2$）、厚度大（100～2500m）的盐岩，只要不发育盐窗，就可以形成高效封堵。

两岸盐上大油气田形成条件中储层均以重力流扇体为主，另有少量盐上碳酸盐岩，盖层全部为海侵期页岩，只有烃源岩供给不完全相同。由于盐上层系两岸已经属于两个盆地，受物源供给等影响，两岸之间、两岸不同盆地之间及同一盆地不同单元之间，拗陷期沉积厚度差别大，从而影响有效烃源岩的分布范围。由于漂移期形成楔形拗陷沉积体，下陆坡坡折带沉积厚度最大，一般大于4000m，其下段证实塞诺曼阶-土伦阶海侵缺氧性页岩干酪根以Ⅱ型为主，TOC含量一般为2%～5%，最高达10%，达到了生排烃高峰期，具备大油气田资源基础。下刚果盆地由于刚果河充足物源供给，盆地整体上沉积厚度较大，渐新统以来的最大沉积厚度达到6000m，除了下段塞诺曼期-土伦期海相页岩之外，上段局部以渐新统为主的海相泥页岩也进入生烃门限，有机质以Ⅱ型为主，TOC含量最高达14.4%，同样具有优质烃源岩条件。同时，薄的拗陷期沉积地层也能形成大油气田。以坎波斯为例，由于盐岩后期活动强烈，油气则通过盐窗向上运移至漂移期海相重力流扇体中，纵向运移距离有长有短，最短运移至盐上下白垩统阿尔布阶，最长至中新统成藏。由于盐活动在重力流扇体沉积之前和之后都有可能发生，可以形成两类相关的圈闭类型：一类是位于盐枕之上的海底扇形成的岩性圈闭；另一类是靠岩性尖灭及断层共同遮挡形成的复合圈闭。由于重力流扇体多为多期次形成的复合砂体，再加上断层对运移和遮挡条件的影响，同一个大油气田往往具有多个油水界面，油水关系极其复杂。

三、北段无盐拗陷型盆地重力流扇体群型大油气田

北段无盐拗陷型盆地形成重力流扇体群型大油气田（图5.11）。该段盆地下部拉分裂谷窄而深，分布范围小；上部漂移期拗陷层系沉积厚度大（大于5000m），且以碎屑沉积充填为主，重力流扇体普遍发育。

以科特迪瓦盆地为例说明其大油气田成藏特点。2007年之前，科特迪瓦盆地发现了油气田39个，储量规模为中小型，但随着钻井水深越来越大，发现油田规模也随之变大，

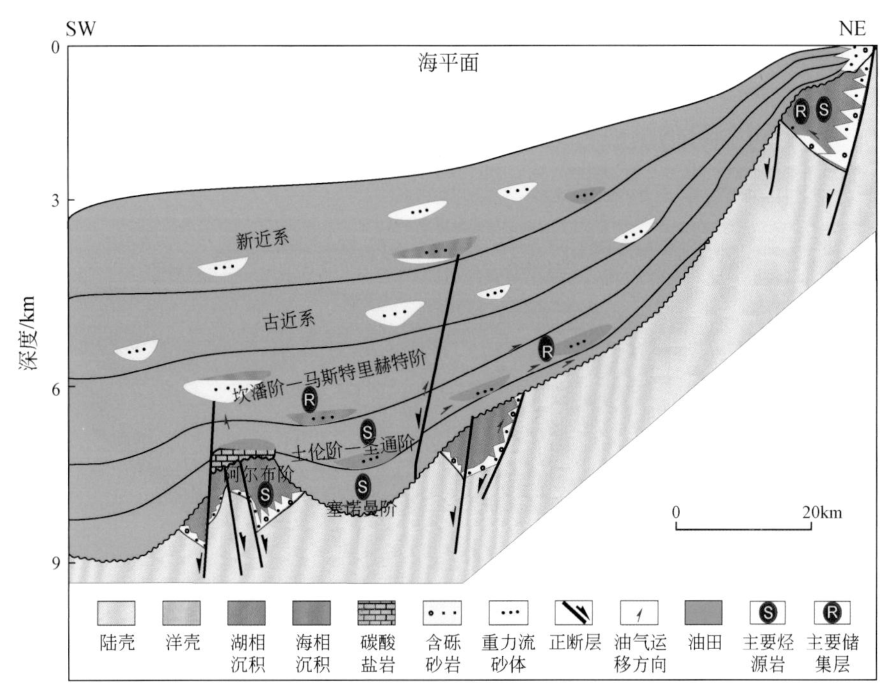

图 5.11 北段无盐拗陷型被动大陆边缘盆地大油气田成藏模式

2007 年 5 月最大水深的 M-1 井（水深 1322m）发现了规模最大（11.66×10^8bbl）的 Jubilee 大油田，储层为土伦阶重力流复合砂体，油层有效厚度 97.25m，单层厚度 2～36m，孔隙度平均为 22%。2010 年 5 月，在 Jubille 油田东北高部位部署的 Teak-1 井，发现了油层总厚度 71.7m 的重力流扇体成藏组合，除了钻遇土伦阶重力流扇体油藏之外，又在坎潘阶钻遇了一套重力流扇体油藏。由于漂移期海相深水沉积速度快、厚度大，拗陷下段土伦阶–塞诺曼阶全球性“缺氧性”海相页岩现今都已经过了生排烃高峰期，油气可以一次运移聚集于页岩既作为源岩又作为盖层的重力流扇体之中形成地层圈闭，也可以经过断层或不整合面向上运移至浅层重力流扇体之中。地震揭示整个拗陷层系从下至上在下斜坡和陆隆处发育多期次的“裙边状”海底扇。

继 2007 年在塔诺次盆土伦期发现 Jubilee 大油田之后，在其北侧的利比里亚盆地和对岸共轭的圭亚那盆地深水上白垩统重力流扇体中不断有所发现，其中圭亚那深水 Liza 大发现，可采储量达到 20.61×10^8bbl 油当量，其中石油 15.75×10^8bbl，天然气 2.86Tcf[①]；之后在其西北和东南又相继发现了类似的 5 个重力流砂体所形成的岩性油藏，2017 年又在 Liza 西北部下白垩统发现了 Ranger 碳酸盐岩油气藏，可采储量 5.6×10^8bbl 油当量，揭示过渡期碳酸盐岩也是有利勘探目标，2018 年又在西南部中新统沉积砂体发现 2×10^8bbl 的油藏，揭示了新的成藏组合。表明北段无盐拗陷型被动大陆边缘盆地拗陷期重力流扇体最有利，过渡期碳酸盐岩值得关注。

① 1Tcf = 283.17×10^8m^3。

四、三角洲型被动大陆边缘盆地四大环状构造带型大油气田

三角洲盆地属于特殊的被动大陆边缘盆地，其特殊性体现在三角洲层系不仅沉积厚度大，而且能够形成独立构造-沉积特征，即四大环状油气富集构造带（图 5.12）。

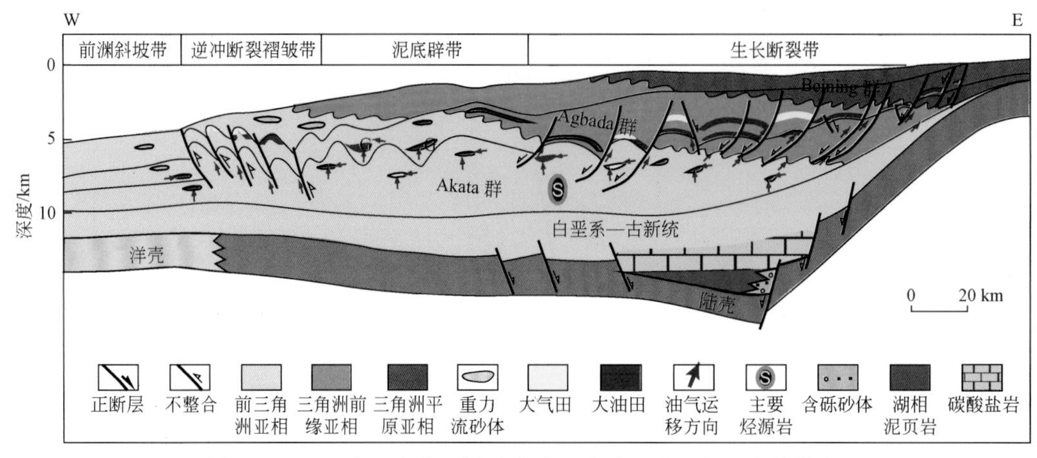

图 5.12　尼日尔三角洲型被动大陆边缘盆地大油气田成藏模式

尼日尔三角洲盆地勘探程度相对最高，以其为例说明大油气田成藏特点。尼日尔三角洲最大沉积厚度约 12000m，形成了典型的自生自储自盖型组合（Haack et al., 2000）。主要烃源岩为前三角洲亚相的阿卡塔组页岩、三角洲前缘亚相的阿戈巴达组泥页岩，TOC 含量为 1.4% ~1.6%，最高可达 14.4%，有机质类型为Ⅱ、Ⅲ型。由于新生代以来的高沉积（沉降）速度，阿卡塔组前三角洲亚相的大套泥页岩在渐新世以来就开始进入生油窗，通过系列生长断层及逆冲断层向上运移，分别通过与之接触的三角洲和重力流扇体发生短距离侧向运移，最终形成了生长断裂带、泥底辟带、逆冲断裂褶皱带和前渊缓坡带四大环状油气富集区（图 5.12）。生长断裂带储层主要为阿戈巴达组及阿卡塔组三角洲前缘亚相水下分流河道及河口坝砂岩，孔隙度为 25% ~35%，渗透率达 2 ~3D[①]；中环泥底辟带、外环逆冲断裂褶皱带及前渊缓坡带上主要为重力流成因的滑塌体、水道及海底扇。目前该三角洲已发现 61 个大油气田，其中 49 个为生长断裂带上的滚动背斜，泥底辟构造带、逆冲断裂褶皱带和前渊缓坡带勘探程度低，也分别发现了 2 个、9 个和 1 个大油田。

西非下刚果盆地、巴西东北海岸的福斯杜亚马孙和佩洛塔斯 3 个盆地也具有类似的盆地结构特征，推测具有较好的油气勘探潜力。

第五节　勘 探 潜 力

南大西洋两岸被动大陆边缘盆地涉及国家多，涵盖类型多，成藏条件差异大，导致勘

① $1D=0.987\times10^{-12}m^2$。

探极不均衡，整体上仍处于低勘探阶段，勘探潜力依然很大。

南段断陷型盆地勘探，目前勘探活动仅限于西南非沿海及福克兰岛周缘，且处于低勘探程度阶段。目前已经证实下白垩统裂谷层系顶部构造相关圈闭油气相对富集。东海岸西南非沿海盆地裂谷层系以火山岩充填为主，烃源岩分布有限，有利成藏带优选应重点围绕碎屑沉积充填周边展开。西海岸除了福克兰岛周边盆地尚有潜力之外，科罗拉多盆地由于裂谷层系沉积厚度大，多用户地震显示浅水区火山岩不发育，勘探前景好，同时过渡期碳酸盐岩礁滩体值得关注。

中段含盐断拗型盆地，盐上盐下两套成藏组合均可以形成大油田。巴西东海岸桑托斯盆地盐下深水区东部和南部均具有尚未钻探的大型继承性构造圈闭，盐上靠近西部拗陷也有重力水道—扇体发育，也值得关注；坎波斯盆地勘探与桑托斯正好相反，原来一直以盐上重力流水道—扇体为主要目标，其盐下只要盐窗不发育，盐下碳酸盐岩与桑托斯盆地一样具有优越的成藏条件；向北圣埃斯皮里图桑托至塞尔希陪-阿格拉斯盆地，虽然含盐，但由于盐岩当时沉积厚度较薄，再加上后期活动强烈，不能作为盐下有利区域盖层。除了圣埃斯皮里图桑托南部盐下碳酸盐岩或碎屑岩有较好勘探潜力外，其他盆地重点目标是盐上重力流水道—扇体系。西非海岸南部宽扎盆地重点是盐下碳酸盐岩成藏组合，北部加蓬海岸至杜阿拉等盆地，以盐上水道—扇沉积体系为主，兼顾盐下碳酸盐岩和砂岩两种类型成藏。

北段无盐拗陷型盆地，相比勘探程度最低。由于该类盆地裂谷层系分布范围相对窄，首选目标是漂移期上白垩统水道—扇沉积体系，重点关注与烃源岩的沟通风险，重点盆地是科特迪瓦盆地、圭亚那滨海盆地、苏里南及法属圭亚那滨海盆地。另外，只要下部裂谷层系发育，同样发育优质烃源岩，为裂谷层系所形成断块或者过渡阶段礁滩体提供丰富的油气资源，也能形成大中型油气田。

三角洲型盆地中，尼日利亚三角洲勘探程度最高，其浅水生长断裂带上三角洲砂体精细勘探潜力大，深水尤其是超深水重力流水道—扇体勘探程度较低，通过大面积三维地震一定会发现大量岩性圈闭。下刚果盆地类似于扇三角洲沉积，加上盐岩底辟等活动影响，中部底辟构造上的水道—扇体尚有潜力，同时关注其盐下碳酸盐岩成藏组合。佩洛塔斯和福斯杜亚马孙盆地勘探程度最低，目标重点锁定深水区水道—扇体。

第六章　中大西洋两岸被动大陆边缘盆地

中大西洋两岸共轭型被动大陆边缘盆地是经过中三叠世裂谷期、晚三叠世—早侏罗世过渡期和中侏罗世以来的漂移期3个原型阶段叠加发展而来。由于受古构造及古气候等条件控制，裂谷层系相对较薄，烃源岩不发育，陆间裂谷潟湖相碳酸盐岩和盐岩发育，漂移期沉积厚度大，依据前述分类，将该盆地群全部归属为含盐拗陷型被动大陆边缘盆地。

第一节　地质概况

中大西洋海岸由南至北延伸超过5000km，总面积超过$569\times10^4km^2$（图6.1），西岸从北向南包括加拿大大浅滩、斯科舍、美国大西洋沿海和佛罗里达台地4个盆地，东岸从北向南包括卢西塔尼亚、杜卡拉、索维拉、塔尔法亚、塞内加尔5个盆地。中大西洋东、西两岸盆地具有共轭关系，是形成较早的被动大陆边缘盆地。截至2018年11月中大西洋两岸被动大陆边缘盆地共发现油气田98个，石油2P储量6359×10^6bbl，天然气2P储量

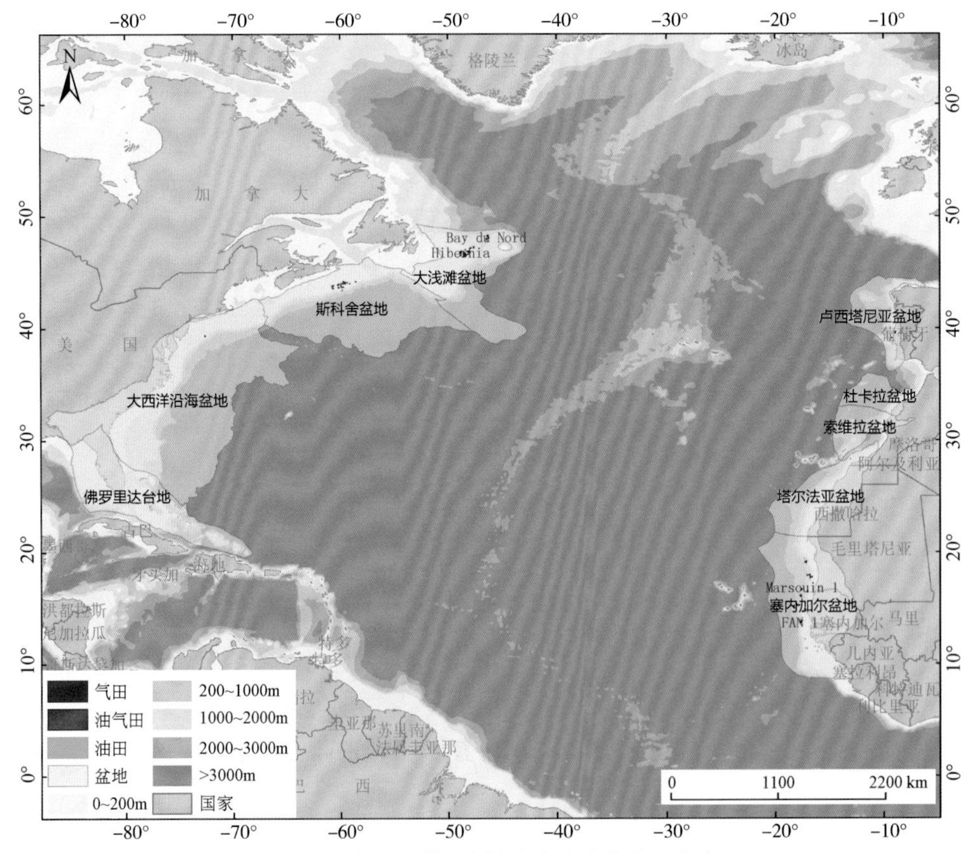

图6.1　中大西洋两岸被动大陆边缘盆地分布

63Tcf，根据中石油 2015 年资源评价结果，该区待发现石油资源量超过 2550×10^6bbl，待发现天然气资源量超过 30 Tcf（表 6.1）。

中大西洋西岸油气勘探始于 20 世纪 50 年代，1966 年第一口勘探井在大浅滩盆地开钻并发现了少量油气显示，1966 年以来该区域共钻井 380 口，其中海上钻井 365 口（深水 33 口），陆上 15 口。雪佛龙、埃克森美孚和壳牌等国际石油公司在中大西洋东岸开展了长期的油气勘探工作，获得了较多的油气发现，1969 年壳牌在斯科舍盆地下白垩统砂岩层钻遇 38m 气层，发现了 Onondaga 气田，1972 年埃克森美孚同样在下白垩统砂岩层发现 Thebaud 气田，储量达 500Bcf①，1979 年雪佛龙公司在大浅滩盆地发现 Hibernia 油田，储量达 23×10^8bbl。2000 年以来中大西洋西岸大浅滩和斯科舍盆地共发现油气田 9 个，其中亿桶级油气田 6 个。截至 2018 年 11 月中大西洋西岸被动大陆边缘盆地共发现油气田 53 个，获得石油 2P 储量 4811×10^6bbl，天然气 2P 储量 17.6Tcf（表 6.1）。

中大西洋东岸油气勘探始于 20 世纪 20 年代，1922 年第一口勘探井在摩洛哥拉尔勃盆地开钻并发现了具有商业开采价值的 AinHamra 油藏，1922 年以来该区域共钻井 413 口，其中海上 130 口（深水钻井 65 口），陆上 283 口，与西岸相比东岸海上钻井较少。经过长期的勘探，东岸也获得了较多的油气发现，1957 年 Societe Cherifienne 公司在索维拉盆地上侏罗统灰岩层钻遇 45m 含气储层，发现了 Djebel Kechoula 气田，1959 年 Societe Cherifienne 公司在塞内加尔盆地上白垩统砂岩层发现 Cap Vert 气田，1969 年埃索公司（Esso）在塔尔法亚盆地上侏罗统灰岩地层中发现 Ras Juby 油田。2000 年以来东岸共发现油气田 24 个，其中亿桶级油气田 9 个。截至 2018 年 11 月东岸被动大陆边缘盆地共发现油气田 45 个，获得石油 2P 储量 1546×10^6bbl，天然气 2P 储量 45.3Tcf（表 6.1）。

表 6.1　中大西洋两岸被动大陆边缘盆地基本概况

区域	主要国家	盆地	面积/km^2	已发现大油气田数/个	已发现油气田总 2P 可采储量	
					油/（$\times10^6$bbl 油当量）	气/Bcf
中大西洋西岸	加拿大	大浅滩	411130	4	4640	11613
	美国、加拿大	斯科舍	870623	0	171	6025
中大西洋东岸	摩洛哥	杜卡拉	150670	0	0	0
	摩洛哥	索维拉	177947	0	10	95
	摩洛哥	塔尔法亚	416661	0	19	62
	毛里塔尼亚、塞内加尔	塞内加尔	913042	5	1518	45112

第二节　原型盆地与古地理恢复

中大西洋两岸被动大陆边缘盆地是伴随中生代以来潘基亚超大陆解体、大西洋的裂开

① $1Bcf=2831.7\times10^4m^3$。

和持续扩张作用而形成的，盆地的形成和演化与中大西洋的裂开、壳-幔深部软流圈中的热点活动和地幔热对流活动密切相关，中大西洋两岸被动大陆边缘盆地都经历了中三叠世陆内裂谷、晚三叠世—早侏罗世过渡期陆间裂谷和中侏罗世至今漂移期被动大陆边缘 3 个原型演化阶段，分别充填了陆相、过渡相及海相沉积体系。

一、盆地原型演化阶段

受被动大陆边缘盆地不同演化阶段的控制，中大西洋两岸盆地都经历了 3 个演化阶段（图 6.2）。

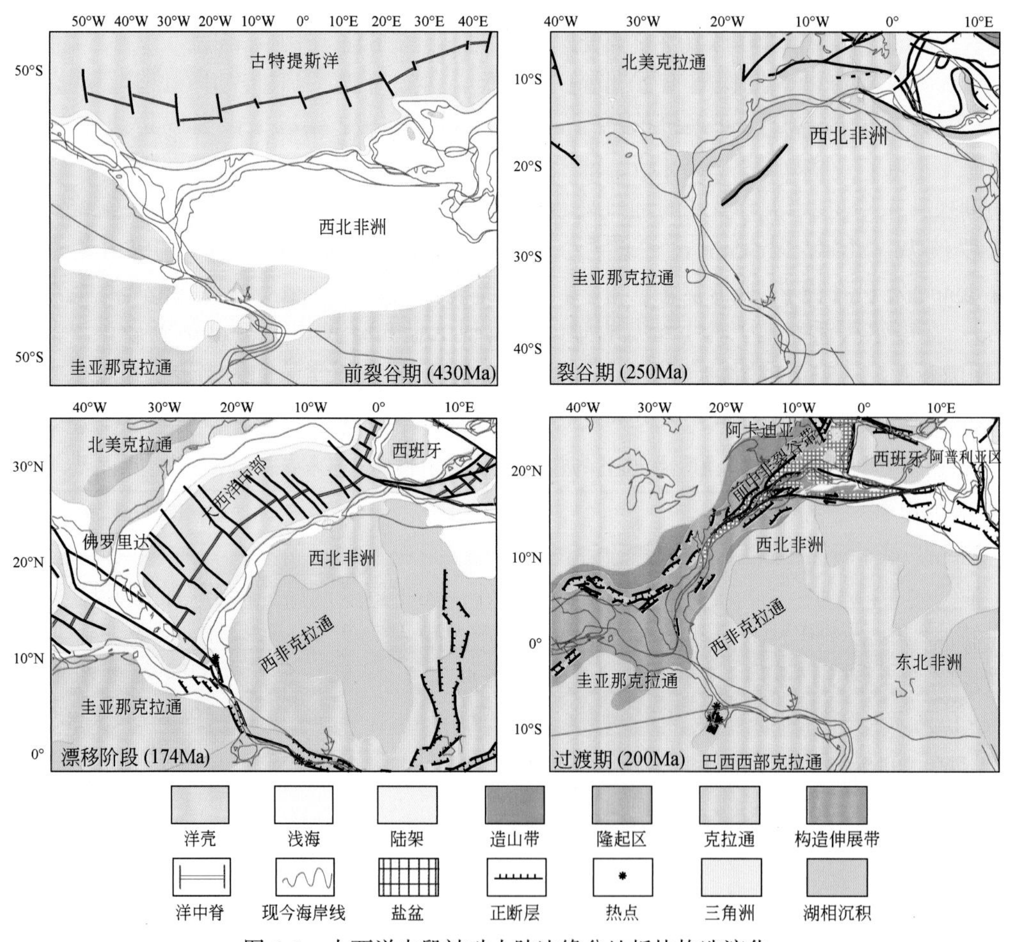

图 6.2　大西洋中段被动大陆边缘盆地板块构造演化

前裂谷期（古生代），古生代北美一侧沉积层序不发育，火山岩广泛发育逐步形成基底，而非洲一侧古生代发育一套巨厚的古特提斯边缘以海相为主的砂、泥岩层序，该套地层埋深较大，勘探程度低。

裂谷阶段（中三叠世），这一阶段主要发生陆内裂谷作用，由于地幔深部物质熔融上涌形成热点，岩石圈受热抬升使陆壳被拉伸、变薄并形成拉张性断裂，大陆开始破裂，在岩石圈断裂处形成地堑或细长的裂谷。中大西洋裂谷期拉张断陷活动由北向南展开，以陆相河流、冲积扇、三角洲及湖相砂泥岩沉积充填为主。

过渡阶段（晚三叠世—早侏罗世），在这一阶段主要发生陆间裂谷作用，裂谷阶段形成的地堑或细长的裂谷进一步被拉伸、减薄形成陆间裂谷，此时的大陆裂谷在平面上延伸很长，纵向上切割很深，裂谷两侧发育切穿整个岩石圈的张性正断裂，是内陆湖盆向开阔洋盆的过渡阶段。该阶段中大西洋由北至南打开形成陆间裂谷，沉积充填在早期为陆相粗碎屑沉积，由于与外海连通不畅，发育局限海沉积环境，形成较封闭的还原水体环境，发育腐殖泥和黑色淤泥。在较干旱的气候环境下，由于海水大量侵入、缺乏淡水补给，再加上高地温梯度，发育了区域性的蒸发盐岩地层，可作为良好的区域性盖层。此外，在这一阶段沉积水体较浅，在适宜的温度、位置等条件下可发育浅水碳酸盐岩沉积。

漂移阶段（中侏罗世至今），在这一阶段，随着板块扩张、大陆漂移、大洋拓宽，当陆间裂谷盆地出现洋壳后，继续不断扩张，向两侧带动岩石圈运动，形成开阔的新生大洋，先期的局限海和外海完全连通起来，海水的深度随之加大。在海底扩张的背景上，发生大规模沉积作用。在古气候、沉积物供给、构造沉降、海平面变化和局部构造活动的综合作用下，形成稳定的陆架—陆坡—深海沉积。

二、地层沉积充填特征

中大西洋含盐拗陷型被动大陆边缘盆地与无盐拗陷型的不同之处在于形成于伸展环境且盐岩和碳酸盐岩发育，与含盐断陷型对比不同在于裂谷层系不发育。尽管中大西洋两岸被动大陆边缘盆地都经历了相似的演化阶段，但两岸及其同侧盆地不同演化阶段地层发育程度仍存在较大的不均衡性，两岸沉积盆地地层沉积充填特征也不尽相同（图6.3）。

1. 前裂谷层序

前裂谷期北美一侧盆地前裂谷沉积层序不发育，主要为火山岩及变质岩基底。相比而言，西北非一侧盆地沉积地层更为完整，古生代整个西北非位于冈瓦纳大陆北缘，发育了古特提斯边缘海相碎屑岩为主的古生界沉积地层，其中志留系泥页岩可作为较好的烃源岩，但埋深较大勘探潜力尚不明确。

2. 陆内裂谷层序

中三叠世裂谷作用最先由北美和西非联合古陆北段开始，拉张断陷活动从北向南展开，加拿大大浅滩、西北非阿特拉斯区域最先开始拉张，随后不断向南延伸至北美佛罗里达及西北非塞内加尔，拉张作用下形成了近SN向张性断裂，发育了狭长的裂谷带。此时气候较为干旱以陆相河流—冲积扇沉积为主，沉积主要为砾岩、石英砂岩和泥岩。北美一侧现今陆架与陆坡上三叠统地层底部充填砾岩、长石石英砂岩不整合超覆于基底之上，向上过渡为泥岩层段，属于河流、冲积扇、三角洲及湖泊沉积体系。西北非一侧由于受海西造山作用影响地层整体抬升致使后期三叠系地层沉积厚度缺失、减薄，底部充填砾岩沉积，向上过渡为砂岩、泥岩互层沉积，北部大部分盆地发育以玄武岩为主的火山岩，塞内加尔盆地仅发育湖相泥岩层序。

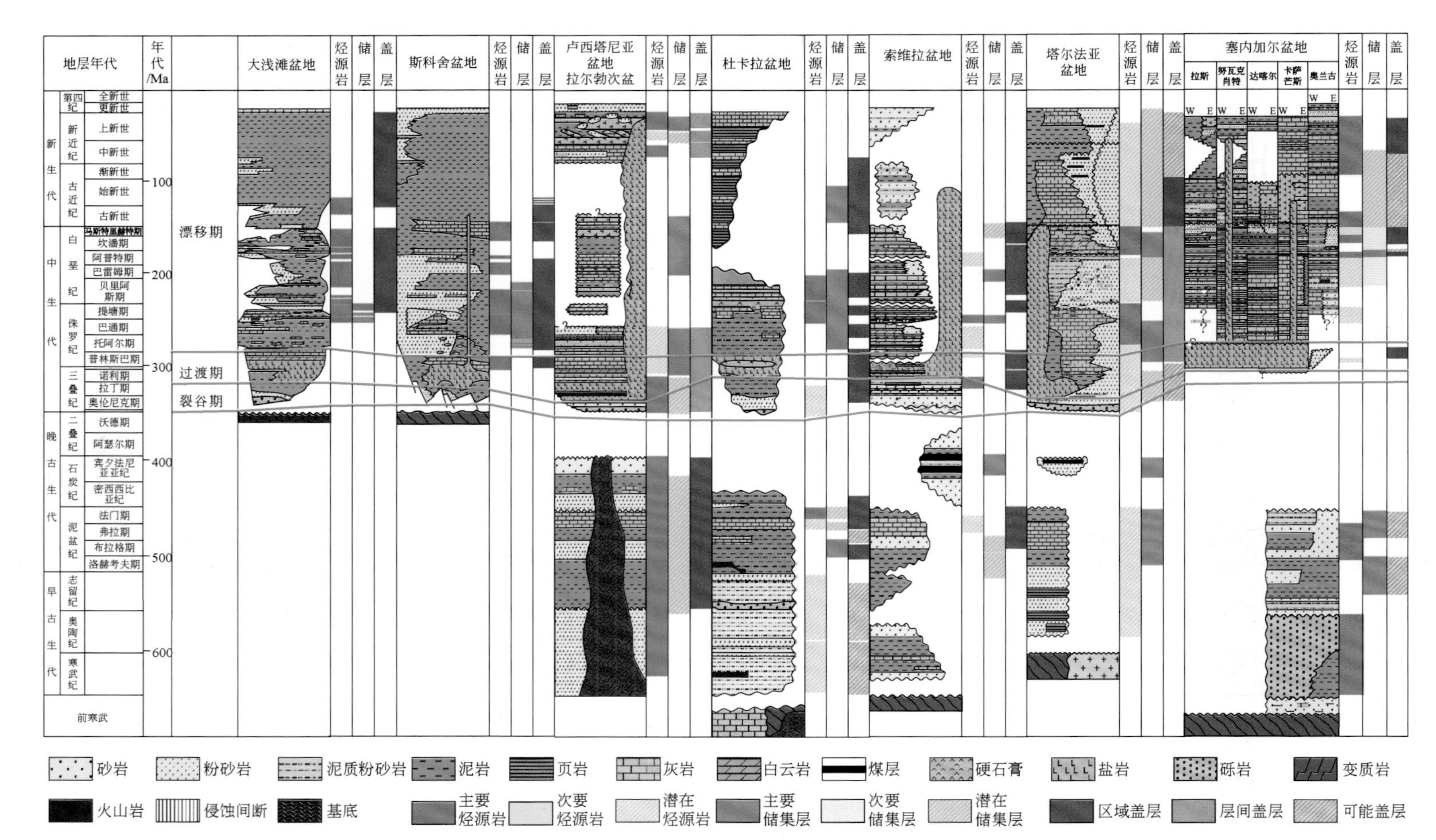

图 6.3 大西洋中段含油气盆地综合柱状对比

3. 陆间裂谷层序

晚三叠世—早侏罗世过渡期陆间裂谷演化阶段，初始洋壳开始形成，伴随着岩浆活动，北美和西北非陆块之间形成了狭长的裂陷区，洋壳地温梯度明显增高，过渡洋壳相对封闭，接近赤道气候炎热，发育了一套碳酸盐岩和以盐岩为主的蒸发盐岩沉积，上覆浅海相碳酸盐岩，形成类似与现今红海类似的盐岩和碳酸盐岩沉积建造。北美一侧位于西北非一侧北部，相比而言，西北非一侧更加接近赤道，气温也高于北美一侧，更容易在狭长的裂陷区所形成的封闭空间内沉积蒸发盐岩。同时由于中大西洋由北向南逐渐裂开，中大西洋两岸盐岩发育的序列也具有北早南晚的特点，总体上北部盆地蒸发岩盐及碳酸盐岩的发育程度要低于南部。

4. 漂移层序

中侏罗世潘基亚大陆裂解，伴随着中大西洋洋壳的不断扩张，北美和西北非陆块整体进入了漂移期被动大陆边缘演化阶段，受全球海平面上升及低纬度环境控制，一直到早白垩世发育碳酸盐台地建造，晚白垩世至今，尤其是中新世以后，随着全球海平面下降，陆源碎屑明显增多，深水重力流砂体发育，特别是在碳酸盐台地边缘陡岸处，重力流斜坡扇发育。中侏罗世—早白垩世伴随着裂解过程北美与西北非陆块不断向北漂移，加拿大大浅滩及斯科舍盆地逐渐远离赤道，早白垩世晚期碳酸盐台地减退，三角洲体系发育，此时沉积的三角洲砂岩是北美一侧主要的储层层系。中侏罗世—早白垩世西北非陆块位于北美陆块东南部更接近赤道，气候相对暖热，碳酸盐岩较北美陆块更为发育，除塔尔法亚盆地以砂岩沉积为主，西北非其他盆地主要以碳酸盐岩沉积为主。晚白垩世，北美大浅滩、斯科舍盆地三角洲沉积停止，发育区域性碳酸盐岩沉积序列，西北非盆地主要以海相砂岩及砂泥岩互层沉积为主，此时沉积的海相砂岩是西北非主要的储层层系。白垩纪末至古近纪，海平面上升发生大范围海侵，两岸沉积了广泛的深水砂、泥岩沉积。新近纪以来海平面不断下降发生大范围海退，导致两岸进积型粗碎屑岩沉积发育。

第三节　生、储、盖层特征

中大西洋两岸不同的原型盆地形成了独特的构造-沉积体系，决定了其生、储、盖等主要的油气地质条件（表6.2）。中大西洋两岸含盐拗陷型被动大陆边缘盆地由于裂谷层系烃源岩不发育，油气全部源于拗陷层系，拗陷期早期碳酸盐台地发育，晚期深水扇体发育，而盐岩则形成于下部陆间裂谷层系，故盐构造活动贯穿整个沉积过程，形成了多种圈闭类型。西北非古生界沉积地层可形成潜在的油气成藏组合，但由于古生界地层埋深较大、勘探程度低，其勘探潜力尚不明确。中三叠世裂谷作用下陆相碎屑岩沉积体系的发育为中大西洋两岸被动大陆边缘盆地烃源岩及储盖层的形成提供了有利条件。晚三叠世—早侏罗世过渡期陆间裂谷演化阶段碳酸盐岩和蒸发盐岩的发育为油气藏的形成提供了良好的储层和盖层条件。漂移期被动大陆边缘演化阶段晚侏罗世三角洲砂体、白垩纪深水砂岩沉积的发育为储层的形成提供了良好条件。

表 6.2　中大西洋两岸盆地油气成藏要素统计

区地域	盆地	油气成藏要素		
		烃源岩	储层	盖层
中大西洋西岸	大浅滩	上侏罗统钦莫利阶海相页岩、泥灰岩，干酪根类型为Ⅰ、Ⅱ型，TOC 值可达 9%，HI 值为 100 ~ 610mgHC/gTOC，平均厚度 200m	主力储层为上侏罗统—下白垩统冲积、三角洲相砂岩，上侏罗统 Voyager 组和上白垩道森峡谷组、古新统 Banquereau 砂岩层，孔隙度为 15% ~ 25%，渗透率超过 100mD	主要的盖层为上侏罗统—上白垩统海相厚层泥岩
	斯科舍	主要烃源岩是侏罗系—白垩系的维里尔峡谷组厚层页岩，Ⅲ型干酪根，平均总有机碳（TOC）1.5%，最高可达 10%	主力储层是上侏罗统至下白垩统的米克美克组和密西所加组砂岩，孔隙度 4.8% ~ 20%，渗透率 0.01 ~ 200mD	米克美克组、密西所加组和罗根峡谷组的隔层是横向连续的海相和前三角洲亚相沉积的页岩，构成了上侏罗统和白垩系砂岩储层的有效层间盖层
	杜卡拉	主要的烃源岩为志留系黑色页岩，以Ⅱ型和Ⅲ型干酪根为主，TOC 值最大可达 2.4%	尚无已证实的储层发育，侏罗系断坡带海底扇砂岩沉积也可作为潜在的储层，厚度 5 ~ 17m，平均孔隙度 14.5%	古生界—新生界多套层内泥岩盖层
	索维拉	主要烃源岩为上侏罗统牛津阶海相页岩，干酪根类型为Ⅱ型，TOC 含量 0.49% ~ 4.3%，厚度>10m	主要储层包括上侏罗统牛津阶砂质白云岩、上三叠统河流相砂岩和下侏罗统边缘海相砂岩。上侏罗统牛津阶裂缝型白云岩厚度 5 ~ 30m，孔隙度 5% ~ 20%，渗透率 2 ~ 80mD	三叠系和侏罗系储层盖层为蒸发岩，上侏罗统牛津阶储层的盖层为页岩和蒸发岩
	塔尔法亚	中-下侏罗统泥灰岩，TOC 值为 0.5% ~ 2.49%，Ⅱ/Ⅲ型干酪根，HI > 500 ~ 700mgHC/gTOC；上白垩统 Aguidir 组页岩，TOC 值 0.82% ~ 5.9%，Ⅱ型干酪根	上侏罗统裂缝灰岩，Puerto Cansado 组，主要为礁滩相，孔隙度一般为 7% ~ 20%	三叠系—下侏罗统蒸发岩，上侏罗统和下白垩统页岩以及上白垩统和古近系页岩
	塞内加尔	主要的烃源岩为塞诺曼阶—土伦阶海相页岩，Ⅱ型干酪根，生烃潜力 5 ~ 75mg HC/g 岩石，烃源岩厚度 300 ~ 450m	主要的储层为中新统浊积砂岩和上白垩统马斯特里赫特阶砂岩，上白垩统碎屑岩储层泥岩夹层少，孔隙度可达 35%，渗透率可达数百毫达西	主要盖层为上白垩统土伦阶和中新统海相页岩

一、北美东岸生、储、盖层特征

1. 大浅滩盆地

1）烃源岩特征

大浅滩盆地主要的烃源岩层系为上侏罗统钦莫利阶海相页岩、泥灰岩层，该套烃源岩层系的岩石类型包括棕、黑色薄层页岩，褐色页岩，浅褐色泥灰岩，其中棕、黑色薄层页岩具有良好的生烃潜力，干酪根类型为Ⅰ、Ⅱ型，TOC值可达9%，HI值为100～610mgHC/gTOC，平均厚度200m，烃源岩沉积中心已达到过成熟，生烃洼陷西南部边缘有少量烃源岩未成熟（图6.4）。潜在的烃源岩为下侏罗统湖相泥岩，以Ⅲ型干酪根为主，另外白垩系和古近系—新近系泥页也可能为潜在的烃源岩层系。

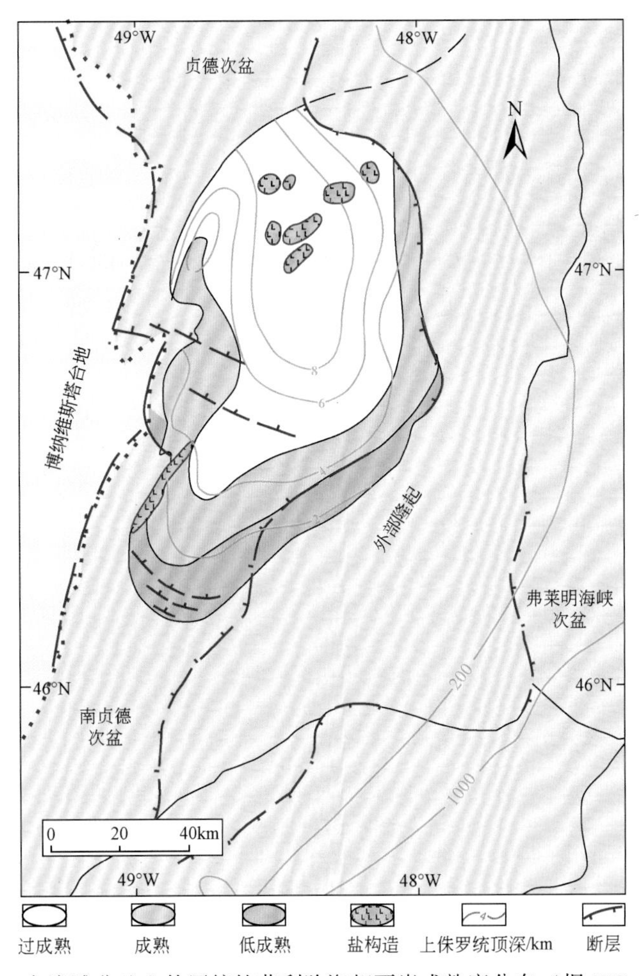

图6.4　大浅滩盆地上侏罗统钦莫利阶海相页岩成熟度分布（据IHS，2018）

2）储层特征

大浅滩盆地主力储层为上侏罗统—下白垩统冲积相和三角洲相砂岩，上侏罗统

Voyager 组和上白垩统道森峡谷组、古新统 Banquereau 组砂岩层是大浅滩盆地优质的储集层，孔隙度为 15% ~25%，渗透率超过 100mD。其次为中白垩统砂岩、古近系砂岩层为潜在的储集层（图 6.5）。

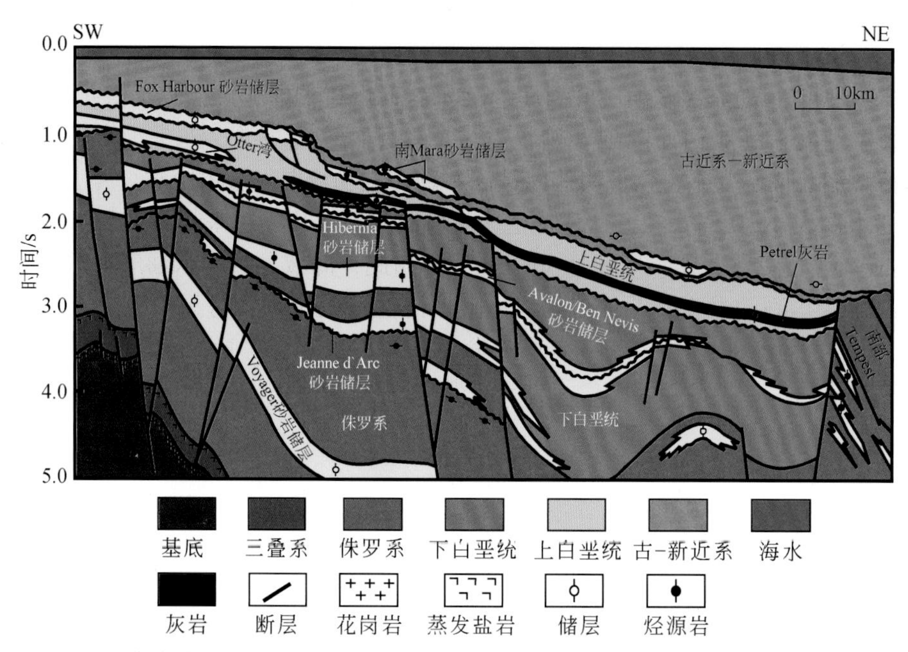

图 6.5　大浅滩盆地地层剖面（据 Government of Newfoundland and Labrador, 2000）

3）盖层特征

大浅滩盆地主要的盖层为上侏罗统—上白垩统海相厚层泥岩，主要包括财富海湾、Broyle 角、鹦鹉螺泥岩。裂谷期广泛发育的层内泥岩也可作为良好的盖层。优质盖层主要为下白垩统道森峡谷组和古新统 Banquereau 组区域性泥页岩盖层。

2. 斯科舍盆地

斯科舍盆地位于北美洲的东缘，从美国西南边境延伸至东北部纽芬兰边界，盆地面积约 $87.1\times10^4\text{km}^2$（图 6.6）。

1）烃源岩特征

斯科舍盆地主要烃源岩为侏罗系—白垩系维里尔峡谷组厚层页岩，有机质酯类含量低，以Ⅲ型干酪根为主，平均总有机碳（TOC）为 1.5%，最高可达 10%。此外，在米克美克和密西所加组中均发现了富含Ⅲ型干酪根的前三角洲页岩，也可作为盆地的烃源岩。斯科舍盆地大部分层位不存在Ⅱ型烃源岩，或数量较少，仅在阿普特阶发育Ⅱ型干酪根页岩，深部未钻的中-下侏罗统同期裂谷的湖泊沉积物和海相页岩中可能有潜在的Ⅱ型源岩存在。劳伦组冲积扇的红褐色泥岩平均 TOC 为 0.3%，斜坡上倾区域平均 TOC 为 0.48%。晚侏罗世至早白垩世，上侏罗统源岩由于连续沉降而达到成熟。斯科舍盆地生油凹陷中心的烃源岩现已达到成熟，但在盆地的边缘可能还处于未成熟阶段（图 6.7）。阿普特阶纳斯卡帕页岩及其他下白垩统和古近系—新近系源岩仍处于未成熟阶段。

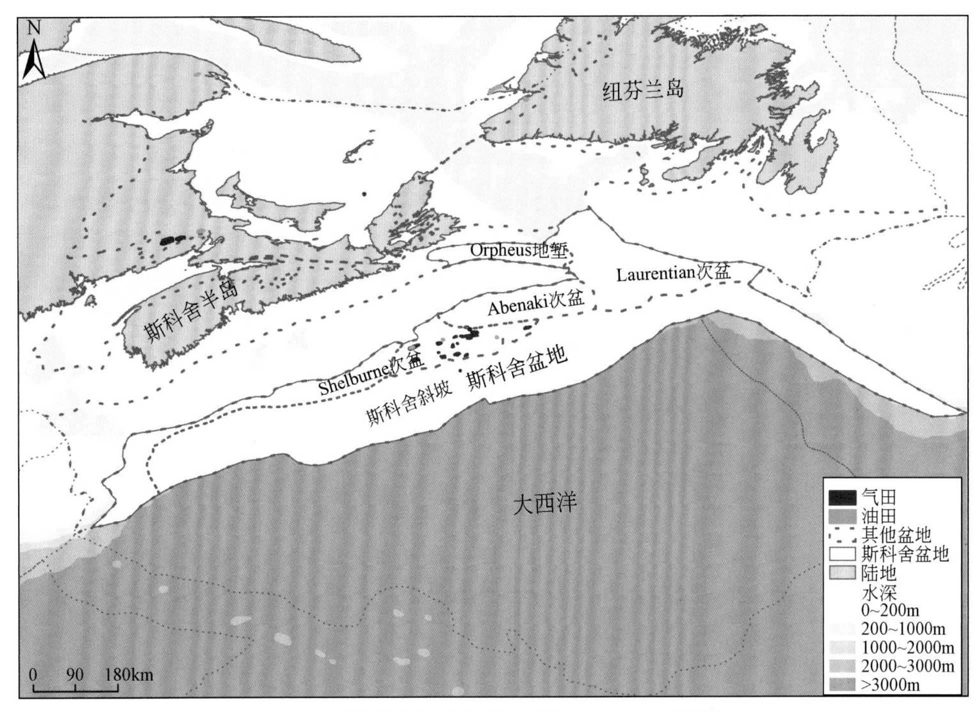

图6.6　斯科舍盆地位置（据IHS，2018资料）

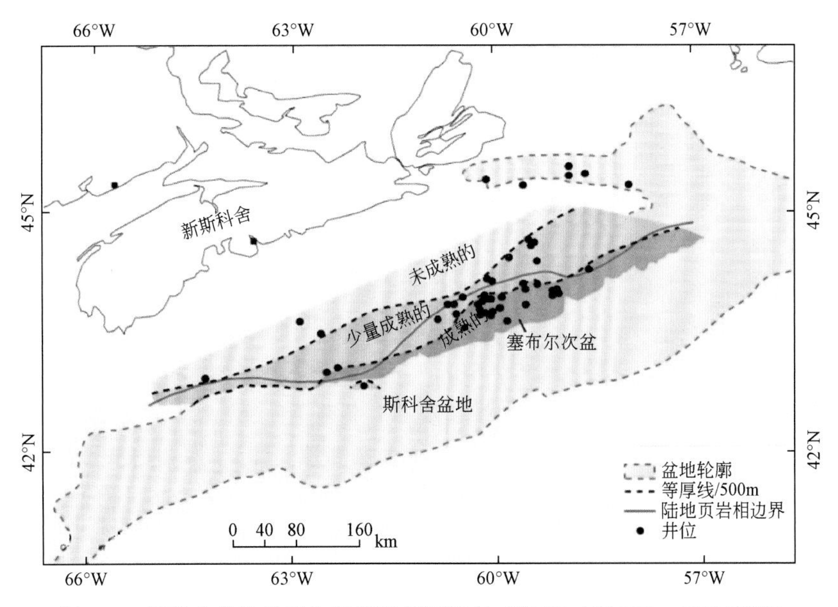

图6.7　斯科舍盆地维里尔峡谷组烃源岩的成熟度（据IHS，2018资料）

2）储层特征

斯科舍盆地主力储层为上侏罗统至下白垩统米克美克组和密西所加组砂岩、侏罗系阿贝纳基灰岩、罗根峡谷组砂岩。次要储层为下侏罗统伊洛魁组白云岩，上白垩统道森峡谷组砂岩和淮安多特组灰岩。斯科舍盆地最早钻探的有效储层是下侏罗统伊洛魁组白云岩，以裂缝和晶间孔隙为主，少量溶孔溶洞，储层物性好，平均孔隙度18%，渗透率3～30mD。

3）盖层特征

米克美克组、密西所加组和罗根峡谷组的隔层是横向连续的海相和前三角洲亚相沉积的页岩，构成了上侏罗统和白垩系砂岩储层的有效层间盖层。其他盖层包括伊洛魁组的白云质页岩、阿贝纳基组石灰岩及班克里尔组页岩。在圈闭闭合度依赖于断层的地方，横向封闭可能是断层两侧砂页岩对置或断层泥存在导致断面封闭。此外，淮安多特组的低渗泥灰岩、白垩岩和钙质页岩也可作为层内盖层。

二、西北非海岸生、储、盖层特征

1. 索维拉盆地

索维拉盆地位于摩洛哥西部边缘，面积17.7×10^4 km^2，处于西北非被动大陆边缘最北部。盆地北部以Abda Saddle隆起与杜卡拉盆地相隔，南部为南阿特拉斯断裂带，东部为阿特拉斯山古生界基底，西部为Tafelney高原（图6.8）。

1）烃源岩特征

索维拉盆地主要烃源岩为上侏罗统牛津阶海相页岩，次要烃源岩为志留系海相页岩。牛津阶海相页岩为牛津阶储层烃源岩，干酪根类型为Ⅱ型，TOC含量0.49%～4.3%，厚度大于10m，R^o为0.7%～0.9%。早白垩世晚期—中始新世开始生油，早始新世—早中新世开始生成凝析油和天然气。志留系海相页岩为三叠系和下侏罗统储层的烃源岩，MKL-102和ZEL-101b井钻遇的志留系海相页岩TOC为0.73%，在侏罗纪进入生油窗，在晚侏罗世—白垩纪进入生气窗。另外石炭系煤系地层为盆地东部气源岩，白垩系页岩可能是海域重要的烃源岩。

2）储层特征

盆地内主要储层包括上侏罗统牛津阶砂质白云岩、上三叠统河流相砂岩和下侏罗统边缘海相砂岩。上侏罗统牛津阶裂缝型白云岩为盆地东部主要储层（可能主要为含气储层），埋深1500～3500m。储层厚度一般5～30m（有两口井下最大厚度可达130m），孔隙度5%～20%。渗透率2～80mD。盆地中部受硬石膏影响储层致密，向盆地西部陆架边缘储层孔隙度和厚度迅速增加。上三叠统河流相砂岩储层砂岩净厚度15m，孔隙度12%～20%，渗透率低。下侏罗统边缘海相砂岩净厚度5～17m，孔隙度7%～17%。潜在储层包括海域的白垩系浅海相砂岩和碳酸盐岩、陆上的泥盆系碳酸盐岩。

3）盖层特征

三叠系和侏罗系储层的盖层为蒸发岩，上侏罗统牛津阶储层的盖层为页岩和蒸发岩。

2. 塔尔法亚盆地

塔尔法亚盆地主体位于西撒哈拉西部沿海，摩洛哥北部有一小部分，盆地长700km，面积约41.7×10^4 km^2，其中陆上面积为12.9×10^4 km^2，海上面积28.8×10^4 km^2。盆地北界为前阿特拉斯山和加那利群岛，盆地南部以Cap Blanc断裂带与塞内加尔盆地分开，盆地

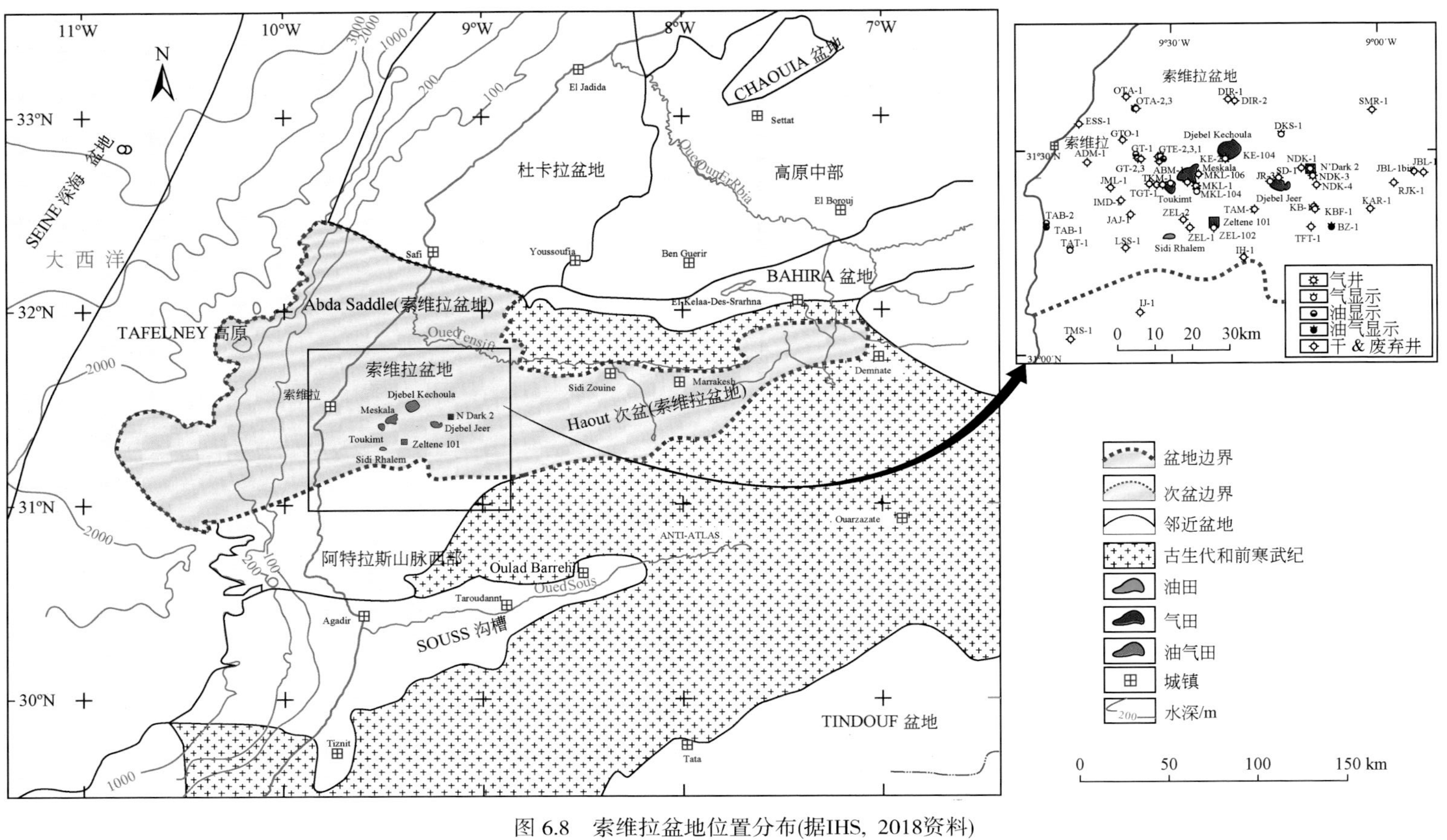

图 6.8　索维拉盆地位置分布(据IHS，2018资料)

东界为前寒武系基底，西部大致以3500m水深线为界（图6.9）。

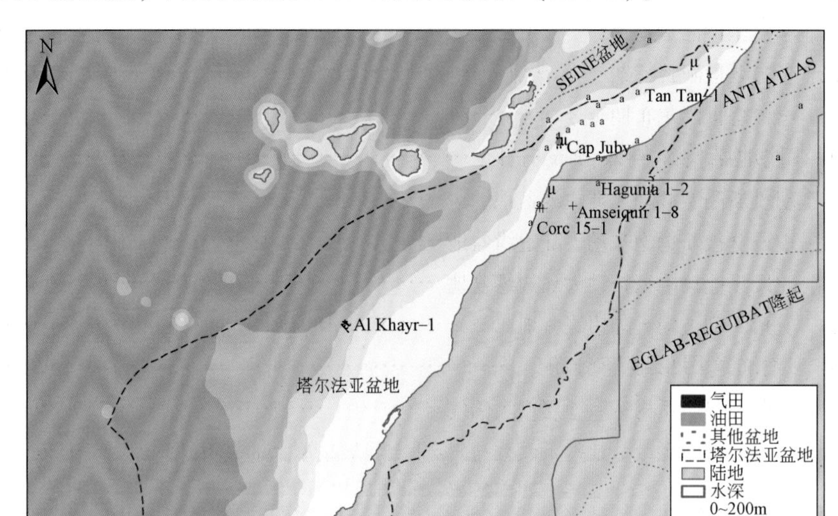

图6.9 塔尔法亚盆地位置（据IHS，2018）

1）烃源岩特征

主要烃源岩两套：第一套为中-下侏罗统烃源岩，即下侏罗统里阿斯统—中侏罗统道格组的泥灰岩，主要分布在盆地西部，形成NE—SW向沉积中心，TOC值为0.5%～2.49%，Ⅱ、Ⅲ型干酪根，HI大于500～700mgHC/gTOC；Tan Tan1井5000m深度R^o为0.7%。第二套为白垩系烃源岩，主要为上白垩统Aguidir组页岩，在盆地内广泛分布，海上地区TOC为0.82%～5.9%，陆上地区塞诺曼阶页岩TOC平均为4%；塞诺曼阶顶部与土伦阶底部交界处TOC平均达10%（最大20%），向上逐渐变小。主要为Ⅱ型干酪根，在下塞诺曼阶为Ⅱ、Ⅲ干酪根，HI高达500～700mgHC/gTOC。

2）储层特征

盆地内证实储层为上侏罗统裂缝灰岩（稠油）（Puerto Cansado组），分布于盆地西部碳酸盐台地，主要为礁滩相。在MO-5井中储层孔隙度一般为7%～20%，最高可达25%，由于岩溶作用局部物性可能更好。地震资料显示在上侏罗统陆架边缘存在多个礁滩体。

潜在储层包括以下几套：古近系—新近系砂岩，包括渐新统Samlat组河流—三角洲砂体、中-下中新统Tah组底部的砂岩、砾岩的孔隙度为20%～30%。下白垩统Tan Tan组砂岩，累计净厚300m，储层质量由西向东变好，与东部源岩最接近，三角洲砂岩孔隙度为20%～25%，最高30%，浊积砂岩孔隙度为10%～35%；Aguidir组海相砂岩为潜在储层，孔隙度12%～25%。三叠系河流相砂岩，在半地堑内净厚度可达100m，孔隙度为10%～25%。下侏罗统里阿斯组—中侏罗统道格组的浅海相碳酸盐和三角洲相砂岩，孔隙度4%～11%。碳酸盐岩储层主要位于盆地西部海域，而碎屑岩储层主要位于盆地东部陆上邻近烃源岩地区，下白垩统三角洲砂岩除外。古生界地层可能也发育储层，但目前古生界地层尚未钻遇。

3）盖层特征

三叠系—下侏罗统蒸发岩为盐下储层的区域盖层。中-上侏罗统和下白垩统储层的盖层为上侏罗统和下白垩统页岩。上白垩统和古近系—新近系页岩也可以作为盖层。

3. 塞内加尔盆地

塞内加尔盆地分布于西撒哈拉、毛里塔尼亚、塞内加尔、冈比亚、几内亚比绍、几内亚陆上及海域，南北长约1500km，东西宽300～800km，盆地面积约$91.3\times10^4km^2$，其中陆上$31.1\times10^4km^2$，海域$60.2\times10^4km^2$。盆地北部以Cap Blanc断裂带与塔尔法亚盆地分开，东北部为Reguibat地盾，南部为几内亚断裂带，东部为毛里塔尼亚褶皱带，西部大致以2000m水深线为界（图6.10）。整个盆地从北到南可划分为5个次盆，依次为拉斯（Ras el Baida）、努瓦克肖特（Nouakchott）、达喀尔（Dakar-Banjul）、卡萨芒斯（Casamance-Bissau）和奥兰古（Orango-Conakry）次盆，其界线主要根据EW向断裂系统和其他与同裂谷期构造有关的构造分隔。

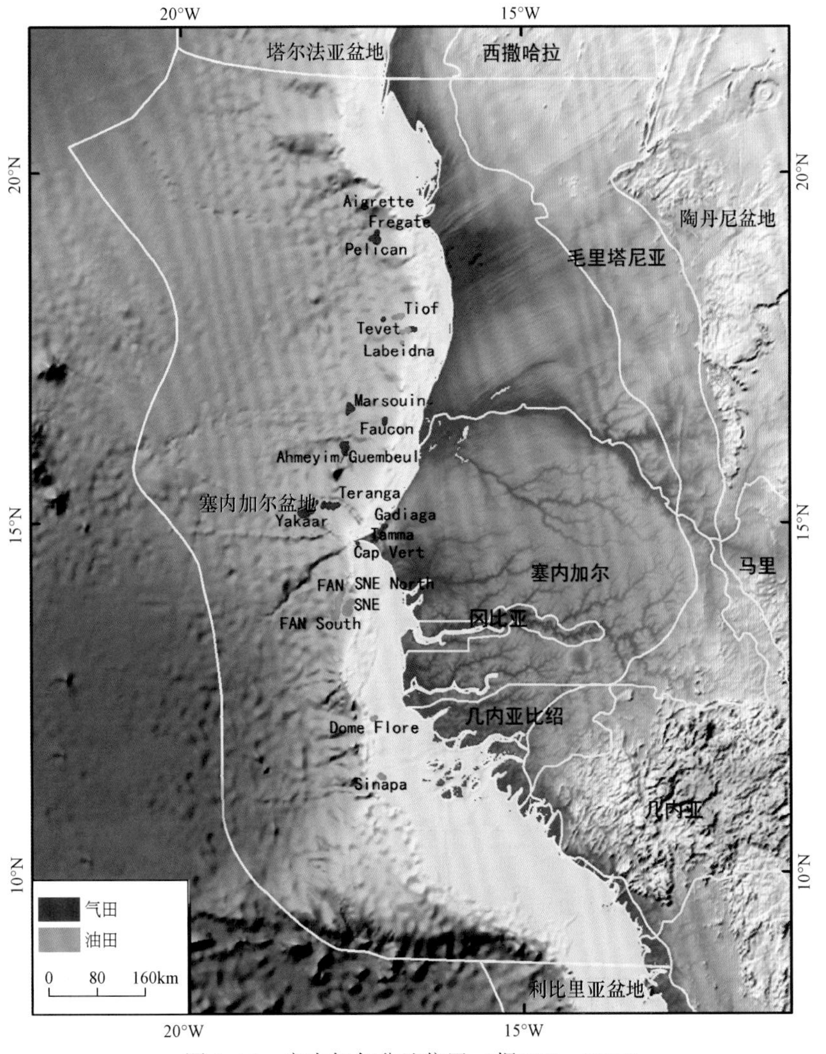

图6.10　塞内加尔盆地位置（据IHS，2018）

1）烃源岩特征

盆地内最主要的烃源岩为塞诺曼阶—土伦阶海相页岩，主要分布在佛得角北部和卡萨芒斯次盆南部。塞内加尔和几内亚比绍交界处的 CM-1 和 CM-4 井测得该烃源岩为Ⅱ型干酪根，生烃潜力 5～75mg HC/g 岩石，烃源岩厚度 300～450m。冈比亚海上 Jammah 1 井测得该套烃源岩 TOC 为 1.2%～4.5%。卡萨芒斯次盆海上 CM-7 井（2550～2900m）和 CM-10 井（2454～3107m）测得 TOC 分别为 8.72% 和 5.25%，HI 分别为 660mgHC/gTOC 和 638mgHC/gTOC。

次要烃源岩有两套：①下白垩统阿普特阶—阿尔布阶页岩，在拉斯次盆和努瓦克肖特次盆为三角洲相烃源岩，Ⅲ型干酪根，以生气为主。Coppolani-1 井和 MTO-2 井测得生烃潜力为2～7mgHC/g 岩石。冈比亚海上为Ⅱ、Ⅲ型干酪根，TOC 为 1%～2.7%。②上白垩统页岩，Ⅱ型干酪根，生烃潜力为 2～15mgHC/g 岩石。

2）储层特征

盆地最主要的储层为中新统浊积砂岩和上白垩统马斯特里赫特阶砂岩，这两套储层在盆地陆上和海上大部分油气田中都有发现（图 6.11）。盆地东部上白垩统碎屑岩储层泥岩夹层少，孔隙度可达 35%，渗透率可达数百毫达西。盆地西部为浊积砂岩和泥岩互层，透镜状砂岩储层孔隙度为 15%～30%。拉斯次盆马斯特里赫特阶储层孔隙度可达 20%。在达喀尔次盆，马斯特里赫特阶储层孔隙度为 20%～35%，形成盆地内主要油气藏。另外渐新统碳酸盐岩也可以作为储层，如 Dome Flore 油田，马斯特里赫特统砂岩厚度可达 30m，其孔隙度介于 20%～30%，发现 2P 可采储量为 10×10^8bbl 的重油油田（10°API，含 1.6% 硫）。

潜在储层包括侏罗系—下白垩统碳酸盐岩和上白垩统砂岩储层。虽然还没有钻井完全钻穿侏罗系—下白垩统碳酸盐台地，但其孔隙度较好，介于 10%～23%。

3）盖层特征

主要盖层为上白垩统土伦阶和古近系—新近系中新统海相页岩。

第四节 大油气田解剖及油气分布规律

一、北美东岸大油气田分布

截至 2018 年年底大西洋中段北美东岸共发现 Hibernia、White Rose、Hebron、Terra Nova 和 Bay du Nord 5 个大型油气田，探明石油可采储量 33×10^8bbl，天然气可采储量 8.0Tcf。

1. Hibernia 大型油气田

1）基本概况

Hibernia 油气田位于加拿大东海岸大浅滩盆地，发现于 1979 年并于 1997 年投入开发（图 6.12），水深 80m，石油 2P 储量 16.5×10^8bbl，天然气 2P 储量 3.9Tcf。油气主要富集于下白垩统 Hibernia 组储层，其次富集于下白垩统 Avalon 组储层。油气藏圈闭类型为滚动背斜圈闭。Hibernia 储层平均厚度 200m，较平直的河道沉积，平均渗透率 700mD。Avalon

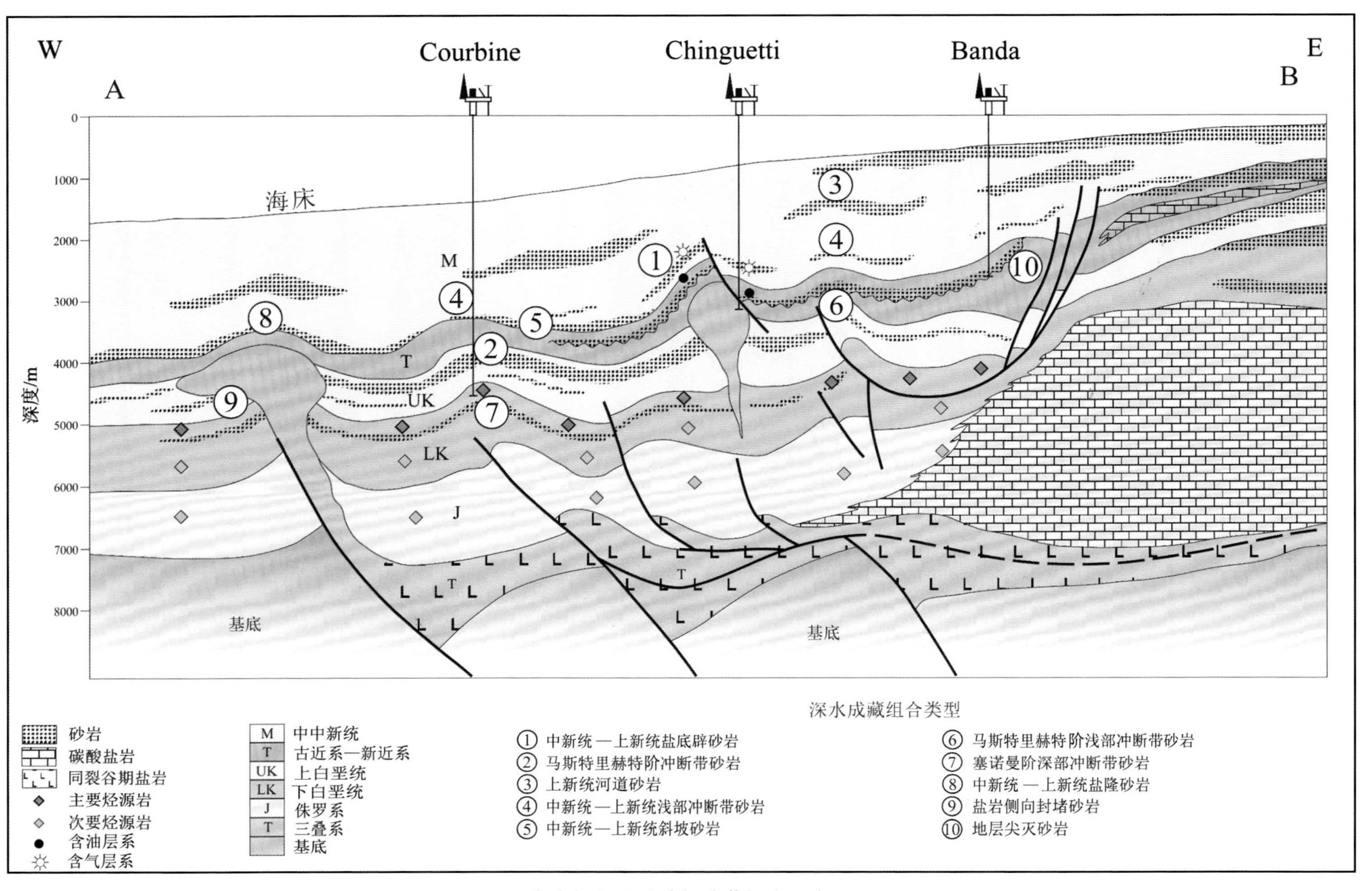

图 6.11　塞内加尔盆地油气成藏组合示意图

储层平均厚度360m，为浪成砂岩，平均渗透率220mD。加拿大东海岸油气勘探始于1959年，早期钻探目标主要为盐构造，钻探40余口井均未获得商业油气发现。1979年雪佛龙公司获得加拿大东海岸勘探区块，通过二维地震发现了大型滚动背斜构造，钻探P15井在下白垩Hibernia砂岩层获得日产超过20000bbl工业油气发现，三维地震显示滚动背斜构造面积为464km²，随后钻探的9口评价井证实了该滚动背斜的含油面积。

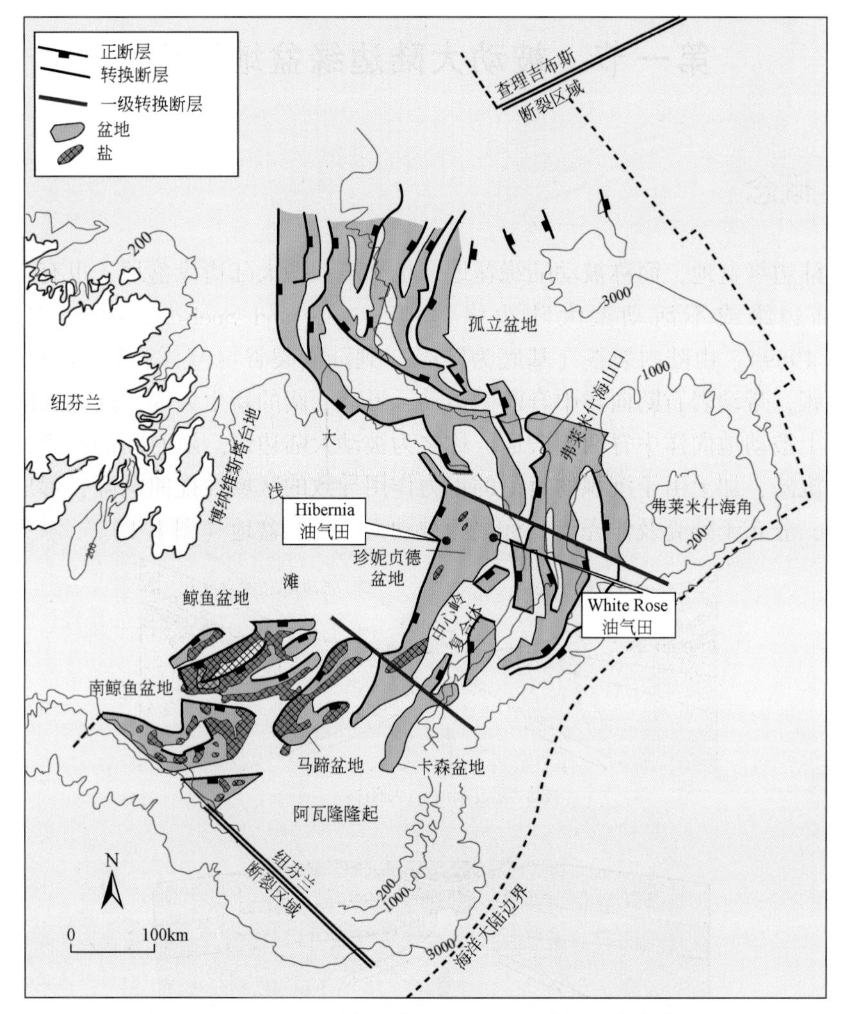

图6.12　Hibernia油气田与White Rose油气田分布位置

2）油气地质要素

烃源岩主要为裂谷期上侏罗统富含有机质海相黑色页岩和泥质灰岩，厚度最小50m，东北部厚度超过1000m（图6.13），以Ⅱ型干酪根为主，TOC为2%～12%（平均3%），HI为500～700mgHC/gTOC，早白垩世开始生烃，始新世达到生烃高峰。

储层主要为裂谷期下白垩统Hibernia组和Avalon组砂岩。下白垩统贝里阿斯阶—瓦兰今阶Hibernia组砂岩储层，覆盖于下白垩统白玫瑰页岩层之上，储层厚度137～290m，平均厚度200m，低弯度河口坝辫状河流沉积，细-粗粒石英砂岩，孔隙度为3%～22%，平

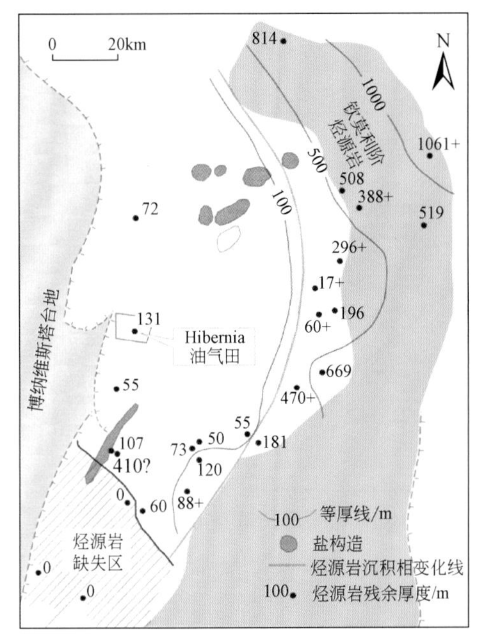

图 6.13　烃源岩厚度分布

均 16%，渗透率平均 700mD。下白垩统巴雷姆阶—阿普特阶 Avalon 组砂岩储层，覆盖于阿普特不整合之上，储层厚度 100～550m，平均厚度 360m，河口—滨海平原沉积，中-粗粒石英砂岩，孔隙度为 3%～22%，平均 20%，渗透率平均 220mD。盖层主要为裂谷期下白垩统浅海相层内泥岩，厚度不均匀，层内泥岩与上倾方向断层联合封盖，圈闭类型以滚动背斜圈闭为主。

3）油气分布规律与成藏模式

油气分布除受生、储、盖层发育特征控制外，还主要受断层空间分布的控制，多数已发现的油气田主要沿 NW 向断层分布，油气田形态也大体呈 NW 向展布，多数断层具有良好的封闭性，大部分油气田分布于断层下降盘，也有少数油气田分布在断层上升盘（图 6.14）。油田内的油气通过下部成熟烃源岩层系直接向上发生垂向运移，顶部受泥岩盖层封堵，侧翼上倾方向同时受断层封堵成藏。

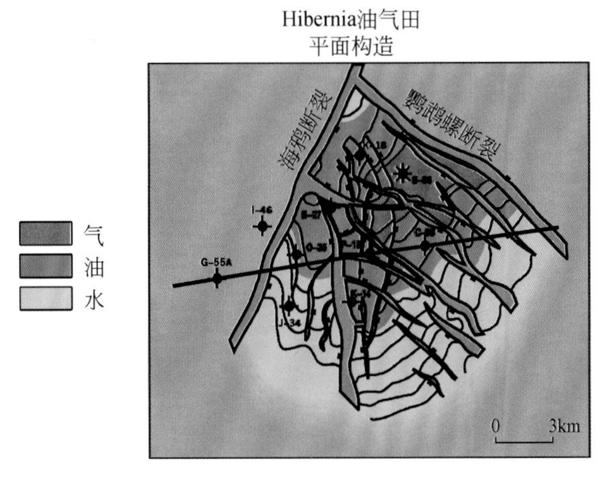

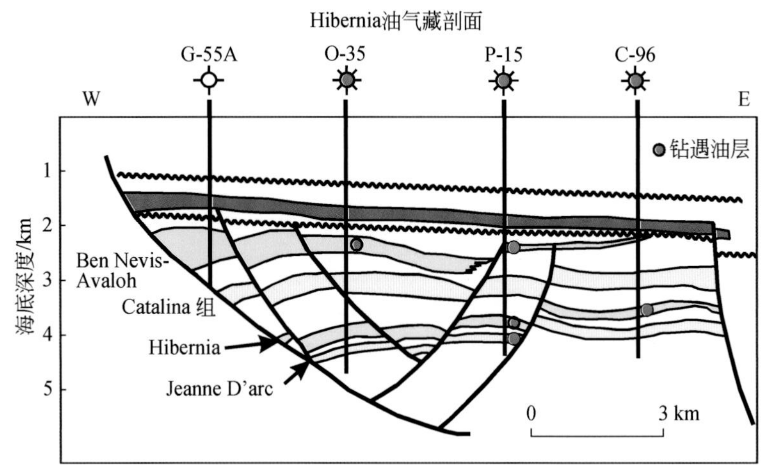

图 6.14　Hibernia 油气田平面构造与油气藏剖面（据 GNL，2000）

注：1ft=0.3048m

2. White Rose 大型油气田

1）基本概况

White Rose 油气田位于加拿大东海岸大浅滩盆地北 Amethys 油田附近，水深 120m（图 6.12），发现于 1984 年并于 2005 年投入开发，石油 2P 储量 5×10^8bbl，天然气 2P 储量 3.4Tcf。油气主要富集于下白垩统 Ben Nevis 组储层。圈闭类型为构造圈闭。Ben Nevis 储层平均厚度 200～300m，滨岸砂岩沉积，平均渗透率 500mD。加拿大东海岸油气勘探始于 1959 年，早期钻探目标主要为盐构造，钻探 40 余口井均未获得商业油气发现。1984 年哈斯基石油公司（Husky）获得加拿大东海岸勘探区块，通过二维地震发现了背斜构造，White Rose 北部钻探 N-22 井在下白垩统 Ben Nevis 组砂岩获得日产 17400bbl 油和 25MMcf①天然气工业油气发现，1985 年 White Rose 西部 J-49 井在下白垩统 Ben Nevis 组砂岩层获得日产油 3000bbl 和天然气 10MMcf 的商业发现，1988 年 White Rose 南部 E-09 井在 94m 厚的下白垩统 Ben Nevis 组砂岩层获得日产 5180bbl 油和 4MMcf 天然气的工业油气发现。1984～1988 年 White Rose 油田主要的含油气构造相继被发现，2001 年 White Rose 南部获得开发许可，并于 2003～2005 年投入生产。

2）油气地质要素

烃源岩主要为裂谷期上侏罗统富含有机质海相黑色页岩和泥质灰岩，厚度最小 50m，东北部厚度超过 1000m，以Ⅱ型干酪根为主，TOC 含量为 2%～12%（平均 3%），HI 为 500～700mgHC/gTDC，早白垩世开始生烃，始新世达到生烃高峰。

储层主要分布于南、西、北 White Rose 下白垩统海相 Ben Nevis 砂岩，分选良好，储层孔隙度 10%～22%（平均 15%）。White Rose 油层厚度分别为 25～80m，气层厚度分别为 46～57m。南、西、北 White Rose 油层平均渗透率为 95～127mD，气层平均渗透率为

① $1MMcf=2.8317\times10^4m^3$。

83～110mD。盖层主要为下白垩统阿尔布阶浅海相泥岩，厚度 140～448m，圈闭类型以背斜圈闭为主。

3）油气分布规律与成藏模式

油气分布除受生、储、盖层发育特征控制外，还主要受构造控制，特别是断层空间分布的控制，油田内发育的 NW、NE 向断层将油田分割为 4 个油气藏，多数发现的油气藏整体沿 NW 向断层分布，多数断层具有良好的封闭性，油气分布于断层两侧（图 6.15）。油田内的油气通过下部成熟烃源岩直接向上发生垂向运移，顶部受泥岩盖层封堵，侧翼上倾方向同时受断层封堵成藏。

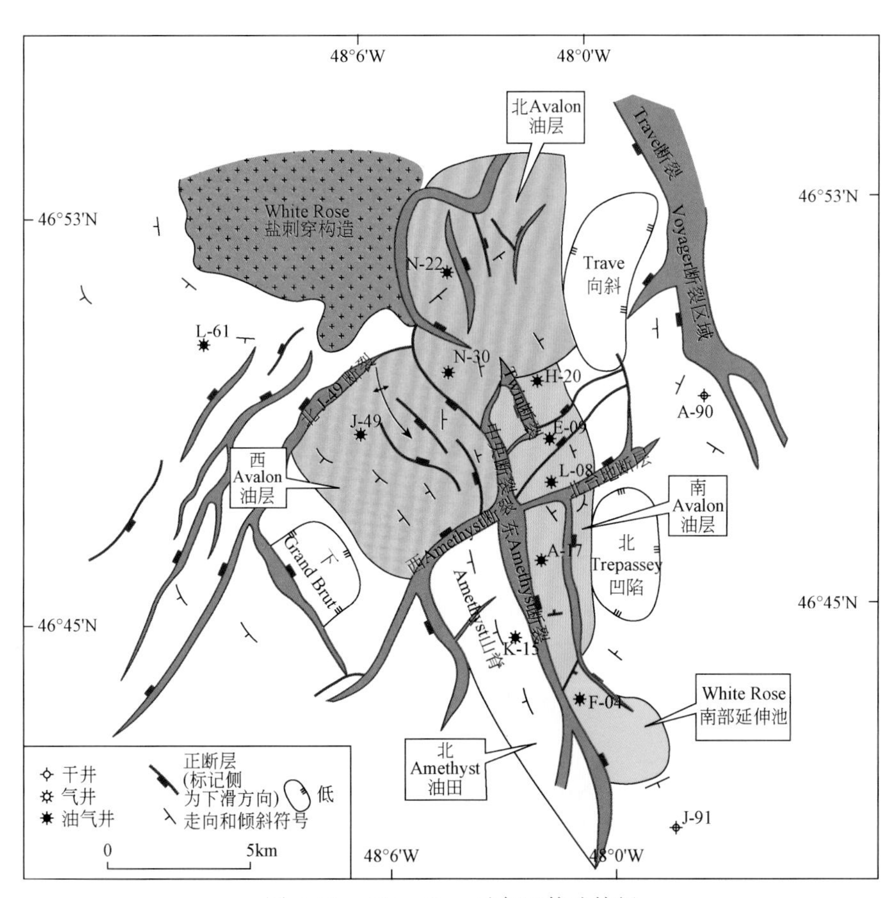

图 6.15　White Rose 油气田构造特征

二、西北非西岸大油气田分布

截至 2015 年初，大西洋中段西北非西岸共发现 Fan-1、SNE-1 和 Tortue-1 三个大型油气田，探明石油可采储量 49×10^8bbl，天然气可采储量 6.5Tcf。

1. Fan-1 和 SNE-1 大型油气田

1）基本概况

Fan-1 和 SNE-1 油田位于非洲西北部塞内加尔西海岸塞内加尔盆地，水深分别为 1427m、1100m（图 6.16）。两个油田均发现于 2014 年，尚未投入开发，石油 2P 储量分别为 1.9×10^8bbl、3.3×10^8bbl，天然气 2P 储量分别为 0.1Tcf、0.5Tcf。Fan-1 油气主要富集于上白垩统圣通阶浅海砂岩储层，油气藏圈闭类型为地层-构造圈闭，储层厚度 30m。SNE-1 油气主要富集于下白垩统阿尔布阶海相斜坡扇砂岩储层，油气藏圈闭类型为构造圈闭，储层厚度 36m。20 世纪 70 年代壳牌在西北非毛里塔尼亚海上钻探 V-1 井，第一次在西北非被动大陆边缘盆地发现油气显示，21 世纪以来毛里塔尼亚陆续进行了少量海上勘探，获得了 Pelican 和 Chinguetti 油气发现，塞内加尔海域早期也进行了少量油气勘探，但均未获得商业油气发现。直到 2014 年，英国凯恩能源公司（Cairn Energy）在 Sangomar Deep 区块先后发现了 Fan-1 和 SNE-1 油田。

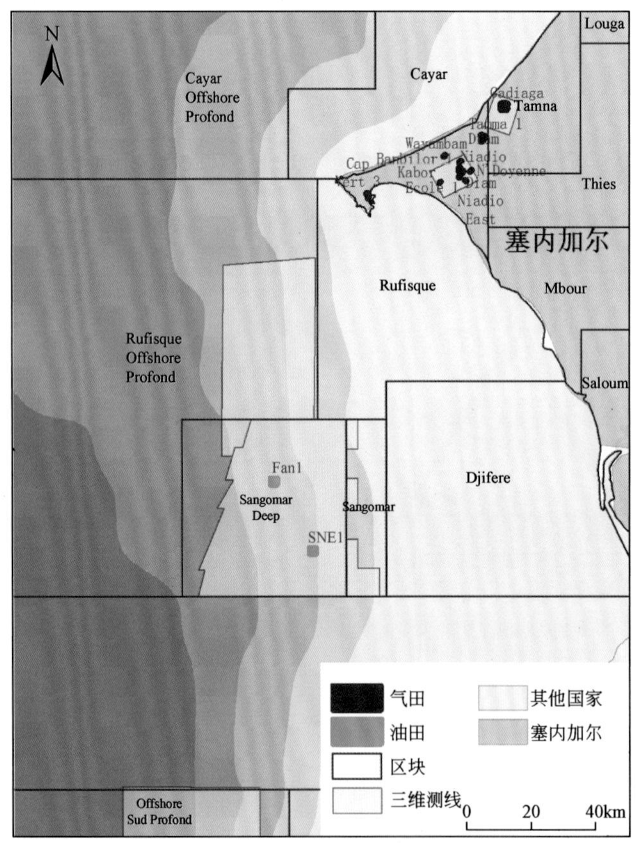

图 6.16　Fan-1 与 SNE-1 油田位置

2）油气地质要素

盆地主要的烃源岩为塞诺曼阶—土伦阶海相页岩，Ⅱ型干酪根，生烃潜力 3.5～21mgHC/g 岩石，烃源岩厚度 300～450m，TOC 为 1.2%～4.5%，古新世成熟，新近纪开始大量生烃。次要的烃源岩为下白垩统阿普特阶—阿尔布阶页岩，生烃潜力为2～7mgHC/g岩石，Ⅱ、Ⅲ型干酪根，TOC为1%～2.7%。另外还有森诺统页岩，Ⅱ型干酪根，生烃潜力为2～15mgHC/g岩石。

Fan-1储层主要为上白垩统圣通阶浅海砂岩，SNE-1储层主要为下白垩统阿尔布阶海相砂岩，斜坡扇水道沉积（图6.17）。土伦阶烃源岩沉积后地层发生抬升形成的浅海相水道充填砂岩后形成圣通阶海相砂岩储层，储层厚度30～100m，平均厚度50m，细-粗粒石英砂岩。盖层主要为上白垩统圣通阶和下白垩统阿尔布阶泥岩，厚度不均匀，顶部泥岩与上倾方向断层联合封盖，圈闭类型以构造-地层和构造圈闭为主。

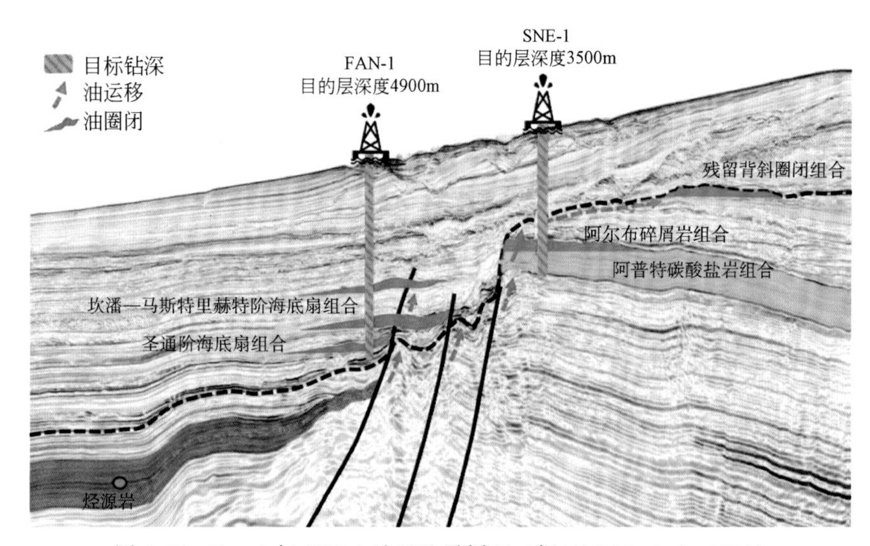

图6.17　Fan-1与SNE-1油田地震剖面（据FAR Limited，2014）

3）油气分布规律与成藏模式

油气分布主要受烃源岩和储层的控制，该区域目前尚未发现较大规模的碳酸盐岩储层油气藏，海相砂岩储层的分布是油气藏分布的最重要控制因素。土伦阶烃源岩生成的油气一部分沿断层垂向运移至圣通阶浅海相砂岩储层，另一部分沿圣通阶砂层侧向运移至有效圈闭成藏，形成砂岩侧向尖灭油气藏和研究-断层油气藏。

2. Tortue-1大型气田

1）基本概况

Tortue-1气田位于非洲西北部塞内加尔西海岸塞内加尔盆地（图6.18），水深为2710m。油田发现于2015年，尚未投入开发，天然气2P储量为1.35Tcf。油气主要富集于上白垩统塞诺曼海相斜坡扇砂岩储层，油气藏圈闭类型为地层-构造圈闭，储层厚度36m。2015年美国科斯莫斯能源公司（Kosmos Energy）在毛里塔尼亚C8区块发现了Tortue-1气田，气田位于C8区块众多有利圈闭目标之一，Tortue-1井钻遇塞诺曼统下部深水扇107m含气砂层，是西北非2015年最大的油气发现。

2）油气地质要素

盆地主要的烃源岩为下白垩统阿普特阶—阿尔布阶页岩，生烃潜力为2～7mgHC/g岩石，Ⅱ、Ⅲ型干酪根，TOC为1%～2.7%。其他的烃源岩为塞诺曼阶—土伦阶海相页岩，Ⅱ型干酪根，生烃潜力3.5～21mg HC/g岩石，烃源岩厚度300～450m，TOC为1.2%～4.5%，古新世成熟，新近纪开始大量生烃。另外还有森诺统页岩，Ⅱ型干酪根，生烃潜力为2～15mgHC/g岩石。

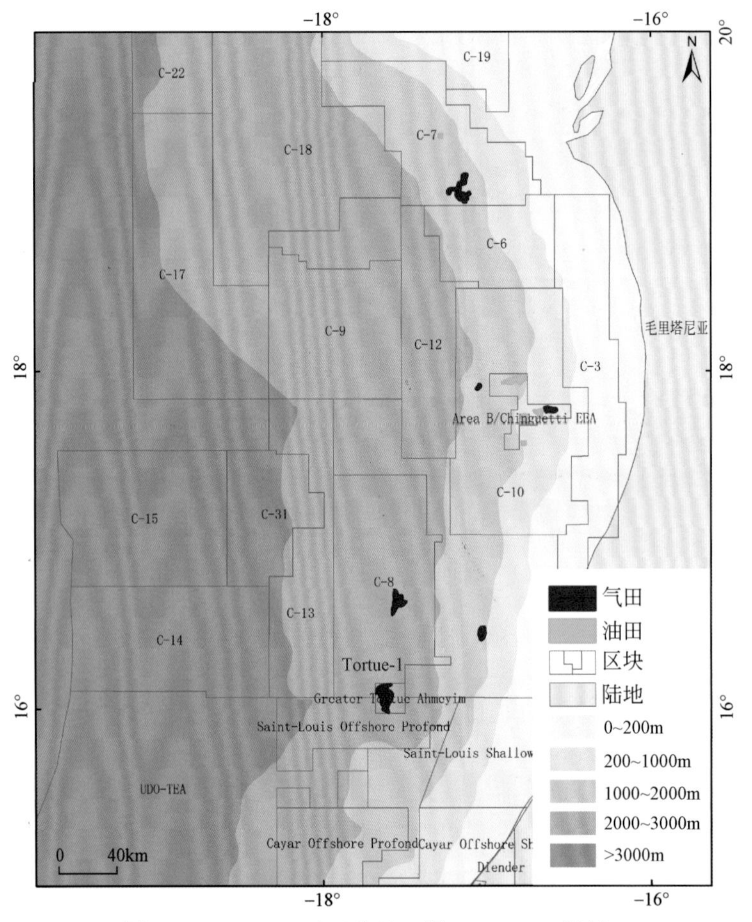

图6.18　Tortue-1油田位置（据IHS，2018资料）

储层主要为上白垩统塞诺曼阶海相砂岩时斜坡扇水道沉积，储层厚度107～351m，储层深度4600m，细-粗粒石英砂岩。其他储层为上塞诺曼阶上部海相砂岩，储层净厚度19m，另外下白垩统阿尔布阶也发育海相砂岩储层，储层净厚度为10m。盖层主要为上白垩统圣通阶泥岩，厚度不均匀，顶部泥岩与上倾方向断层联合封盖，圈闭类型以构造-地层圈闭为主（图6.19）。

3）油气分布规律与成藏模式

油气分布主要受烃源岩和储层分布的控制，该区离岸较远，海相烃源岩和砂岩储层的分布都是油气藏分布的重要控制因素。周边近期也获得较大发现的Fan-1和SNE-1油田对

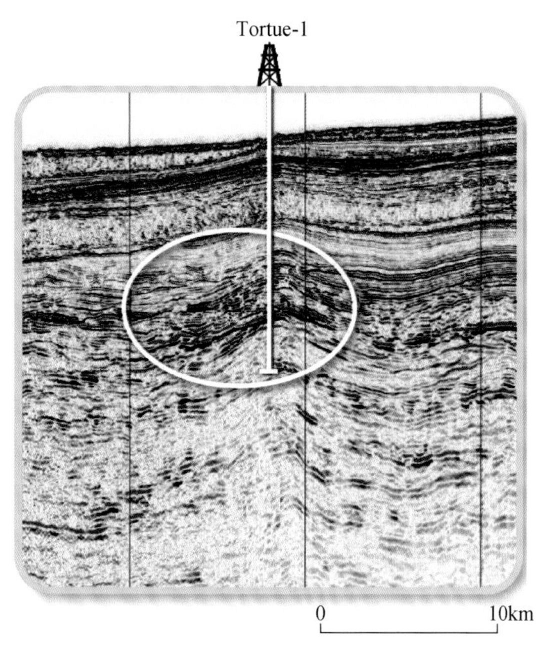

图 6.19　Tortue-1 油气藏地震剖面（据 Kosmos Energy，2015 年资料①）

比，表明该区域存在良好的白垩系烃源岩和储层，该区下白垩统阿普特阶—阿尔布阶烃源岩生成的油气垂向运移后侧向运移至 Tortue-1 处背斜圈闭成藏，形成背斜圈闭油气藏。

三、盐构造相关油气藏分布

该区蒸发盐岩主要分布于裂谷盆地和被动大陆边缘盆地，特别是在陆间裂谷过渡期可发育大范围的区域性蒸发盐岩。中大西洋两岸被动大陆边缘盆地晚三叠世—早侏罗世过渡阶段发生了陆间裂谷作用，该阶段中大西洋由北至南打开形成陆间裂谷，早期为陆相粗碎屑沉积，由于与外海连通不畅，发育局限海沉积环境，在较干旱的气候环境下，海水入侵后缺乏淡水补给，再加上高地温梯度，发育了区域性的蒸发盐岩地层。

中大西洋两岸蒸发盐岩的分布沿被动大陆边缘盆地由西至东、由南向北可被划分为 5 段（Tari et al.，2012），中大西洋两岸被动大陆边缘盆地Ⅰ、Ⅱ段为主要的盐构造发育区，Ⅲ段盐岩刺穿体较为发育，Ⅳ段由于受构造拆离作用影响盐岩刺穿体分布逐渐减少，Ⅴ段盐构造发育范围小、程度低。总体上而言，北美一侧位于西北非一侧北部，而西北非一侧更加接近赤道，气温也高于北美一侧，更容易在狭长的裂陷区所形成的封闭空间内形成蒸发盐岩。同时由于中大西洋由北向南逐渐裂开，中大西洋两岸盐岩发育的序列也具有北早南晚的特点，整体上中大西洋两岸北部盆地蒸发盐岩及碳酸盐岩的发育程度要低于南部。

① Kosmos. 2015. Mauritania Exploration Update，1 ~ 10。

蒸发盐岩与其他沉积岩石明显不同，具有较强的可塑性和流动性，在地质演化过程中可以不断发生移动和变形而形成多种类型的盐构造。由于蒸发盐岩具有良好的封闭性可作为优质盖层，特别是对于盐下有利储层可以形成盐岩顶部封盖的拱形背斜圈闭油气藏和盐构造与断层、不整合面联合封堵形成的盐岩-断层、盐岩-不整合圈闭油气藏和盐岩-岩性圈闭油气藏。对于盐上储层，由于盐岩层具有流动性，受构造作用影响而发生变形，使盐上覆地层发育与盐构造相关的多种类型油气藏，如盐岩可刺穿上覆地层形成盐墙和盐枕等，形成盐岩侧向封堵相关的各类圈闭油气藏。依据盐岩的沉积和分布特征，中大西洋两岸被动大陆边缘盆地可发育背斜圈闭、盐刺穿侧向封堵和断层遮挡圈闭、不整合圈闭、构造-岩性圈闭等与盐构造相关的多种圈闭类型油气藏（图 6. 20）。

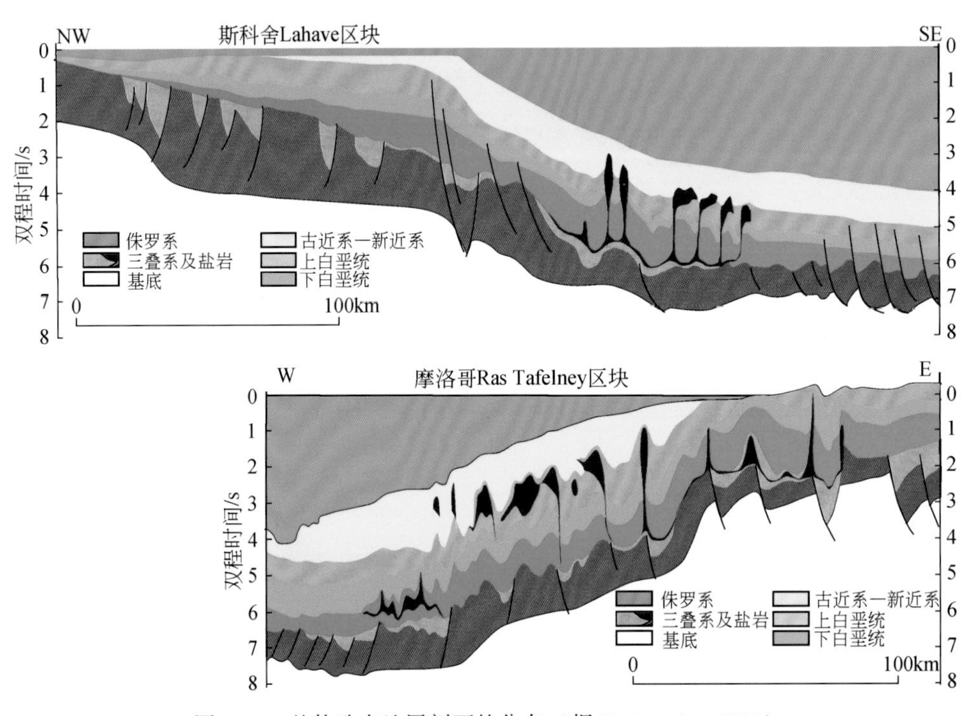

图 6. 20　盐构造在地层剖面的分布（据 Tari et al.，2012）

第五节　勘探潜力评价

中大西洋两岸盆地共同经历了三叠纪以来的裂谷—被动大陆边缘演化阶段，具有相同的盆地演化环境，形成了较为相似的盆地结构和地层层序，因此中大西洋两岸具有相似的油气成藏条件，通过类比研究，可以预测较低勘探领域的油气资源潜力。目前中大西洋两岸被动大陆边缘盆地深水区已发现油气储量 81×10^8 bbl 油当量，近期塞内加尔 Fan-1 井陆坡区上白垩统深水砂体发现了 2×10^8 bbl 储量，斯科舍、大浅滩盆地陆坡区上侏罗统、下白垩统三角洲及海相砂岩沉积中发现 6 个亿桶级油气藏，另外斯科舍盆地上侏罗统灰岩地层中也发现了亿桶级油气田，上述油气发现表明中大西洋两岸存在多套有利成藏组合，包括上白垩统砂岩、上侏罗统砂岩、下白垩统砂岩和侏罗系、白垩系灰岩成藏组合，揭示了中大西洋两岸被动大陆边缘盆地较大的油气勘探潜力，然而该区域勘探程度整体较低，特别是深水区钻井数量少且绝大部分位于陆架区域，钻井多钻至陆架碳酸盐岩地层，深水陆隆海底扇发育区勘探程度极低，该区域仍有很大的勘探潜力值得关注。

尽管三叠纪以来中大西洋两岸被动大陆边缘盆地具有相同的盆地演化背景，但由于它们所处地理位置的不同，其盆地结构和沉积层序也存在着一定的差异，使两岸油气分布及勘探潜力有所差异。北美东海岸较西北非西海岸陆架区总体上更为宽缓，碎屑岩沉积较西北非西海岸盆地更为发育，特别是侏罗纪晚期斯科舍和大浅滩盆地广泛发育砂、泥岩沉积，而西北非则发育较多的碳酸盐岩沉积。因此，西北非被动大陆边缘盆地除侏罗系、白垩系及古近系—新近系碎屑岩储层具有较好的勘探潜力外，其碳酸盐岩储层与北美东海岸相比也应具有较好的勘探潜力。

总体上，中大西洋两岸盆地属于含盐拗陷型被动大陆边缘盆地，拗陷早期侏罗纪—早白垩世碳酸盐台地发育，晚期晚白垩世以来沿碳酸盐台地陡坡带前缘海底扇十分发育。勘探潜力最好的是上白垩统海底扇，其次是新近系盐背斜构造，另外，侏罗系—下白垩统碳酸盐岩有利相带也是下一步的有利勘探目标。

第七章　墨西哥湾周缘被动大陆边缘盆地

墨西哥湾周缘系列被动大陆边缘盆地，都经历了裂谷、过渡及漂移 3 个原型盆地的演化，由于裂谷期以红色陆相沉积为主，过渡期潟湖相盐岩广泛分布，漂移晚期特别是中新世遭受大型三角洲及挤压改造，形成了含盐拗陷型、三角洲改造型和挤压反转改造型 3 类被动大陆边缘盆地类型。

第一节　基本概况

一、构造地理位置

墨西哥湾周缘被动大陆边缘盆地群位于墨西哥湾及其周边，主要涉及美国和墨西哥两个国家，主要发育北墨西哥湾盆地（包括墨西哥湾沿岸盆地和墨西哥湾深水盆地）、坦皮科-米桑特拉盆地、维拉克鲁斯盆地、苏瑞斯特盆地、尤卡坦台地盆地以及佛罗里达台地盆地等，总盆地面积达 $833\times10^4\text{km}^2$。盆地群西北、西南分别与马拉松—奥契塔海西逆冲褶皱带、中新生代科迪勒拉褶皱带相连，东北与阿巴拉契亚海西期褶皱带相邻，南部至东部以尤卡坦地台和佛罗里达地台为界。在区域构造上属于特提斯构造西段的大西洋—墨西哥湾陆缘沉降区（图 7.1）。

二、油气勘探开发现状

1. 油气勘探历程

总体上，整个墨西哥湾的油气勘探历程可归纳为以下 3 个阶段，包括 20 世纪 40 年代前，陆上勘探初级阶段；20 世纪 40～70 年代，陆上—大陆架浅水勘探重要发展阶段；以及 20 世纪 80 年代，开始步入深水勘探为主阶段。

20 世纪 40 年代前，陆上勘探阶段。早期勘探钻井的目标主要针对地表油苗，且商业发现主要集中在南部的坦皮科-米桑特拉、苏瑞斯特、图斯潘台地的老黄金巷及北部沿岸的布尔戈斯次盆等地区。1904 年在坦皮科-米桑特拉盆地的塔毛利帕斯（Tamaulipas）构造带发现了埃巴诺（Ebano）油田，属碳酸盐岩裂缝型油气藏，这是墨西哥第一个商业性油气田发现。1920 年，开始利用重力勘探方法寻找油气，并在南部波萨里卡盐隆的周围发现了石油，其产油层为下白垩统阿尔布阶-上白垩统塞诺曼阶塔马布拉组灰岩。1927～1937 年在布尔戈斯次盆的陆上又陆续获得了 12 个油气田发现。该阶段陆上总共发现油气田 62 个，其中大型油气田有 3 个，均分布在坦皮科-米桑特拉盆地，最大的油气田为波萨里卡油田，发现于 1930 年，可采储量 18.33×10^8bbl 油当量，主要产层为塔玛布拉组灰岩。

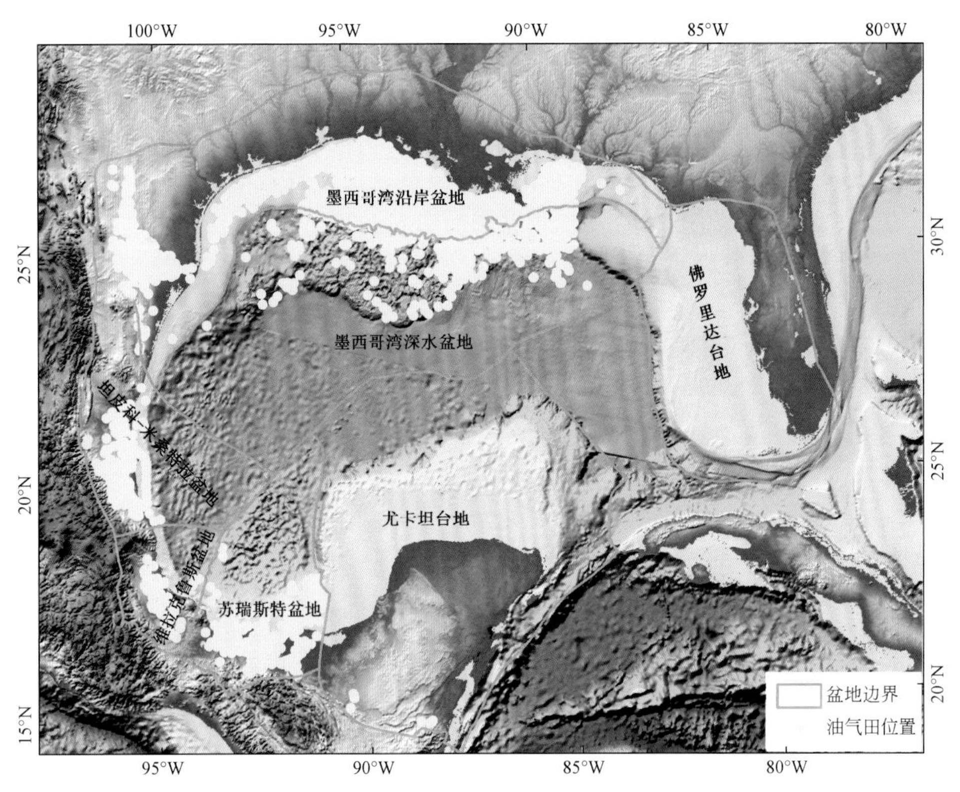

图 7.1　墨西哥湾周缘被动大陆边缘盆地与油气田分布

20 世纪 40～70 年代，陆上—大陆架浅水勘探阶段。该阶段是陆上油气勘探并向海域拓展的快速发展阶段。随着地震反射勘探的应用，勘探不断向新的陆地区和海域方向延伸。该时期陆上共发现油气田 420 个，勘探范围已涉及墨西哥湾陆上几乎所有范围；海域共发现油气田 530 个，最大水深为 204m。1953 年在南部的维拉克鲁斯盆地发现了第一个油气田（Angostura 油气田）。在 1953～1973 年，该盆地的主要勘探目标为上白垩统储层，勘探活动主要集中在科尔多瓦台地附近。整个海域最早于 1947 年在北部的浅海区获得了墨西哥湾第一个油气田发现。1947 年克麦齐石油公司（Kerr-McGee）在水深 6m 的 ShipShoal 32 区块钻探了墨西哥湾第一口海上探井。浅水区早期的勘探钻探主要是使用驳船和平台，20 世纪 50 年代中期开始使用半潜式钻井平台。至 20 世纪 60～70 年代，南部坦皮科-米桑特拉盆地的油气勘探也主要集中在海上。1967 年发现的阿伦克（Arenque）油气田，石油可采储量为 3220×10^4t，是该盆地发现的最大海上油气田。90 年代以后，该盆地的勘探钻井活动较少。该阶段海域的发现主要集中分布在北部大陆架浅水区，其油气田发现个数占该阶段海域油田总数 93%。

20 世纪 80 年代，深水勘探阶段。从 20 世纪 60 年代开始，尽管油气勘探仍局限于大陆架，但钻井水深不断增大。墨西哥湾深水第一口探井开钻于 1975 年 10 月，完钻于 1976 年 8 月，水深 546.5m。截至 2017 年年底，深水区共发现油气田 321 个，已发现油气田最大水深已达 3067m（为 2004 年所发现）。1992 年以来，墨西哥湾深水三维地震调查得到迅猛发展。到 2003 年，三维地震数据覆盖了大部分深水区，甚至延伸到陡坡区。三维地震勘探的发展极大地推动了墨西哥湾深水油气的勘探。1998 ~ 2010 年，墨西哥湾深水油气发现达到高峰，油气田发现个数与储量分别占深水油田的 65% 和 66.2% （图 7.2）。整个墨西哥湾深水区共发现 11 个大型油气田，其中 9 个为 1998 ~ 2010 年期间所发现，储量占比为 80.2% 。2011 年以来，墨西哥湾深水油气田虽然发现个数呈增长趋势，但油气田规模主要为中小型，发现大型油气田的勘探难度明显增大。

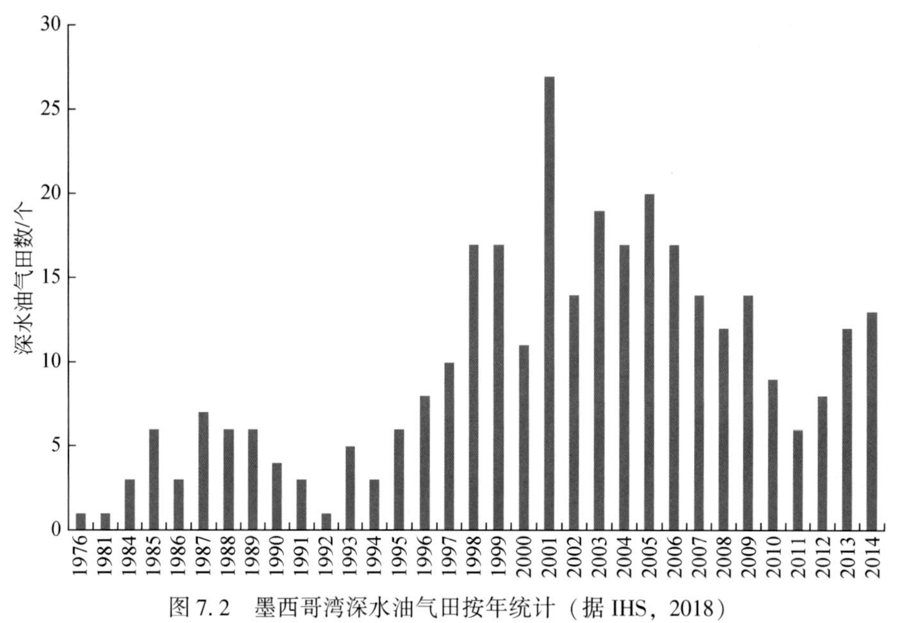

图 7.2　墨西哥湾深水油气田按年统计（据 IHS，2018）

2. 开发现状

墨西哥湾地区的油气生产开始于 1910 年，早期石油产量主要来源于墨西哥的黄金巷地区。至 1917 年墨西哥的石油产量已达到 15.1×10^4bbl/d。1921 年产量曾达到一个高峰，为 52.9×10^4bbl/d，约占当时全球石油产量的 25% 。在 20 世纪 20 年代，墨西哥的石油产量主要受国际油公司控制。1938 年墨西哥国家石油公司成立，在国有化进程中，石油产量急剧下降，最低降至 10.7×10^4bbl/d。至 1971 年时，墨西哥的石油生产甚至无法满足本国石油需要。但到 1974 年，墨西哥的石油生产又开始可以出口，且在 1977 年，石油产量突破 100×10^4bbl/d。1979 年 6 月，坎佩切湾的石油开始投入生产，70 年代末期随着美国墨西哥湾海域的油田也投入开发后，整个墨西哥湾的石油产量开始大幅上升。2004 年墨西哥石油产量到达历史高峰，近年呈下降趋势，且表现出石油产量的稳定开始明显依赖于海域油田产量的贡献（图 7.3）。

墨西哥天然气的产量从 20 世纪 90 年代至今，基本上保持明显的上升趋势，近年天然气产量已超过 5Bcf，但同样也已到达高峰产能（图 7.4）。而墨西哥湾联邦海域的天然气产量近年则一直处于下降状态（图 7.5）。

墨西哥湾地区未来油气产量的稳定将会很大程度依赖于深水油气田的投入开发。墨西哥湾第一个开始生产的深水油田是 Cognac 油田，由壳牌公司于 1979 年开始开发；5 年后

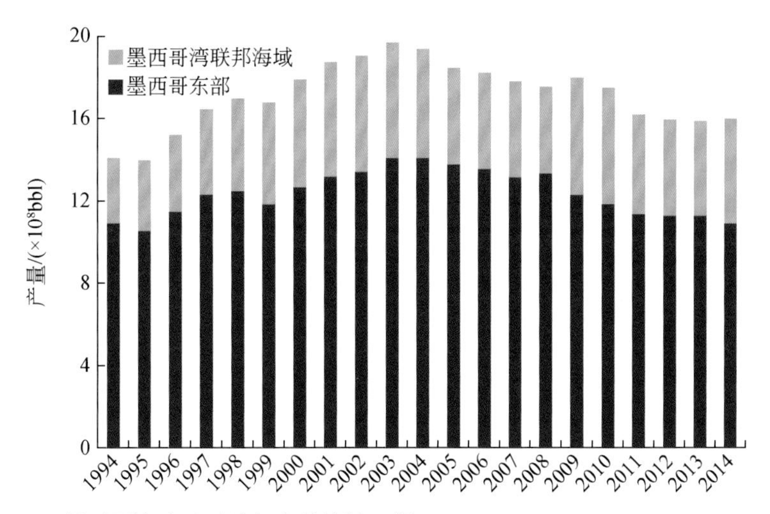

图 7.3　墨西哥湾地区石油年产量统计（据 Wood Mackenzie，2015；EIA，2015）

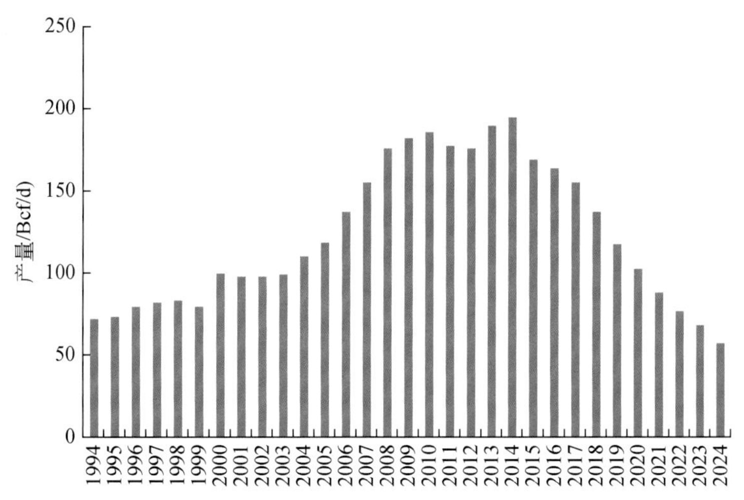

图 7.4　墨西哥东部地区天然气产量统计（据 Wood Mackenzie，2015）

埃克森美孚进行了第二个深水油田（Lena 油田）的开发。2000 年是墨西哥湾深水勘探的一个里程碑，这一年深水油气产量首次超过浅水油气产量。

三、储量与待发现资源量

截至 2014 年年底，墨西哥湾地区共发现油气田 2466 个，总可采储量超过 1500×10^8 bbl 油当量。其中大型油气田 41 个，可采储量共计 580×10^8 bbl 油当量，储量占比 38.6%；目前南部苏瑞斯特盆地发现的大油气田个数和储量最多，大油气田储量占所有大油气田储量 74%，其次是北部深水次盆，大油气田储量占所有大油气田储量 13.2%。待发现资源量预测石油超过 536×10^8 bbl、天然气 152×10^{12} ft^3，73% 待发现资源主要分布在北部深水次

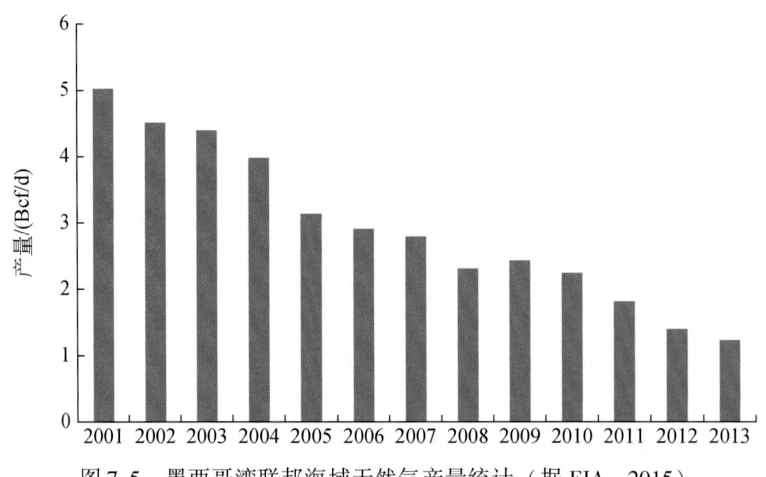

图 7.5　墨西哥湾联邦海域天然气产量统计（据 EIA，2015）

盆，其次是南部苏瑞斯特盆地（表 7.1）。

表 7.1　墨西哥湾地区油气可采储量与待发现资源量统计（据 IHS，2018；CNPC，2016）

<table>
<tr><th rowspan="2">盆地名称</th><th rowspan="2">油气田/个</th><th rowspan="2">储量/(×10⁶bbl 油当量)</th><th rowspan="2">大型油气田/个</th><th rowspan="2">大型油气田储量/(×10⁶bbl 油当量)</th><th colspan="2">待发现资源量</th></tr>
<tr><th>油/(×10⁶bbl 油当量)</th><th>气/Bcf</th></tr>
<tr><td>墨西哥湾沿岸盆地</td><td>1509</td><td>44498</td><td>7</td><td>4561</td><td>—</td><td>—</td></tr>
<tr><td>墨西哥湾深水盆地</td><td>335</td><td>28816</td><td>10</td><td>7629</td><td>39149</td><td>125383</td></tr>
<tr><td>坦皮科-米桑特拉盆地</td><td>205</td><td>13674</td><td>3</td><td>2927</td><td>1162</td><td>3951</td></tr>
<tr><td>维拉克鲁斯盆地</td><td>79</td><td>1448</td><td>—</td><td>—</td><td>387</td><td>10921</td></tr>
<tr><td>苏瑞斯特盆地</td><td>330</td><td>61594</td><td>21</td><td>42872</td><td rowspan="2">12891</td><td rowspan="2">11818</td></tr>
<tr><td>尤卡坦台地盆地</td><td>8</td><td>187</td><td>—</td><td>—</td></tr>
</table>

第二节　原型盆地与岩相古地理恢复

墨西哥湾周缘现今发育的被动大陆盆地，其盆地形成与沉积充填总体上先后经历了裂谷期红色陆相沉积—海相碎屑岩—蒸发岩沉积、漂移期海相陆棚沉积和漂移期后碳酸盐岩—三角洲—浊积扇沉积体系的演化过程；但由于受中生代西潘基亚大陆的裂解、新生代周缘造山运动和南部加勒比板块楔入共同控制的影响，漂移期后北部和南部各盆地的构造特征、沉积充填差异逐渐增大，盆地类型可进一步划分为三角洲改造型、挤压反转改造型和含盐拗陷型 3 种类型（表 7.2）（温志新等，2016）。

表 7.2　墨西哥湾地区被动大陆边缘盆地基本特征对比

分类		北部	南部				
盆地名称		北墨西哥湾	坦皮科-米桑特拉	维拉克鲁斯	苏瑞斯特	尤卡坦台地	佛罗里达台地
盆地类型		三角洲改造型	挤压反转改造型			含盐拗陷型	
盆地结构		下断中拗上卷				以拗陷为主	
盆地构造		宽陆架、宽陆坡，盐构造发育	中新世正反转构造			宽陆架、陡陆坡，盐构造发育	
沉积充填特征	漂移晚期	大型三角洲—重力流沉积体系	中-小型三角洲—重力流沉积			陆棚碳酸盐岩为主	
	漂移早期	以海侵浅海相碳酸盐岩沉积建造为主					
	过渡阶段	以潟湖相盐岩为主					
	裂谷阶段	以陆相河流、冲积扇等红色沉积为主					

一、晚三叠世—早侏罗世陆间裂谷阶段

在晚三叠世—早侏罗世，伴随着潘基亚大陆解体，北美板块—南美板块逐渐分离，在北美板块的南部和原加勒比地区，因处于拉张作用过程中，开始出现裂谷，为陆内裂谷发育阶段（Pindell and Kennan，2009）。早期阶段，张性变形普遍存在，变形的结果是形成了走向以 NE 向和 NW 向为主的线性地堑和半地堑系统，且地堑普遍受 NW 走向的转换断层切割。这些地堑有效地控制了当时的沉积过程，以非海相为主的红层和相关的火山碎屑岩首先沉积下来为主要特征（Salvador，1987）（图 7.6）。

二、中侏罗世陆间裂谷阶段

中侏罗世，南部边缘的尤卡坦地块开始发育，从美国和墨西哥湾向东南方向分离并伴随小角度逆时针旋转。尤卡坦地块与北美板块的分离一直持续到窄洋壳，该阶段为墨西哥湾地区演化过程中的同裂谷期。期间地堑和半地堑不断扩大，地堑发育区的地壳拉张强烈而地垒地区的拉张比较弱，使得地垒发育区演化成了正向构造单元，如墨西哥湾西侧和北侧的萨宾隆起、梦露隆起和韦金斯隆起等。南部—东南部的尤卡坦地台和佛罗里达地台，在当时是连接在一起的高于海平面的低陆地，墨西哥湾与其东侧的大西洋相分隔，在西南方向与太平洋相连，从而在墨西哥湾形成了一个面向西南方向开口、规模逐渐扩大的内陆海沉积环境，陆内形成了大范围分布的盐岩沉积，近海一侧发育了部分海相碳酸盐岩或碎屑岩沉积（图 7.7）。中侏罗世的盐岩在不同地区的发育程度存在差异。盐岩沉积最大的地区可能是美国墨西哥湾沿岸的内陆次盐盆地区（如东得克萨斯盆地、北路易斯安那盆地和密西西比盆地）、得克萨斯—路易斯安那的陆架—陆棚的部分地区和坎佩切湾地区等。在内陆次盐盆地区，盐岩的原始厚度可能介于 1000 ~ 1500m，而在陆架—陆棚地区厚度可能达到 2000 ~ 3000m。

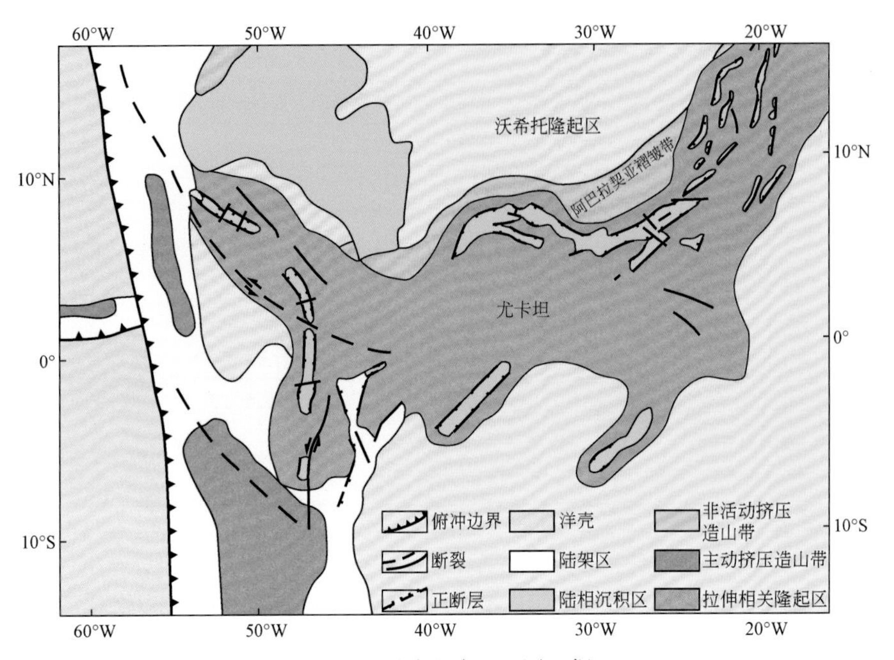

图 7.6 环墨西哥湾地区晚三叠世岩相古地理图（据 CGG Robertson，2015）

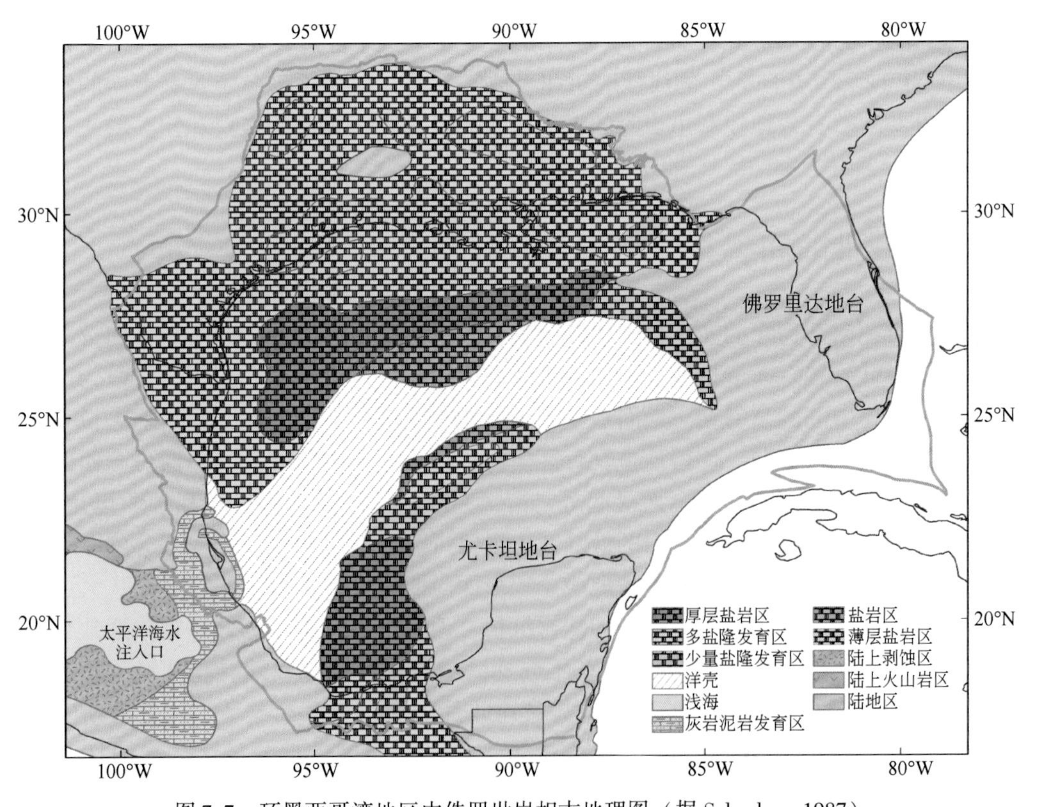

图 7.7 环墨西哥湾地区中侏罗世岩相古地理图（据 Salvador，1987）

三、晚侏罗世至今被动大陆边缘漂移阶段

1. 晚侏罗世—晚白垩世海侵阶段

中侏罗世卡洛夫晚期，盐岩沉积终止，并被分割成两部分（图 7.7），标志着由陆间裂谷作用阶段转入漂移阶段。早牛津期为海底扩张初期，东部海湾的伸展方向发生强烈变化（近乎 90°的改变），墨西哥湾断裂带的走向高度弯曲，表明在海底扩张阶段，尤卡坦地块发生了强烈的逆时针旋转（Imbert and Philippe，2005）。可能不晚于中牛津期，在墨西哥湾中部的洋壳停止了生长，至早白垩世纽康姆期末（130Ma），尤卡坦地块漂移至现今位置，大洋扩张阶段也基本结束（图 7.8）。其间，西侧因尤卡坦地块与墨西哥拼合，太平洋海水退出墨西哥湾；同时南部原尤卡坦地台和佛罗里达地台之间的陆地被逐渐打开，并与原加勒比海道—西太平洋相连通，大西洋的海水通过原加勒比海道进入墨西哥湾。

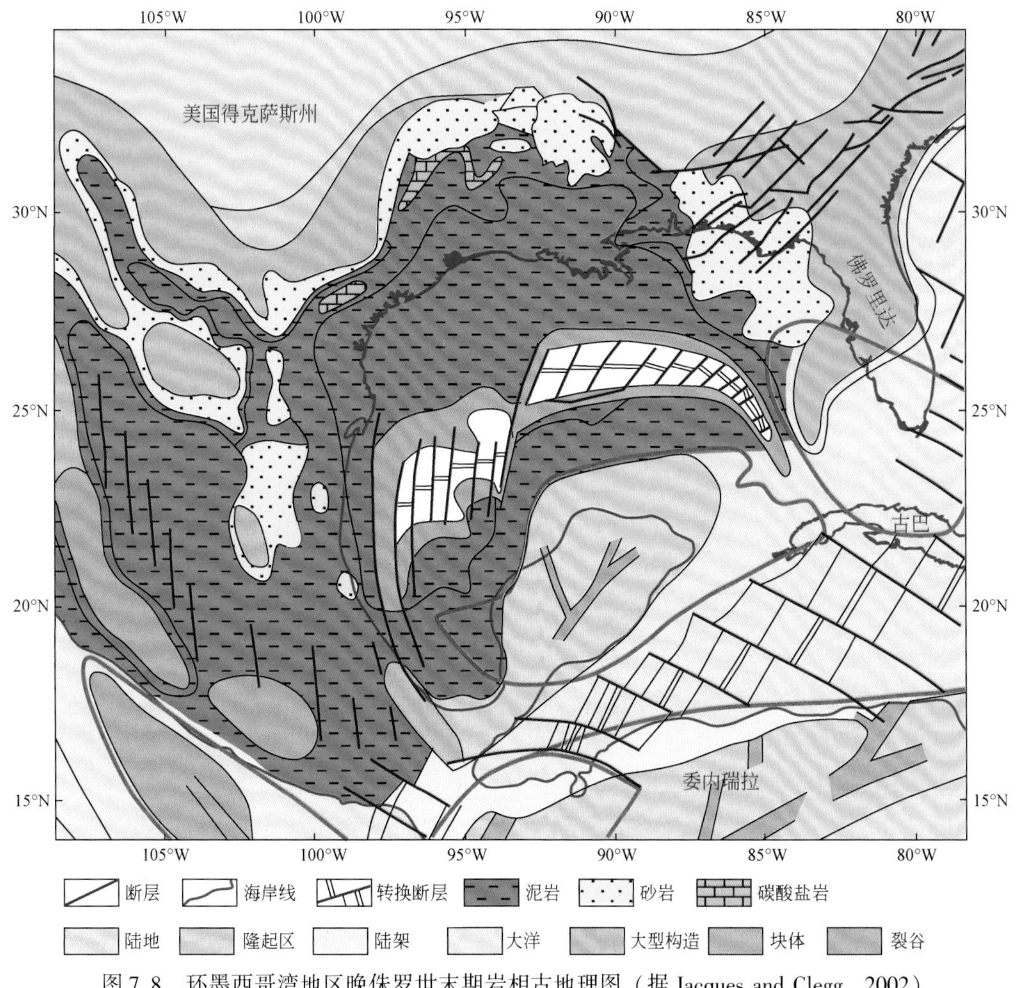

图 7.8　环墨西哥湾地区晚侏罗世末期岩相古地理图（据 Jacques and Clegg，2002）

其间墨西哥湾地区的古地理发生了显著的变化。在整个晚侏罗世至早白垩世初期的漂移演化阶段，受热沉降作用控制，墨西哥湾地区以大陆架、缓坡和台地为界，向盆地中心逐渐沉降，发生了广泛的海侵作用，海侵几乎是持续的，只有几次小规模的海平面下降。其中晚侏罗世以发育陆源碎屑沉积体系为主，牛津阶到提塘阶海侵页岩广泛分布（图7.8），形成了该区最有利烃源岩（Jacques and Clegg，2002）。之后便进入了以碳酸盐岩沉积建造为主阶段，古隆起及斜坡上发育礁滩体，并往中央地区过渡为深水泥岩的沉积演化特征。但是，南部地区与北部地区相比较，南墨西哥湾地区以发育各种台地边缘相的碳酸盐岩沉积为主，而北部地区沿盆地边缘，沉积中心由陆棚逐渐转向斜坡，发育了一套大范围分布的环带状泥质沉积物（图7.9）。

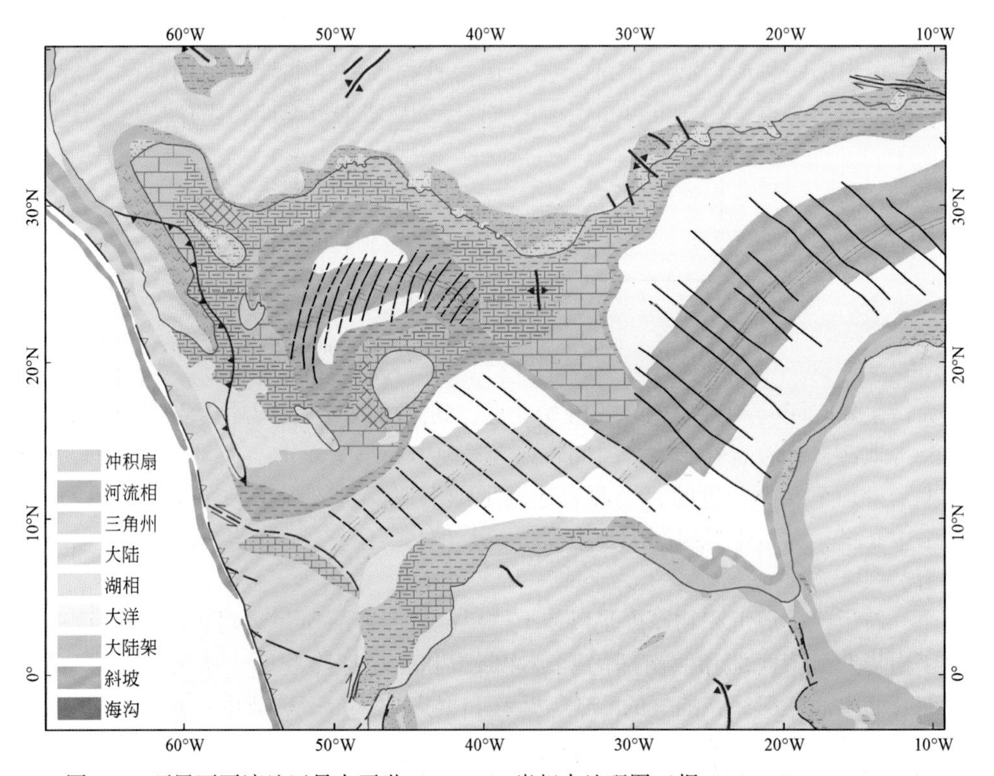

图7.9　环墨西哥湾地区早白垩世（119Ma）岩相古地理图（据CGG Robertson，2015）

2. 古近纪以来的海退阶段

从古近纪开始，随着全球海平面的下降，再加上加勒比板块楔入到南、北美板块之间以及太平洋板块向北美板块的俯冲作用，导致北部和南部的构造-沉积特征的差异逐渐更加明显化（William et al.，2000；Mail，2008）。

古近纪，在墨西哥湾周缘阿巴拉契亚山脉及马德雷等山脉的隆升，一方面导致墨西哥湾周缘被动大陆边缘盆地从海域往陆上发生逐渐变强的构造反转，另一方面能够提供丰富的碎屑沉积物。造成该区西北部三角洲—重力流砂体明显增多，南部的尤卡坦台地和东部佛罗里达台地仍然以碳酸盐岩沉积建造为主（图7.10～图7.12）。

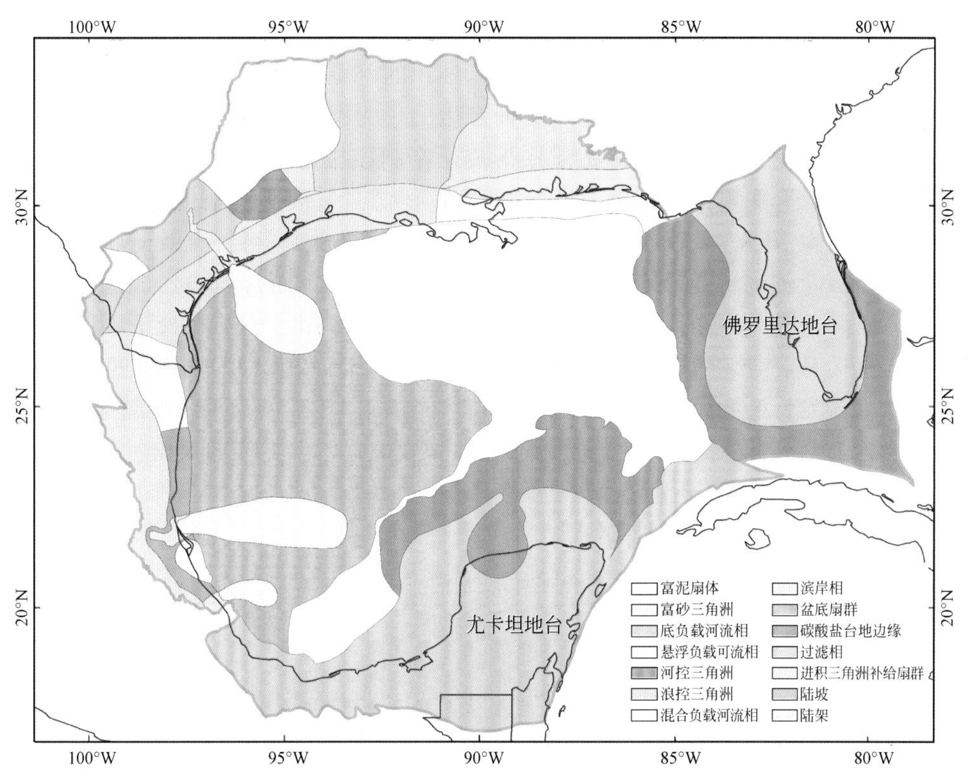

图 7.10　环墨西哥湾地区始新世岩相古地理图（据 William et al.，2000 修改）

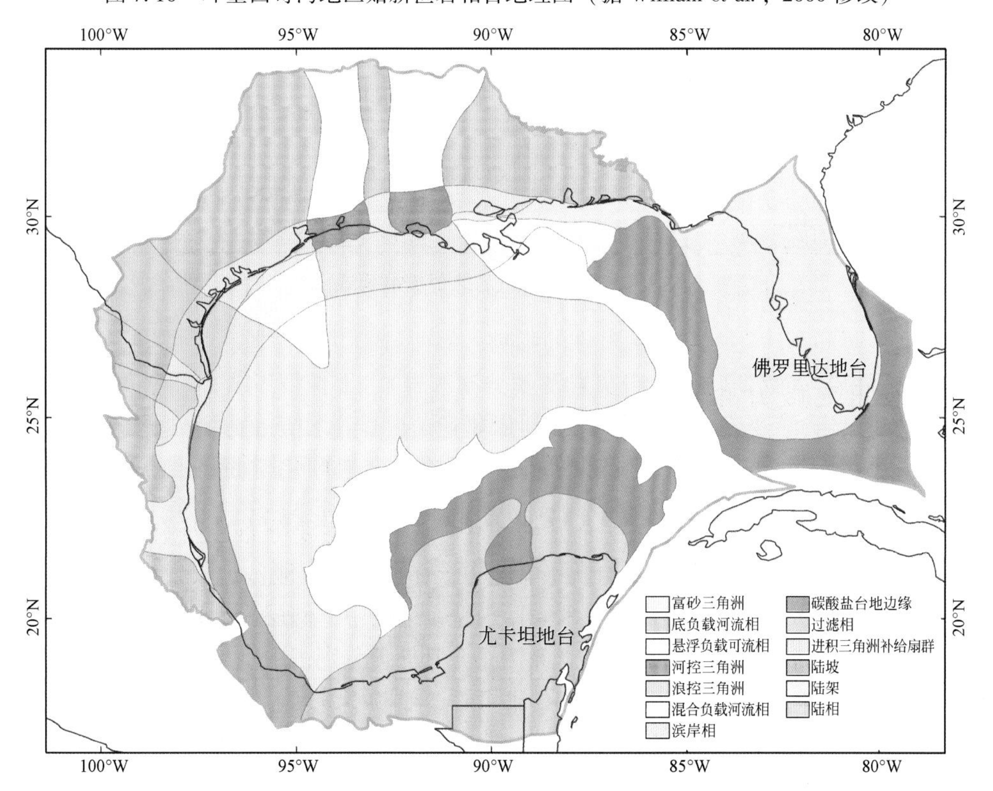

图 7.11　环墨西哥湾地区早中新世岩相古地理图（据 William et al.，2000 修改）

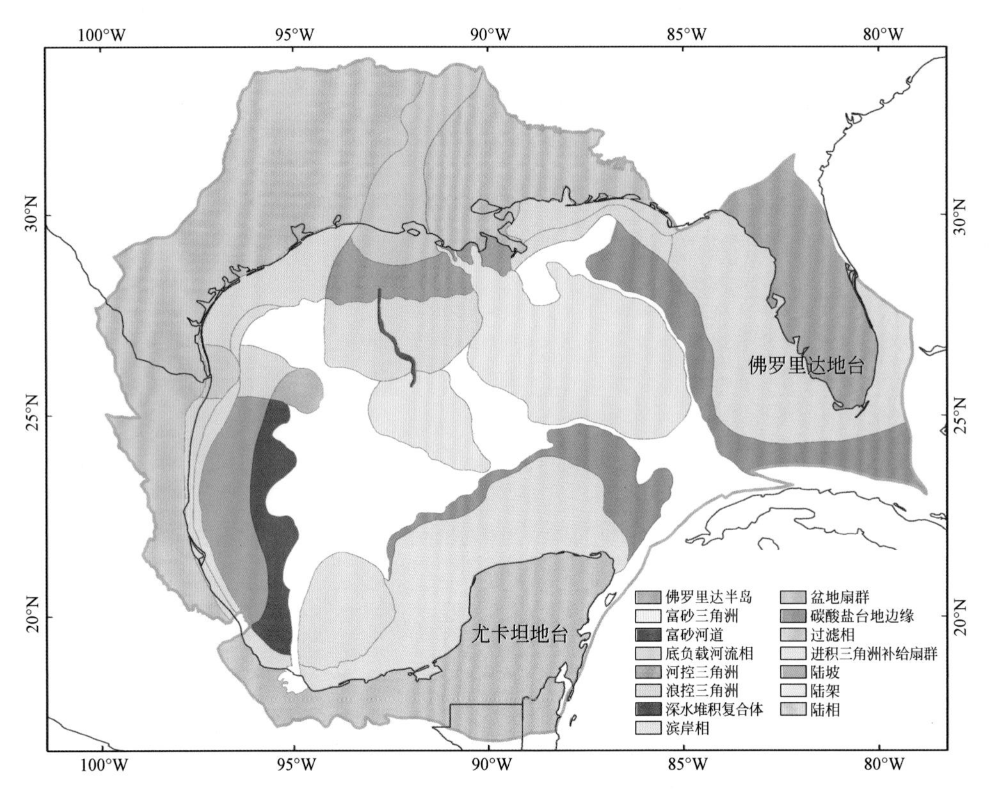

图 7.12 环墨西哥湾地区更新世岩相古地理图（据 William et al.，2000 修改）

第三节 油气地质特征

一、烃源岩特征

墨西哥湾晚三叠世以来稳定的构造背景导致了稳定的沉积环境，并一直持续至今。受全球海平面升降和全球性海洋缺氧事件的影响，墨西哥湾共发育 5 套烃源岩，分别是上侏罗统牛津阶烃源岩（如斯马科夫组灰岩及藻类泥灰岩）、上侏罗统提塘阶烃源岩（如棉花谷群黑色钙质页岩）、下白垩统烃源岩（纽康姆阶）、上白垩统烃源岩（塞诺曼阶—坎潘阶）和古近系—新近系烃源岩（图 7.13）。各套烃源岩地球化学特征见下表（Salvador，1991；Medrano et al.，1996；Guzmán-Vega et al.，2001）（表 7.3 ~ 表 7.7）。

表 7.3 墨西哥湾上侏罗统牛津阶烃源岩特征

盆地	层位	TOC /%	S2 /(mg/g)	HI (mgHC/gTOC)	干酪根类型	T_{max} /℃	R^o /%	厚度 /m
墨西哥湾深水	牛津阶	2 ~ 3		450 ~ 550	Ⅱ		成熟-高成熟	50
墨西哥湾沿岸	牛津阶，斯马科夫组	0.04 ~ 1.74			Ⅱ			

续表

盆地	层位	TOC /%	S2 /(mg/g)	HI (mgHC/gTOC)	干酪根类型	T_{max} /℃	R^o /%	厚度 /m
坦皮科-米桑特拉	牛津阶	0.5～5 (平均1.7)	2～19 (平均8)	500～650	Ⅰ、Ⅱ			
维拉克鲁斯								
苏瑞斯特盆地	牛津阶	0.4～5			Ⅰ、Ⅱ		0.6～1.3	30

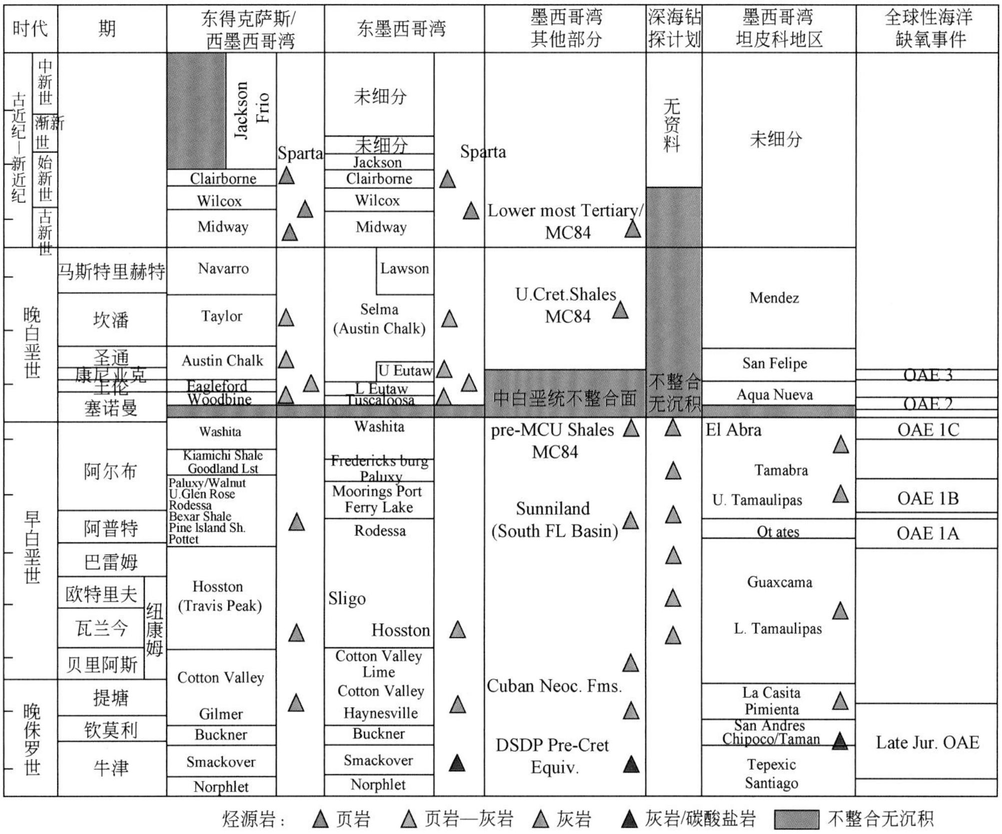

图7.13　环墨西哥湾烃源岩分布图（据 Cole et al., 2001）

表7.4　墨西哥湾上侏罗统提塘阶烃源岩特征

盆地	层位	TOC /%	S2 /(mg/g)	HI (mgHC/gTOC)	干酪根类型	T_{max} /℃	R^o /%	厚度 /m
墨西哥湾深水	提塘阶	5		550～700	Ⅱ		成熟-高成熟	
墨西哥湾沿岸	棉谷群	5			Ⅱ		成熟	
坦皮科-米桑特拉	皮米恩塔组	0.5～16 (平均3)	2～85 (平均14)	500～800	Ⅰ、Ⅱ	430	0.6～2	
维拉克鲁斯	皮西勒拉组	2	5	200～500	Ⅱ	>455	成熟	10～100
苏瑞斯特盆地	提塘阶	0.5～5	16～36	500～650	Ⅱ	415	0.6～1.3	35～310

表 7.5　墨西哥湾下白垩统烃源岩特征

盆地	层位	TOC /%	S2 /(mg/g)	HI (mgHC/gTOC)	干酪根类型	T_{max} /℃	R^o /%	厚度 /m
墨西哥湾深水	纽康姆阶	5		550~700	Ⅱ			
墨西哥湾沿岸								
坦皮科-米桑特拉	下白垩统	0.5~5 (平均 1.7)	2~19 (平均 8)	500~650	Ⅰ、Ⅱ			
维拉克鲁斯	奥利萨巴组	1.4~1.7	7.5~10.3	511~531	Ⅱ	426~470		

表 7.6　墨西哥湾上白垩统烃源岩特征

盆地	层位	TOC /%	S2 /(mg/g)	HI (mgHC/gTOC)	干酪根类型	T_{max} /℃	R^o /%	厚度 /m
墨西哥湾深水	土伦阶	2~3		350~450	Ⅱ			50
墨西哥湾沿岸	鹰滩组	2.5~10			Ⅰ、Ⅱ		成熟	
坦皮科-米桑特拉	上白垩统	0.5~5 (平均 1.7)	2~19 (平均 8)	500~650	Ⅰ、Ⅱ			
维拉克鲁斯	马特绕塔组	2	5	>500	Ⅱ			50~80

表 7.7　墨西哥湾古近系—新近系烃源岩特征

盆地	层位	TOC /%	S2 /(mg/g)	HI (mgHC/gTOC)	干酪根类型	T_{max} /℃	R^o /%	厚度 /m
墨西哥湾深水								
墨西哥湾沿岸	威尔科克斯群	0.52~4.6 (平均 1.62)			Ⅱ-Ⅲ			
	斯帕尔塔组	平均 2.7			Ⅱ		成熟	
	杰克逊群	平均 1.5			Ⅰ、Ⅱ		成熟-高成熟	
坦皮科-米桑特拉	古近系—新近系	0.5~5 (平均 1.7)	2~19 (平均 8)	500~650	Ⅰ、Ⅱ			
维拉克鲁斯	奥尔科内斯组	>1	2.7~3.7	340~380	Ⅱ-Ⅲ		1-2	
	拉哈哈组	0.7~5	1	149.7	Ⅲ			
苏瑞斯特盆地	古近系—新近系	0.51~1.26			Ⅲ		0.5~1.3	

二、储层特征

1. 碳酸盐岩储层以白垩系为主，储集体成因类型单一，物性变化较大

环墨西哥湾碳酸盐岩主要发育于中生代，以白垩系为主，且分布广泛，在各个盆地都

有发育；侏罗系和古近系—新近系也发育少量碳酸盐岩储层，但分布局限。侏罗系碳酸盐岩储层主要分布在苏瑞斯特盆地和坦皮科-米桑特拉盆地，而古近系—新近系碳酸盐岩储层则主要分布于苏瑞斯特盆地。

目前发现的碳酸盐岩油气藏大多位于南墨西哥湾地区，这与当时构造、沉积环境的演化密切相关。一般说来，上侏罗统海相沉积为沉积于各种陆架、缓坡和盆地环境中的钙质页岩，夹薄层深灰色-黑色灰岩、泥质灰岩和深灰色页岩。这种沉积背景一直持续到早白垩世，直到白垩纪中期，图斯潘和尤卡坦台地上碳酸盐建造开始发育。虽然这种沉积背景有利于优质烃源岩的发育并一直持续到白垩纪晚期，但这一时期更重要的是发育重要的储层。南墨西哥湾主要的储层为发育于各种台地边缘、缓坡和盆地相的白垩系碳酸盐岩。由于尤卡坦台地的稳定性，大部分时间里，该地区一直为台地边缘和斜坡沉积环境，非常有利于碳酸盐岩的发育。

南墨西哥湾各盆地下白垩统碳酸盐岩储层的发育具有诸多的相似性，在沉积物岩性、储层相、沉积模式及准同生改造作用等方面基本相同。在台地内部，发育球粒、生物碎屑灰岩相；在台地边缘发育生物碎屑、鲕粒灰岩相［埃尔阿夫拉（El Abra）灰岩］；而在斜坡和斜坡脚处，则以发育碳酸盐岩碎屑流角砾岩和浊流相［塔巴布拉组（Tamabra）灰岩］为主；在盆地处，主要沉积远洋灰岩相［塔毛利帕斯组（Tamaulipas）灰岩］。主要的储层相为碎屑流角砾岩和浊流相，即塔马布拉组灰岩及类似碳酸盐岩储层（图7.14）。

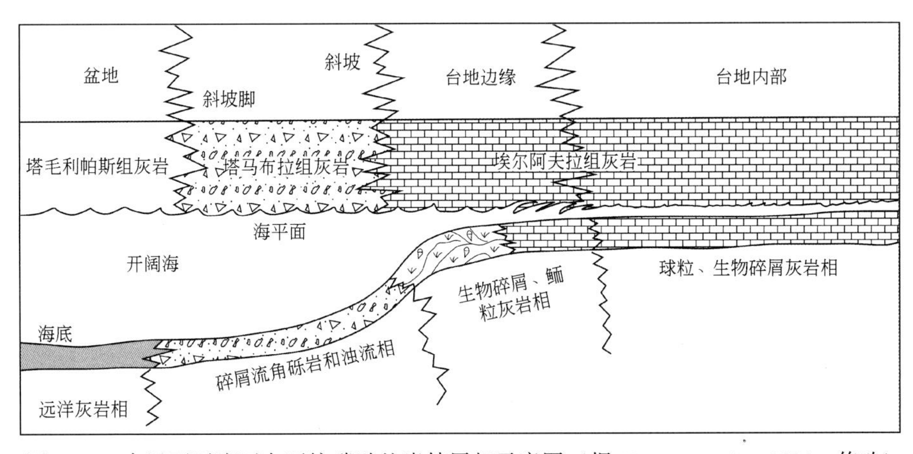

图7.14　南墨西哥湾下白垩统碳酸盐岩储层相示意图（据 Magoon et al.，2001，修改）

坦皮科-米桑特拉盆地下白垩统碳酸盐岩储层沉积环境多为浅海的封闭大陆架、碳酸盐台地和潟湖环境。白垩系储层可分为埃尔阿夫拉组、塔马布拉组和塔毛利帕斯组三个组（图7.15）。埃尔阿夫拉组出露在埃尔阿夫拉背斜轴部，背斜东翼由厚壳蛤和礁岩隆组成，西翼为礁后潟湖环境。塔马布拉组分布于黄金巷西部的波萨里卡油田，为一套生物碎屑灰岩和灰岩角砾层，厚约200m，生物碎屑大部分为厚壳蛤碎片，灰岩角砾则为盆内成因的纹层状深海粒屑与泥灰岩，白云岩化普遍。一般认为塔马布拉组是礁前堆积物，属于短时间内形成的块体流沉积物。塔毛利帕斯组为一套暗灰色砂屑灰岩夹黑色页岩与粉砂岩，厚约93m。

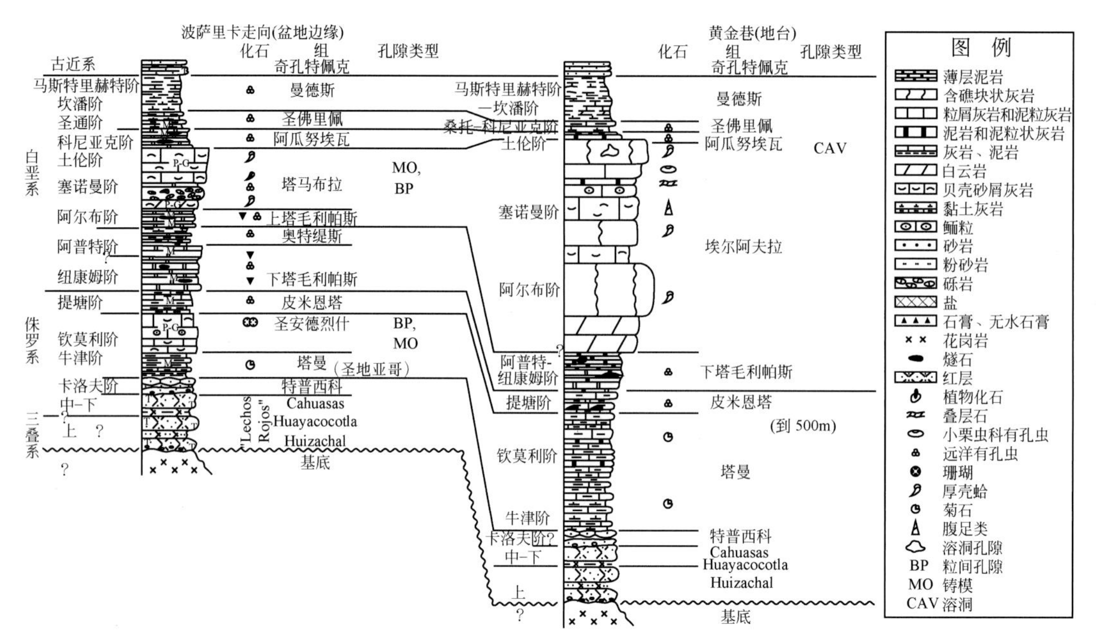

图 7.15　黄金巷油田东西走向岩性（据 IHS，2018）

维拉克鲁斯盆地白垩系碳酸盐岩储层主要为下白垩统奥里萨巴组白云岩、上白垩统古札马特拉组、门德斯组和圣菲利普组灰岩，主要分布于盆地的西部和西北部的科多巴台地上。

苏瑞斯特盆地已发现石油储量有近一半来自中生界碳酸盐岩储集层，特别是浅海台地两翼的泥石流相（塔马布拉灰岩相）。按重要程度依次递减的顺序分别为上白垩统坎潘阶—马斯特里赫特阶角砾灰岩、下白垩统灰岩、白云岩和上侏罗统钦莫利阶白云岩。

墨西哥湾南部的碳酸盐岩储层变化快、白云化作用强且断层发育。一般以溶孔洞和晶间孔为主，缝洞型孔隙是也较为常见，平均孔隙度低，只有 3% ~10%，但渗透性变化很大。

苏瑞斯特盆地坎潘阶—马斯特里赫特阶白云岩化的球粒状碳酸盐角砾岩储层是坎佩切地区阿布卡屯油田的主要储集层，由碳酸盐台地边缘的碎屑流沉积形成。储集层中流体的流动主要受断层控制，层厚 50 ~150m，孔隙主要为白云岩晶间孔隙，也有少量的缝洞型和裂缝性次生孔隙，孔隙度 6% ~14%，平均 9%，渗透率 800 ~3000mD。

上侏罗统—下白垩统白云岩储集层是坎佩切盆地中康塔雷尔油田的重要储集层，上侏罗统层厚 200m，白垩系厚 825m。主要孔隙为溶蚀孔洞，以及一些微裂缝和晶间孔等次生孔隙，孔隙度 4% ~8%，渗透率的变化很大，上侏罗统碳酸盐岩为 800mD，而下白垩统为 2000mD。属礁前斜坡环境沉积（表 7.8）。

表 7.8　墨西哥湾白垩系碳酸盐岩储层物性统计（据 IHS，2018）

盆地	层段	时代	岩性	孔隙度/%	渗透率/mD	代表油田
墨西哥湾沿岸盆地（里奥格兰德海湾次盆）	奥斯汀组	康尼亚克—圣通期	石灰岩	10 ~ 30	0.5 ~ 5.0	
	阿纳康科和戴尔组	圣通—坎潘期	石灰岩			
	阿纳康科组	圣通—坎潘期	石灰岩	15 ~ 43		
	麦克敦组与戴尔组	圣通—坎潘期	石灰岩	13	0.22	
	泰勒和纳瓦罗组	坎潘—马斯特里赫特期	石灰岩			
坦皮科-米桑特拉盆地	埃尔阿夫拉组	阿尔布—塞诺曼期	灰岩	18		黄金巷
	塔马布拉组	阿尔布—塞诺曼期	灰岩	11	6.5	波扎里卡
	塔毛利帕斯组	贝里阿斯—欧特里夫期	粒泥状灰岩，泥灰岩	11	8 ~ 10	Ebano-Panuco
	圣安德烈什组	钦莫利期	鲕粒生物碎屑灰岩，泥灰岩	11	8 ~ 10	阿伦克
维拉克鲁斯盆地	门德斯组，阿托亚克组	晚白垩世	灰岩			
	古札马特拉组	土伦—坎潘期	灰岩			
	奥里萨巴组	早白垩世	白云岩			
苏瑞斯特盆地		坎潘—马斯特里赫特期	角砾岩	6 ~ 14	800 ~ 3000	阿布卡屯
		晚侏罗—早白垩世	白云岩	4 ~ 8	800 ~ 2000	康塔雷尔

侏罗系碳酸盐岩储层仅在坦皮科—米桑特拉盆地和苏瑞斯特盆地局部地区有分布，坦皮科—米桑特拉盆地和苏瑞斯特盆地上侏罗统钦莫利阶碳酸盐岩储层和下白垩统碳酸盐岩储层为连续沉积，具有相似的岩性和物性，如苏瑞斯特盆地，钦莫利阶白云岩储集层是坎佩切地区康塔雷尔油田的重要储集层，上侏罗统厚 200m，主要孔隙为溶蚀孔洞，以及一些微裂缝和晶间孔等次生孔隙，孔隙度 4% ~8%，上侏罗统碳酸盐岩为 800mD，属礁前斜坡环境沉积。

古近系—新近系碳酸盐岩储层仅在苏瑞斯特盆地局部地区分布，为上新统—中新统浅海台地相碳酸盐岩储层，储集性能较好，主要为一些次生孔隙，有溶蚀的孔洞和裂缝，渗透率较大，为渐新统—更新统成藏组合的主要储集层。

2. 碎屑岩储层以古近系—新近系为主，储集体成因类型多样，物性普遍较好

环墨西哥湾碎屑岩储层主要发育于古近纪—新近纪，侏罗系和白垩系也有少量碎屑岩储层发育。随着拉腊米运动的发生，中美及北美南部山脉隆升，形成褶皱冲断带及前渊，巨大的古河流将大量碎屑物质带入墨西哥湾形成巨厚的古近系—新近系碎屑岩沉积物。北墨西哥湾古近系—新近系碎屑岩储层尤为发育，如墨西哥湾深水盆地，已发现储量几乎全部来自于古近系—新近系碎屑岩储层。环墨西哥湾古近系—新近系碎屑岩储层的发育主要受沉积物供给和全球海平面变化的控制。

1）沉积物供给

受构造运动和沉积物供给方向的影响，新生代碎屑岩沉积物沉积中心迁移频繁。古新世—中始新世，落基山拉腊米造山运动使沉积供给集中在 Carrizo axis（CZ）、Houston axis（HN）、Mississippi axis（MS）。晚始新世到早渐新世，壳幔热流和火山活动以及中墨西哥和美国西南抬升侵蚀，供给集中在 Rio Grande axis（RG）、Houston axis（HN）、Mississippi axis（MS）。早中新世受气候影响，坎伯兰平原和阿巴拉契亚开始遭受侵蚀，供给集中在 Corsair axis（Cr）、Mississippi axis（MS）、Tennessee axis（TN）（图 7.16）。

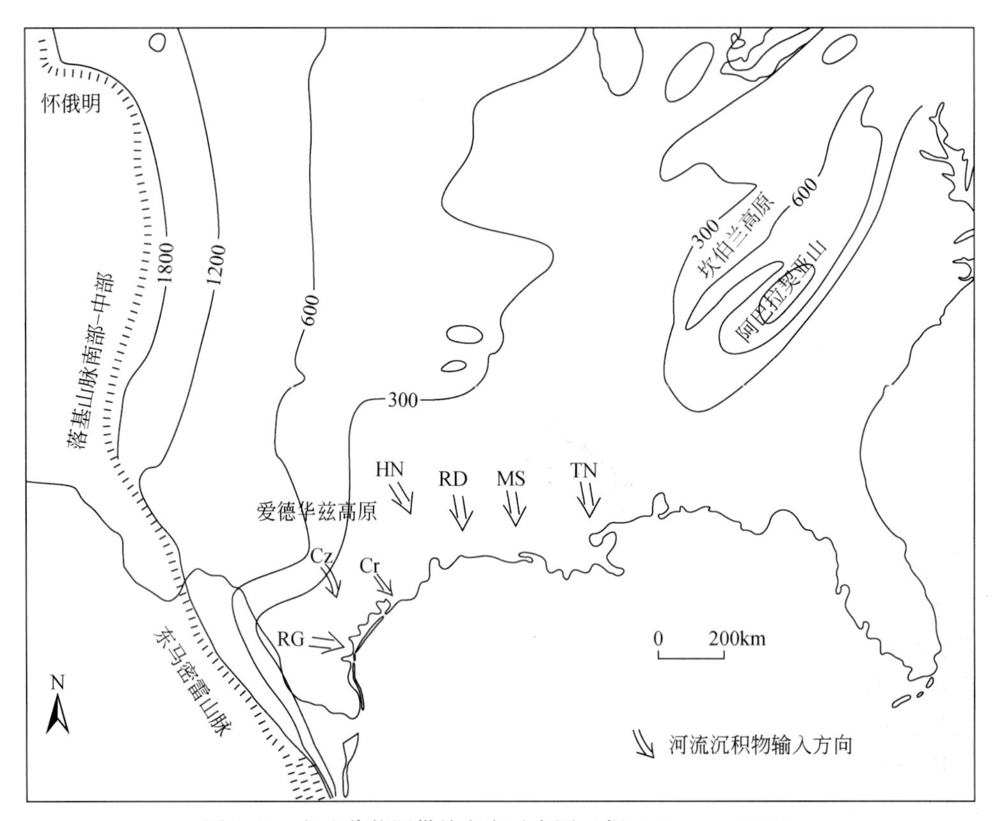

图 7.16　新生代物源供给方向示意图（据 Galloway，2008）

2）全球海平面变化

环墨西哥湾碎屑岩储层成因类型多样，且物性较好。有风成成因砂岩，如苏瑞斯特盆地牛津阶依克组—巴拉姆组石英砂岩；也有河流、三角洲、冲积扇、海底扇等成因的砂体（图 7.17）。但以海底扇和三角洲砂体为主，尤其以北墨西哥湾古近纪—新近纪最为发育。

环墨西哥湾古近系—新近系砂体主要包括近岸三角洲砂体和远岸海底扇，它们纵向和横向展布受全球海平面变化控制，运用层序地层学理论可以得到很好的解释，海进和高水位期主要发育三角洲沉积体系，而低水位期则发育海底扇。

新生代碎屑岩沉积发育河控三角洲，陆棚外缘由缓坡发展成现今的斜坡，沿斜坡发生重力滑塌作用，发育众多水下扇体，形成多期三角洲前缘席状砂和多个水下扇体。墨西哥湾古近纪—新近纪总体上处于海退期，沉积体系总体为海退—浪控三角洲—河控三角洲的

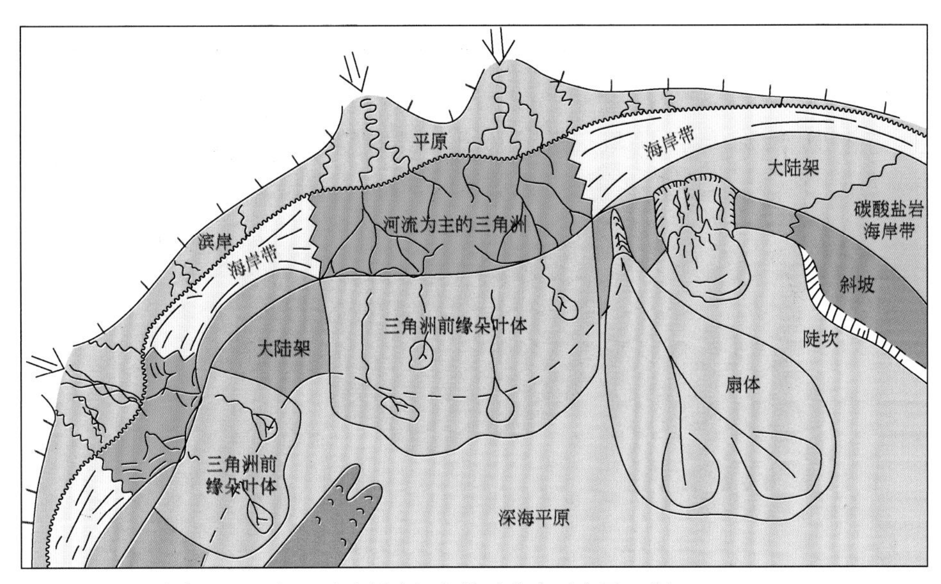

图 7.17　墨西哥湾古近系—新近系碎屑岩沉积体系分布示意图（据 Klitgord and Schouten，1986）

一个演化过程。古新世—中始新世发育海退沉积体系，拉腊米造山运动形成萨宾和门罗隆起，西部发育第一个浊积扇体——约克姆扇。渐新世则以三角洲沉积物主，发育浪控三角洲（Norias）、陆棚抬升有关三角洲（Norma）。深水盆地下切作用三角洲（Houston）和沿泥质槽沉积三角洲。中新世，陆棚边缘发育进积层序为主，东墨西哥湾形成第二个水下扇（Mcavlu），点状物源供给，前端深水斜坡区挤压形成密西西比初级扇体。上新世—第四纪，冰川活动导致高频率和大幅度海平面变化，更新统河控三角洲和斜坡沉积发育，形成第三个浊积扇体密西西比扇，中部形成小规模的布莱恩特扇（图 7.18）。

墨西哥湾深水盆地最重要的产层为新近系海底扇及浊积砂岩，物性最好的储层为席状砂或由席状砂叠合而成的砂体。中新统储层孔隙度一般为 22% ~37%，渗透率为 150 ~600mD，上新统储层孔隙度一般为 27% ~36%，渗透率为 70 ~3200mD，更新统储层孔隙度一般为 25% ~36%，渗透率为 70 ~100mD（表 7.9）；古近系发现的砂岩储层目前仅处于评价阶段。由于相对快速的堆积和较短的埋藏时间，深水沉积砂岩的压实和成岩作用比较弱。

坦皮科-米桑特拉盆地新生代碎屑沉积发育了一些重要砂岩储层。上古新统和始新统奇孔特佩克组的浊流沉积是奇孔特佩克油田的主要储层，储层物性较差，孔隙度仅为 8%，渗透率为 1mD（表 7.9）。另一个重要的古近系—新近系砂岩储集层为萨利纳地区的中新统恩坎图组，受海底地形与侏罗系盐的影响，储集厚度差别很大。

维拉克鲁斯盆地中中新统恩坎图组、德波西组，下中新统拉拉哈组，主要由冲积扇成因的砂岩和砾岩组成，储集物性较好（表 7.9）。由盆地斜坡与基底的地层变化可识别地层序列的两个边界。包括下中新统、中中新统和上中新统的上段，在盆地西部边缘显示了单一的超覆。沉积环境图显示了共同的储集相带分布特点，主要为河流相沉积，其次为盆地基底之上的冲积扇，沉积相带向陆迁移，下中新统盆地基底冲积扇沉积物很厚，中-上中新统砾岩相范围减小。

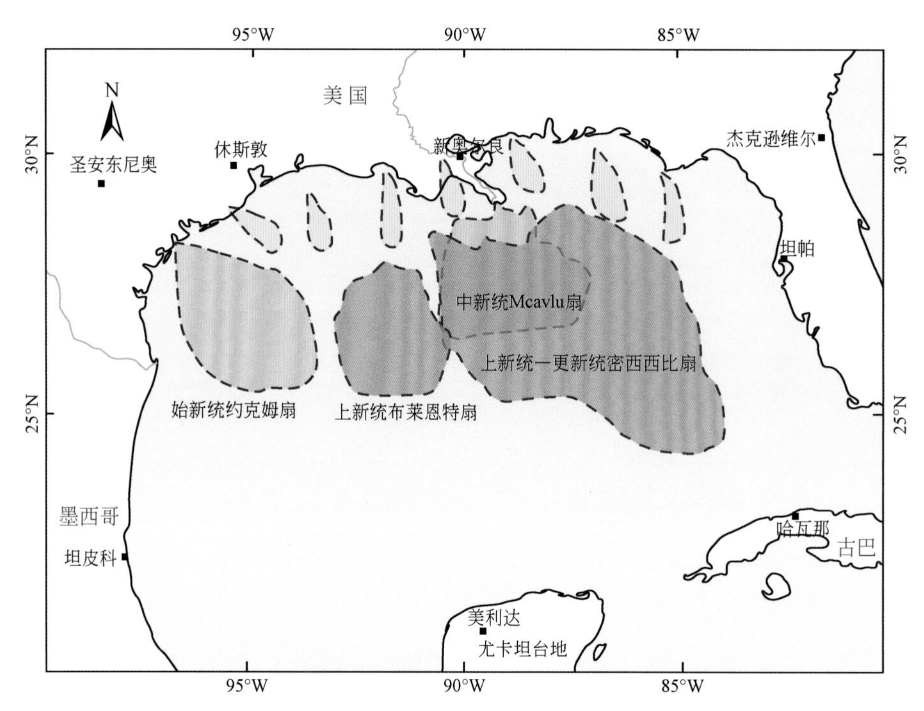

图 7.18　北墨西哥湾新生代三角洲及海底扇分布示意图

苏瑞斯特盆地始新统砂岩主要为三角洲和海相的细-粉砂岩，储集能力一般，孔隙度和渗透率都比较差，孔隙类型主要为晶间孔（表 7.9）。

表 7.9　墨西哥湾碎屑岩储层统计

盆地	层段	时代	岩性	厚度/m	孔隙度/%	渗透率/mD
墨西哥湾深水盆地	上	更新世	砂岩		29 ~ 33	70 ~ 80
	中		砂岩		25 ~ 33	80 ~ 100
	下		砂岩		28 ~ 36	
	上	上新世	砂岩		28 ~ 36	70 ~ 3200
	下		砂岩		27.33	
	上	中新世	砂岩		22 ~ 37	150 ~ 600
	中		砂岩		24 ~ 30	170 ~ 500
墨西哥湾沿岸盆地（里奥格兰德海湾次盆）	奥尔莫斯组	马斯特里赫特阶	砂岩		9 ~ 28	0.01 ~ 422
	埃斯孔迪多组	马斯特里赫特阶	砂岩		19.2 ~ 22.9	9.6 ~ 143
坦皮科-米桑特拉盆地	奇孔特佩克组	晚古新世—早始新世	薄层状砂		8	1
维拉克鲁斯盆地	恩坎图组、德波西组	早上新世—中中新世	砂岩		20 ~ 35	100 ~ 3000
	拉拉哈组	早中新世—晚渐新世	砂岩		20 ~ 35	100 ~ 3000

续表

盆地	层段	时代	岩性	厚度/m	孔隙度/%	渗透率/mD
苏瑞斯特盆地		始新统	砂岩		较低	较低
		牛津阶	石英砂岩	230	15～25	400

三、盖层特征

墨西哥湾油气区普遍发育的盖层为古近系—新近系层间海相泥岩和页岩，其次为白垩系致密碳酸盐岩，侏罗系盐岩由于后期流动形成盐构造，甚至被挤压至新近系，与母盐分离形成外来盐体，在墨西哥湾广大盐岩分布区，如墨西哥湾深水盆地、苏瑞斯特盆地，可形成局部盖层。

综合分析表明，墨西哥湾油气区古近系—新近系泥页岩盖层和侏罗系盐岩盖层主要分布于墨西哥湾的深水陆架、陆坡、陆隆及盐构造发育的区域，白垩系致密碳酸盐岩则构成了墨西哥湾周缘浅水陆棚及沿岸平原地区油田的主要盖层。

在墨西哥湾深水盆地，厚度极大的古近系—新近系泥页岩分布较广，是良好的封盖层，地层剖面图显示盖层与储集层互层。压汞分析、电镜扫描及X射线分析表明，页岩可分为10个不同的微相。海进体系域中粉砂含量少的页岩具有较好的封盖性，而粉砂含量多的部位和低位体系域页岩的封闭能力相对较弱。

洛夫卢安盐是墨西哥湾深水盆地另一种常见的盖层，其盐构造形式包括盐丘、盐壁、盐帽等。另外，在储层的顶部盐构造运动也可能导致页岩的密封性受到影响，特别是在一些小型的盆地中可能导致油气散失。

在南墨西哥湾地区，页岩和远洋灰岩是最重要的盖层，其次为蒸发岩。由于相变而形成的侧向封盖是白垩系碳酸盐岩地层中的重要封盖方式，而该地区构造圈闭的主要封盖层为古近系—新近系页岩。盆地相远洋泥粒砂岩和其他细粒远洋灰岩是白垩系重要的侧向和垂向封盖层。如坦皮科-米桑特拉盆地的Poza Rica油田，侧向上台地边缘和台地斜坡相（塔马巴拉组灰岩相）向盆地相远洋灰岩的相变是油气得以封盖并保存的重要因素，同时也说明在台地斜坡相和各种上倾台地相之间也可以发育盖层。这些碳酸盐岩的侧向相变是该地区地层圈闭形成的主要机理。在晚白垩世，南墨西哥湾各种细粒远洋灰岩、钙质页岩的泥岩广泛发育，如Agua Nueva组、San Felipe组和Mendez组，均可形成良好的盖层。同时，奇求鲁布陨石撞击事件，也在当地形成了一套重要的膨润土盖层。

在坦皮科-米桑特拉盆地图斯潘地区，晚古新世和始新世浊积砂体储层的油气受到侧向封盖而得以保存，也是由于奇孔特佩克组浊积砂体侧向相变为泥质岩。其他年轻的古近系—新近系浊积砂体也具有相似的封盖机制。但是萨莱纳地区中新统砂岩储层的盖层则主要为上覆新近系厚层页岩。图斯潘台地西北部，渐新统的海相页岩为部分黄金巷油田提供了垂向盖层。

总之，相变为中白垩统碳酸盐岩和一些古近系—新近系碎屑岩储层提供了良好的侧向封堵条件，而最重要的垂向盖层则是广泛分布的远洋灰岩和上白垩统相关岩石以及古近系—新近系厚层页岩。

四、圈闭特征

1. 圈闭类型

环墨西哥湾地区各盆地圈闭类型多样，其中以构造、地层-构造复合圈闭为主，这两种圈闭中所赋存的油气可采储量占已发现油气储量的96%，其次为地层圈闭（图7.19）。

构造圈闭主要包括与盐运动相关的穹窿背斜、倾斜断块、断鼻、褶皱、盐帽及盐丘遮挡；与早期裂谷作用相关的断块、滚动背斜；与后期挤压作用相关的逆冲推覆背斜、断背斜、反转构造等。

地层圈闭主要包括沉积相变、砂岩尖灭、生物礁、岩性圈闭等。

地层-构造复合圈闭主要包括上述构造与地层复合而形成的圈闭，多为地层圈闭被断层复杂化或受盐运动影响而形成。

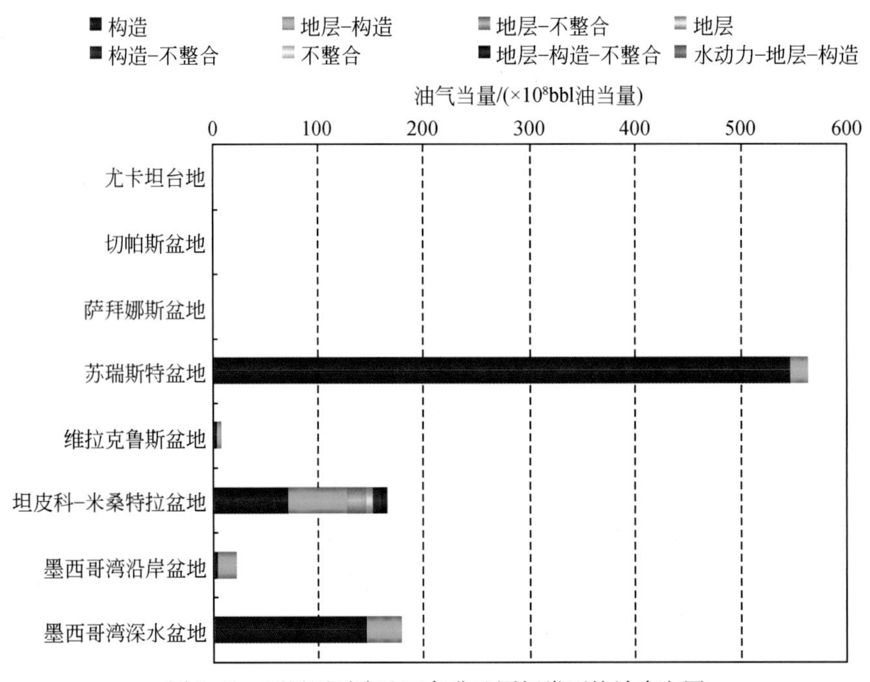

图7.19　环墨西哥湾地区各盆地圈闭类型统计直方图

2. 圈闭的成因机制

盐构造相关圈闭主要受侏罗系盐运动的影响，形成一系列与盐运动相关的圈闭，多为构造圈闭（图7.20）。

基底隆升或古隆起形成的圈闭：萨宾隆起、图斯潘台地等。

挤压作用形成的圈闭：墨西哥湾中部褶皱带，反转构造。

受沉积作用控制形成的圈闭，如生物礁、沉积相变、上倾尖灭、充填削截等。

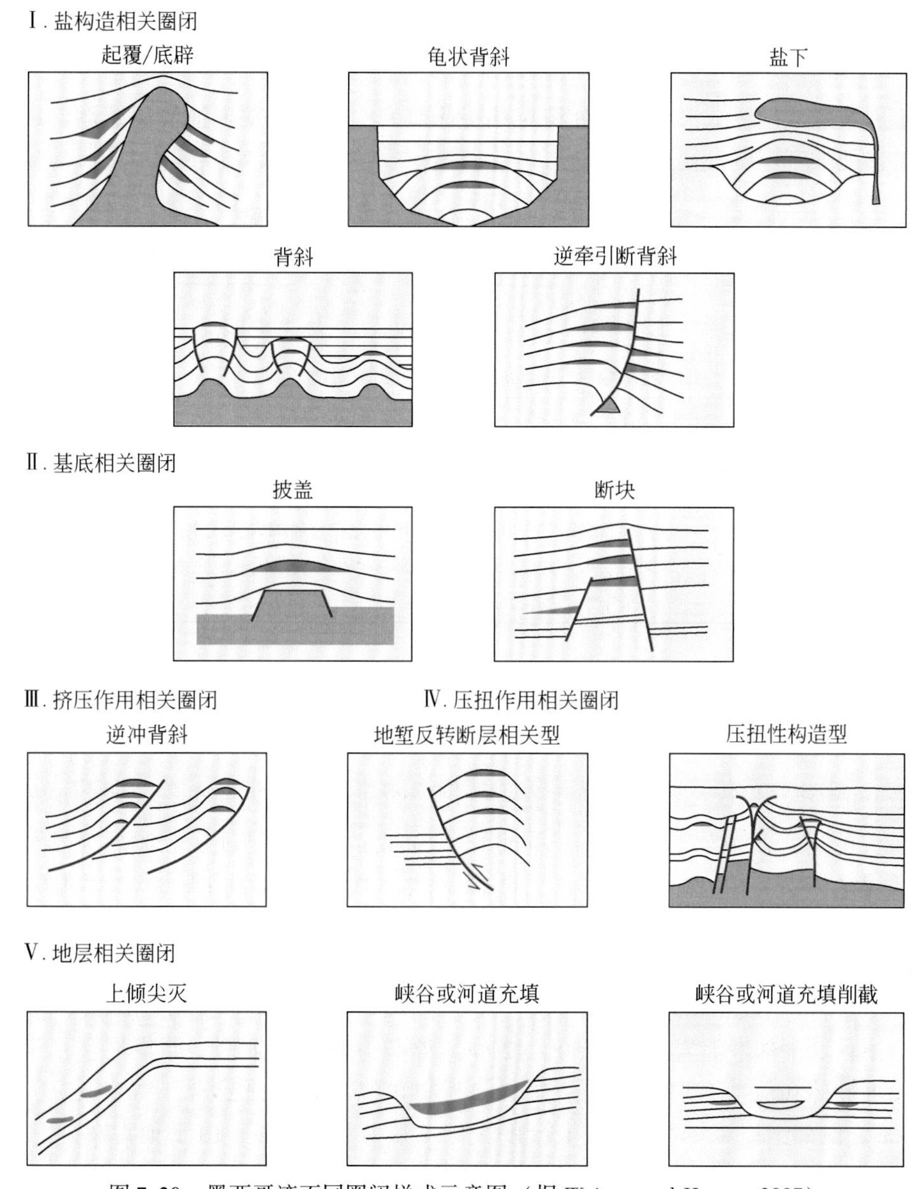

图 7.20　墨西哥湾不同圈闭样式示意图（据 Weimer and Henry，2007）

五、运移通道

研究区广泛发育大型生长正断层、反向断层和逆冲断层，它们控制了主要构造（带）的形成发育，多数具有长期活动的特征，这些深大断裂是墨西哥湾各盆地油气运移的主要通道。

除此之外，盐底辟构造作用在墨西哥湾油气藏形成过程中，特别是在大油气田形成过程中起到了重要作用。

墨西哥湾盐构造作用广泛发育，它对该区的油气运移聚集和油气藏的形成具有非常重要的意义。首先，盐岩层相对其上覆碎屑岩地层而言，密度低，在大陆斜坡重力和密度反转引起的浮力作用下，盐岩及其上覆地层一方面以盐岩为拆离层向洋一侧运动，在靠陆一侧发生伸展形成大量铲式正断层和盐流出相关构造，向洋一侧发生挤压收缩而形成逆冲断层，另一方面一定厚度低密度软弱盐层向上覆地层发生流动形成盐底辟构造，盐构造顶部的断裂剖面样式呈“地堑式”，平面样式呈环绕盐体的辐射状。盐体围岩接触断裂既是盐体边缘溶解的地区，又是盐构造中、下部流体流动的最活跃通道。成熟的盐底辟周围地层中常发育一些正断层，规模较大的断层切割较深，它可促使流体向盐构造流动、汇聚。盐丘地堑式断裂构造样式中，流体常沿着盐体围岩接触断裂通道向上运移至地堑式断裂通道，再沿其向上运移到上覆地层之中（金文正等，2005）。

六、油气成藏

墨西哥湾油气的生成、运移和聚集取决于上覆岩层的沉积。埋藏史图表明，上侏罗统烃源岩当埋藏深度达到5km时即开始生油。油气运移最早发生于始新世，但大部分的油气成藏于中新世。现今，大部分上侏罗统烃源岩的生烃潜力已经耗尽，仅有很小一部分烃源岩现今还在排烃。

以下3个埋藏史图代表了3个不同构造位置的埋藏历史（图7.21）：①邻近古近纪—新近纪褶皱逆冲带（维拉克鲁斯地区）；②陆架（坎佩切湾地区）；③深海盆地区（图斯潘海上区）。由于构造位置的不同以及新生代碎屑物质沉积速率及厚度的不同，各地区上侏罗统烃源岩的成熟时间的范围也不尽相同。深海盆地区上侏罗统烃源岩早始新世就开始

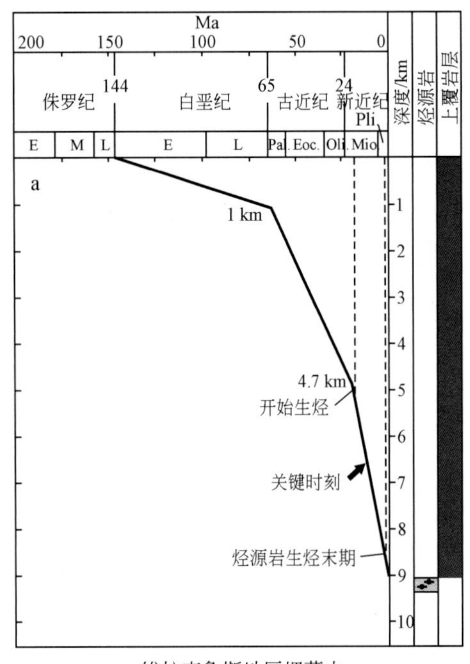

a.维拉克鲁斯地区埋藏史

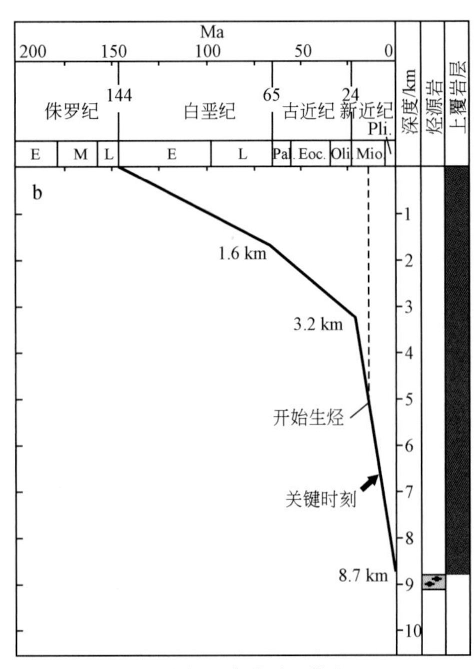

b.坎佩切湾地区埋藏史

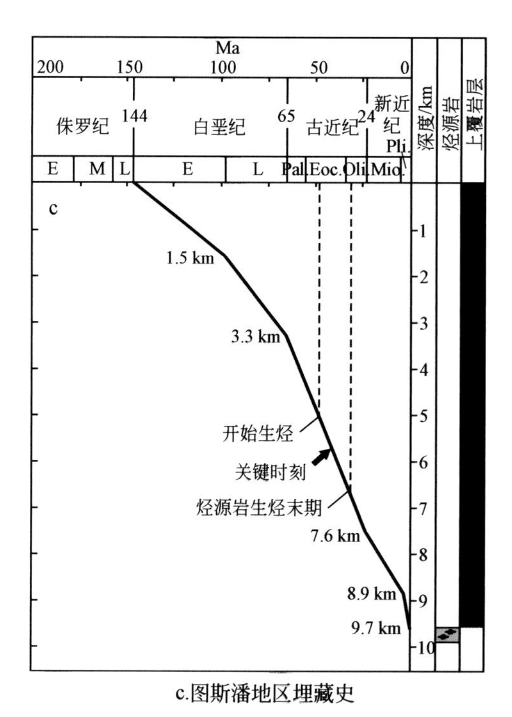

c.图斯潘地区埋藏史

图 7.21　南墨西哥湾埋藏史（据 Magoon et al.，2001）

生烃，大量生烃时间（关键时刻）为晚始新世，到渐新世时烃源岩达到生烃末期；而邻近褶皱冲断带地区，烃源岩开始生烃时间较前者稍晚，为早中新世，大量生烃时间为中中新世—早上新世，至晚中新世时，烃源岩达到生烃末期；陆架区烃源岩开始生烃的时间最晚，为中中新世，大量生烃时间为晚中新世—上新世，至今烃源岩仍未达到末期，仍具有生烃潜力。

总之，新生代碎屑沉积物厚度足以使上侏罗统烃源岩深埋并达到热成熟。这些沉积物均来源于南墨西哥湾西部和西南部的褶皱冲断带和区域性隆起区。认为当上覆岩层达到5km 时即开始生油，那么，油气的生成、运移和聚集将开始于始新世，并最先发生在前渊及深海盆地环境。但南墨西哥湾大部分地区到新近纪上覆岩层厚度才达到 5km，因此油气的生成和排烃至今仍在进行。

油气的生成、运移和聚集与圈闭的发育匹配良好。如在南墨西哥湾，主要发育地层圈闭和构造圈闭两种圈闭类型。其中，地层圈闭主要形成于白垩纪碳酸盐岩沉积时期，如坦皮科和图斯潘地区。构造圈闭主要形成于早期沉积储层和盖层的褶皱期。圈闭形成主要有以下 3 种方式：①构造变形，如维拉克鲁斯盆地；②晚白垩世—古近纪陨石撞击影响，如坎佩切湾和维拉赫莫萨地区；③新近纪东部地区的盐运动。圈闭的形成早于或与油气充注同期。如皮米恩塔-塔马布拉含油气系统周缘的白垩纪台地边缘地层圈闭在油气充注时就早已存在；古近纪—新近纪碎屑岩沉积，不仅控制了上侏罗统烃源岩的成熟，而且引起侏罗系盐岩的运动，一方面形成了区内重要的古近系—新近系构造圈闭，另一方面形成了大量与盐运动相关的断裂，为油气从侏罗系向古近系—新近系储层运移提供了良好的通道。

总之，墨西哥湾主力烃源岩成熟并大量生排烃时间较晚，并且与圈闭的发育有良好的匹配关系，具有油气晚期成藏的特点（图 7.22），保存条件良好，这是墨西哥湾油气富集的主要原因之一。

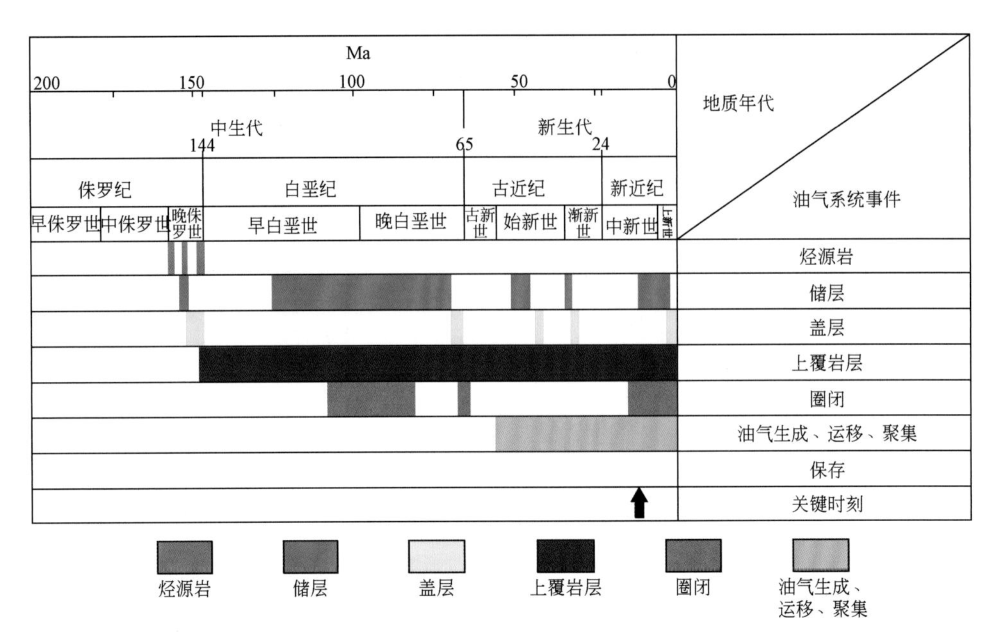

图 7.22　皮米恩塔-塔马布拉含油气系统事件（据 Magoon et al.，2001）

第四节　油气分布规律

一、北部油气藏分布规律

1. 北部油气藏分布特点

对于墨西哥湾北部的墨西哥湾沿岸盆地和墨西哥湾深水盆地，从侏罗系到新近系各层系均有油气藏分布（图 7.23、图 7.24）。两者对比发现侏罗系—白垩系储层岩性既有灰岩也有砂岩，但油气储量占比都非常少。绝大部分油气藏主要分布在新生界，并且基本上都是在砂岩成藏组合内。其中沿岸盆地油气藏主要分布在始新统和渐新统成藏组合中，而深水盆地油气藏储量分布从古近系—中中新统—更新统表现为一个由递增到递减的旋回性特征。这揭示出深水盆地多期次三角洲或扇体优质成藏组合纵向叠置富含油气的特征，但中新统占主体，同时与沿岸盆地一样，平面上从陆地往海域方向，成藏组合体现出变新特征。此外，沿岸次盆主要为天然气藏，石油储量仅占该盆地 2.1%，天然气储量占比 97.9%，而深水次盆则以油藏为主，石油储量占该盆地 74.3%，天然气储量占比 25.7%，平面上呈现明显的“北气南油”的分布特征。

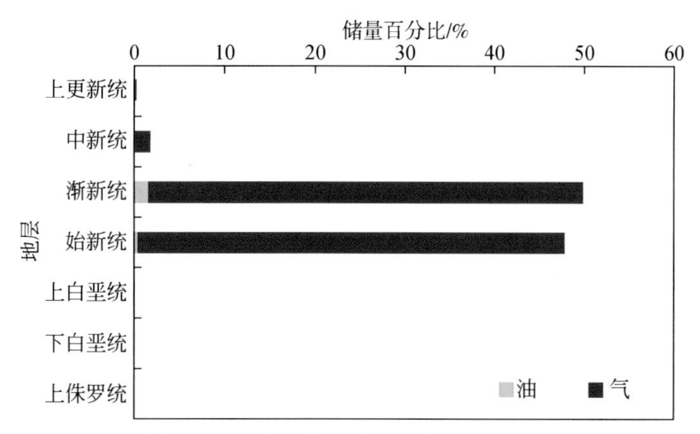

图 7.23　墨西哥湾北部沿岸次盆各成藏组合油气储量按百分比统计（据 IHS，2018）

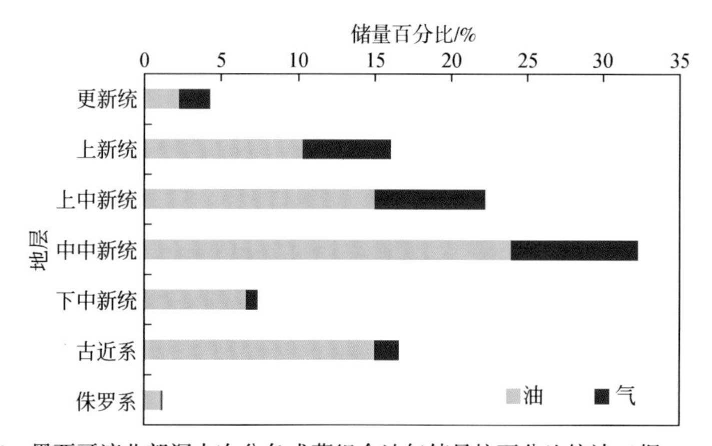

图 7.24　墨西哥湾北部深水次盆各成藏组合油气储量按百分比统计（据 IHS，2018）

2. 北部油气成藏模式

上述北部油气藏的分布特点，总体上反映出在空间上从陆上向海方向，既有以新生界油气藏为主的相同点，也存在明显的迁移变化规律。受新生界巨厚高建设性三角洲和裂谷末期盐岩沉积及相关构造活动差异影响，油气成藏模式从陆上往海域方向表现出“中源新储”型成藏模式向“混源新储”型成藏模式转变的分段特征（图 7.25）。

在靠陆一侧，因为盐岩不发育，盖层主要为中新统—更新统海陆过渡相厚层泥岩、页岩，地层厚度为 2000 ~ 4000m、断层不发育、分布范围广，因而能够成为下伏古近系储层的良好盖层。而中生界侏罗系—白垩系发育优质烃源岩，埋深 8000 ~ 16000m，油气供应以天然气为主。由于侏罗纪裂谷期断裂和古近纪漂移期后的同生断裂上下沟通、连成一体，天然气沿断裂体系垂直运移至古新统—始新统三角洲砂岩体中聚集成藏。在古新统—始新统地层中，三角洲前缘砂体储层物性好，构成陆上天然气藏主要储集体，而上覆中新统、上新统地层储层以三角洲砂岩为主、物性差，储量占比小。受断裂体系切割控制，砂岩成藏以断块、断鼻构造型圈闭占主体，圈闭规模小。在陆上至浅水区构成中生界供源、新生界赋存的成藏模式。

在墨西哥湾深水区，新近纪和第四纪快速堆积的巨厚三角洲砂岩沉积一方面提供了大量优质三角洲—浊积扇储集体，另一方面产生的重力滑移作用使在侏罗纪晚期形成的厚层盐岩产生盐运动，挤入新生界地层中形成巨厚刺穿盐丘。盐运动与巨厚三角洲沉积重力滑移作用的综合影响因素导致盐上、盐下都形成了一系列大型构造、构造-地层圈闭。同时，盐岩在沉积时使下伏地层中的暗色泥岩逐渐与氧隔绝，有效防止早期沉积的藻类有机质被氧化，为优质烃源岩的保存提供了保护条件。而盐运动形成的巨厚盐岩又对盐下侏罗系—古近系地层中的烃源岩具有抑制生烃的作用，使其在盐下圈闭形成后仍处于大量生油阶段，有利于深水盐下油藏的形成。盐上海相沉积地层厚度高达 6000 ~ 10000m，中新统发育的海相烃源岩也主要处于生油窗内，生成的油气沿盐刺穿断裂运移至盐上中新统圈闭中。因此，在深水区盐下、盐上构成中、新生界多源供给，新生界富集的成藏模式。

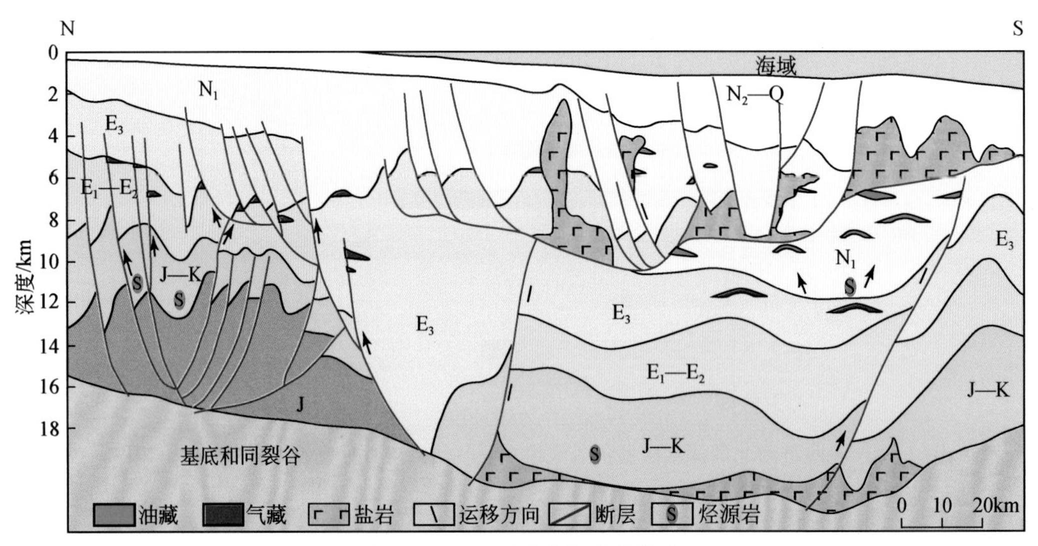

图 7.25 墨西哥湾北部成藏模式

二、南部油气藏分布规律

1. 南部油气藏分布特点

对于墨西哥湾南部而言，油气分布比较集中。油气藏主要分布在西南段的坦皮科-米桑特拉盆地、维拉克鲁斯盆地和苏瑞斯特盆地中，在尤卡坦台地盆地仅发现了极少量的油藏。油气藏主要分布在南部各盆地的侏罗系—白垩系地层中，储层岩性以碳酸盐岩为主，中生界储量占南部总储量 78.4%，且以白垩系为主，其储量分别占中生界和南部储量的 96% 和 75.4%。另外，总体上南部以油藏为主，石油储量占比 80.5%，天然气储量占比 19.5%，天然气藏主要分布在埋深相对较大的海域斜坡和陆上拗陷构造区（图 7.26 ~ 图 7.29）。

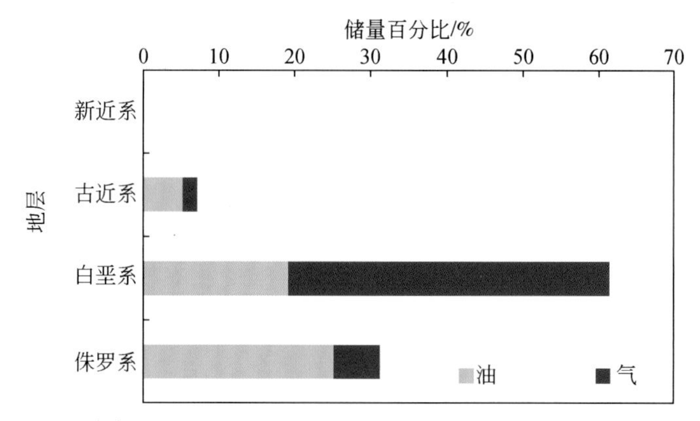

图 7.26　南部坦皮科-米桑特拉盆地各成藏组合油气储量按百分比统计

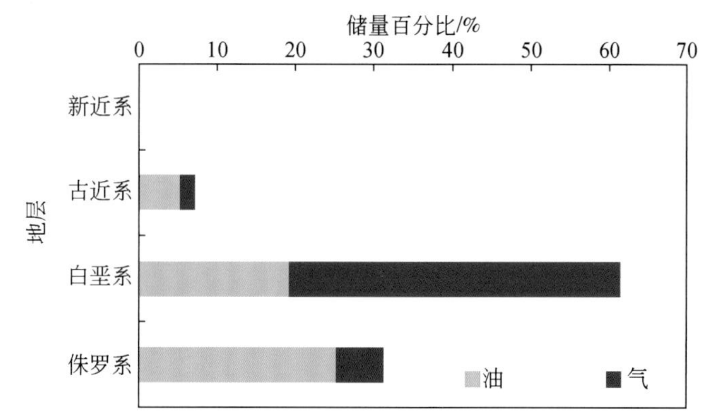

图 7.27　南部维拉克鲁斯盆地各成藏组合油气储量按百分比统计

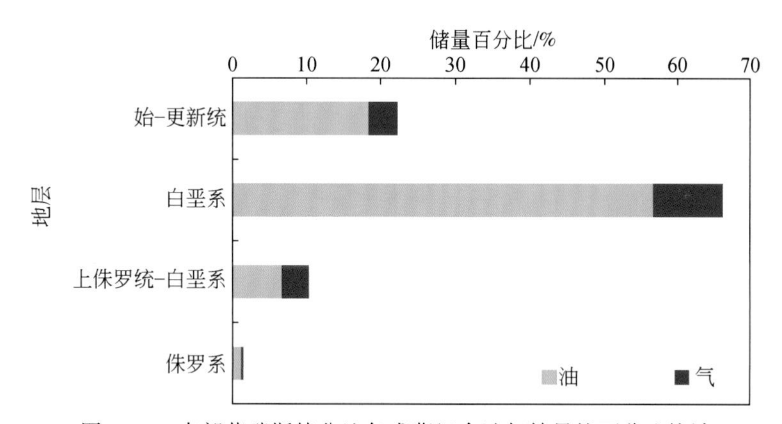

图 7.28　南部苏瑞斯特盆地各成藏组合油气储量按百分比统计

2. 南部油气成藏模式

与北部不同，南部西段因新生代受太平洋板块俯冲北美板块，周缘发生强烈造山作用，引发坦皮科-米桑特拉盆地、维拉克鲁斯盆地及苏瑞斯特盆地靠陆一侧也发生挤压构造反转，

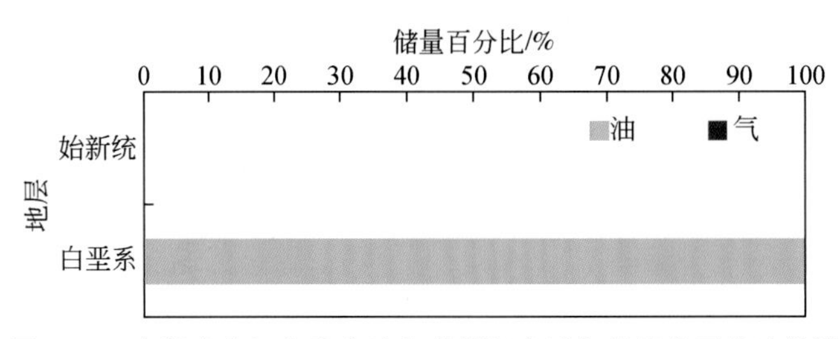

图 7.29　南部尤卡坦台地盆地各成藏组合油气储量按百分比统计

油气成藏具有挤压反转改造型成藏模式特征（图 7.30）。而往南部东段方向延伸，因逐渐转变为伸展构造环境，从而表现为简单的单一碳酸盐台地型成藏模式（图 7.31）。

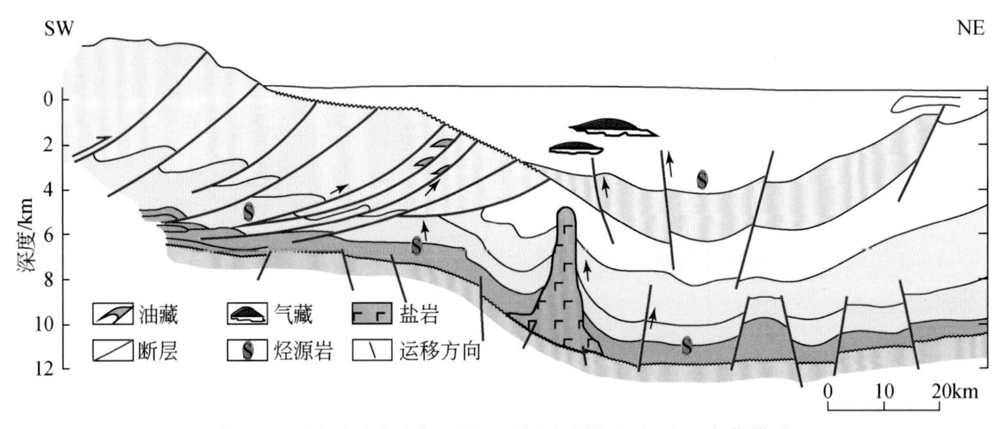

图 7.30　墨西哥湾南部西段“挤压反转改造型”成藏模式

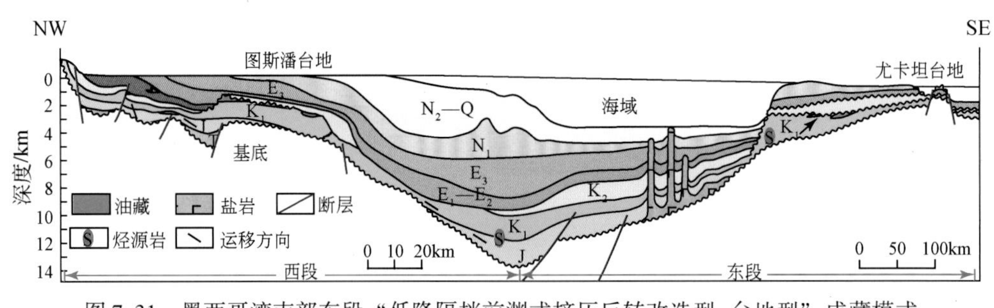

图 7.31　墨西哥湾南部东段“低隆隔挡前渊式挤压反转改造型-台地型”成藏模式

晚三叠世—早侏罗世，南部因北美板块与南美板块分离而形成了呈 NW 向展布的大陆裂谷。中侏罗世—始新世期间，经历早期漂移阶段的伸展构造后，南部盆地处于一个稳定构造沉积环境，与太平洋相连通，阶段性处于封闭的浅海大陆架环境，南部各盆地逐渐发育了一系列碳酸盐台地。其间随着海水逐渐间歇式退出，台地暴露于地表遭受侵蚀，形成了大量的岩溶孔洞和喀斯特地貌，构成优质储层，如埃尔阿夫拉礁碳酸盐岩和塔马布拉组分别为黄金巷油田、波萨里卡油田的主力储集层。晚白垩世，连通太平洋的海道达到最大宽度，沉积了分布广、厚度大的暗色钙质泥岩、泥质灰岩，新生界厚层碎屑岩沉积，形成了必要的盖层，并与晚侏罗世提塘阶海相钙质页岩优质烃源岩，形成该区良好的生储盖组合。该阶段盆地构造呈下断上拗、断裂分隔基底隆起特征，断裂走向呈 NW 向展布。中新世开始，南部西段周缘的造山运动使得各盆地内发生构造反转。在陆上因靠近造山带，挤压作用强烈甚至导致发生逆冲构造。往海域方向，因挤压作用减弱和受盆地基底断裂隆起阻挡，形成多个基底低隆分隔、类似前陆盆地前渊带的拗陷构造。在靠陆一侧，拗陷内地层整体表现为斜坡或台地，发育构造、构造-岩性、不整合圈闭。侏罗系—白垩系烃源岩生成的油气沿断裂、不整合面运移成藏，在南部西段形成构成逆冲式和低隆隔挡前渊式挤压反转改造型两种成藏模式，往海域至东段尤卡坦台地发育简单的碳酸盐台地型成藏模式。

第五节　油气勘探潜力

墨西哥湾周缘系列被动大陆边缘盆地，都经历了晚侏罗世以来的长期被动漂移期海相沉积，发育世界级优质烃源岩，奠定了巨大的油气资源基础，如墨西哥湾提塘阶烃源岩和南美北部拉卢纳组烃源岩。盆地继承性发展或叠加改造程度适中，有利的沉积充填过程，发育了优质的储集层及盖层，如中生界碳酸盐岩和新生界大型三角洲—重力流水道—扇沉积体系。独特的构造演化过程，发育大量的圈闭及输导体系，如同生断层及盐相关构造。关键时刻各成藏要素的良好匹配，油气富集程度高。虽然经过了近 80 年的油气勘探，潜力依然很大。

从对各重点盆地石油地质特征、成藏组合的分析及资源评价结果可以看到，最有利的成藏组合主要分布于新生界。如墨西哥湾深水盆地古近系成藏组合、中新统成藏组合；苏瑞斯特盆地始新统—更新统成藏组合。对于环墨西哥湾各盆地新生界成藏组合，均已发现相当数量的油气，并且待发现资源量巨大。这些成藏组合均位于相似的地质背景之下，它们在油气充注、储盖层发育、圈闭结构及生、运、聚配套方面经历了相似的发展演化过程。如均以上侏罗统烃源岩为主，油气主要储集于大型三角洲、海底扇或浊积砂体，封盖于层间泥页岩盖层之下，具有相似的圈闭类型和形成机制，具有相同的成藏期等。尤其是墨西哥湾深水盆地始新统成藏组合，待发现资源量居各成藏组合之首，但由于埋藏较深，加上部分位于深水区，勘探程度相对较低，而且由于盐岩底辟作用的影响，加剧了其勘探难度，但其潜力巨大，是下一步勘探的重点。

中生界成藏组合在南墨西哥湾盆地也具有相当大的勘探潜力。如白垩系成藏组合埃尔阿夫拉礁灰岩成藏带，白垩系成藏组合塔马布拉碎屑流角砾灰岩成藏带，白垩系成藏组合塔毛利帕斯盆地相灰岩成藏带等，都是下一步精细勘探的有利领域。

第八章　东非海域被动大陆边缘盆地群

东非海域被动大陆边缘盆地群历经晚石炭世—三叠纪卡鲁期陆内夭折裂谷、侏罗纪陆内—陆间裂谷及白垩纪以来的被动大陆边缘盆地3个原型阶段，各个盆地裂谷层系普遍发育，受拗陷期沉积充填厚度大小影响，形成“断陷型”、“断拗型”和“三角洲改造型”3类被动大陆边缘盆地

第一节　勘探开发概况

东非被动大陆边缘盆地群位于印度洋西缘，它是中生代以来，随着东冈瓦纳裂解、印度洋形成而产生的系列盆地（图8.1）。地理上由最北部的索马里、埃塞俄比亚向南到肯尼亚、坦桑尼亚、莫桑比克及马达加斯加岛周缘，主要沉积盆地包括索马里盆地、拉穆盆地、坦桑尼亚盆地、鲁伍马盆地、莫桑比克盆地、穆伦达瓦、马任加等盆地。总沉积面积超过

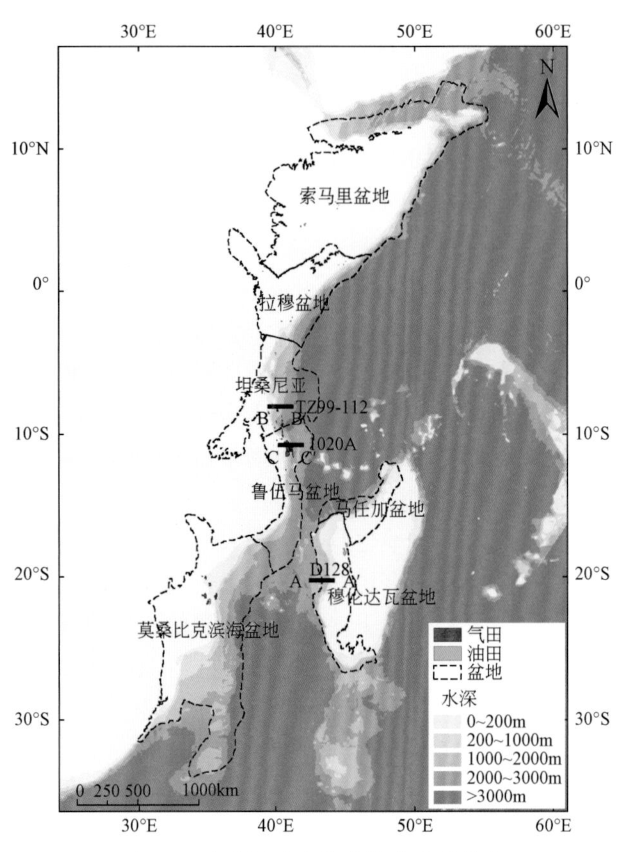

图8.1　东非被动大陆边缘盆地群分布

$369.5\times10^4km^2$，其中陆上沉积面积 $99.8\times10^4km^2$，200m 水深以下沉积面积 $151.3\times10^4km^2$。盆地具有明显的双层结构，下部裂谷层系包括上石炭统、二叠系、三叠系及侏罗系，以陆相沉积充填为主，上部拗陷层系为白垩系及新生代地层，全部为海相沉积充填。

东非沿海的勘探活动，最早可以追溯到 20 世纪 50 年代，从 1958 年就开始有钻井记录（IHS，2018），一直到 2010 年，共完钻井 232 口，但该阶段的钻井只限于陆上及浅水（小于 100m）区，钻井成功率极低，先后在索马里、莫桑比克盆地、坦桑尼亚和鲁伍马盆地陆上和浅水发现了 7 个中小型商业天然气田，累计 2P 可采储量 9.1Tcf，在穆伦达瓦盆地陆上发现 Tsimiroro 和 Bemoolanga 重油油砂矿藏，估计地质资源量分别为 20×10^8bbl 和 110×10^8bbl（IHS，2018）。2010 年 8 月开始在深水区域钻井，在鲁伍马盆地的 1、4 区块、坦桑尼亚盆地的 1、2、3、4 区块发现 25 个大中型气田，累计新增 2P 可采储量 187Tcf，全部位于深水、超深水区域。即便如此，该区勘探程度依然很低，所有发现集中分布于鲁伍马三角洲盆地北部和坦桑尼亚盆地（图 8.1 ~ 图 8.3），大于 200m 水深有探井的区块仅有 15 个，总面积 $13.3\times10^4km^2$，占整个深水勘探面积不足 10%。

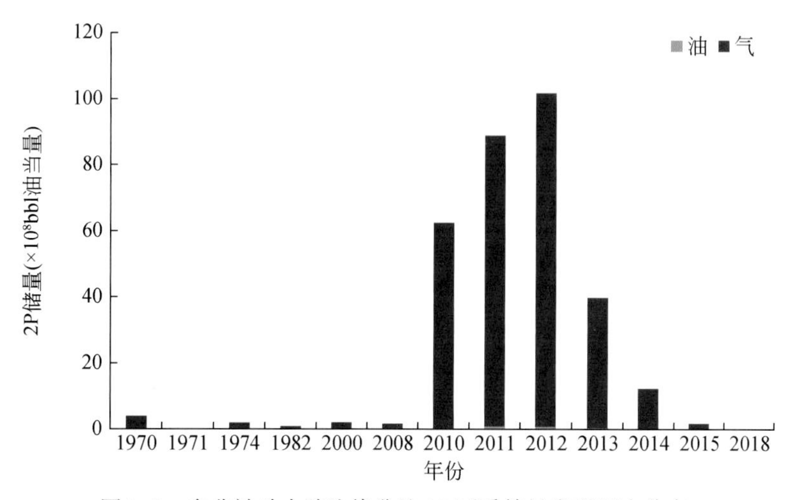

图 8.2　东非被动大陆边缘盆地 2P 可采储量发现历史分布

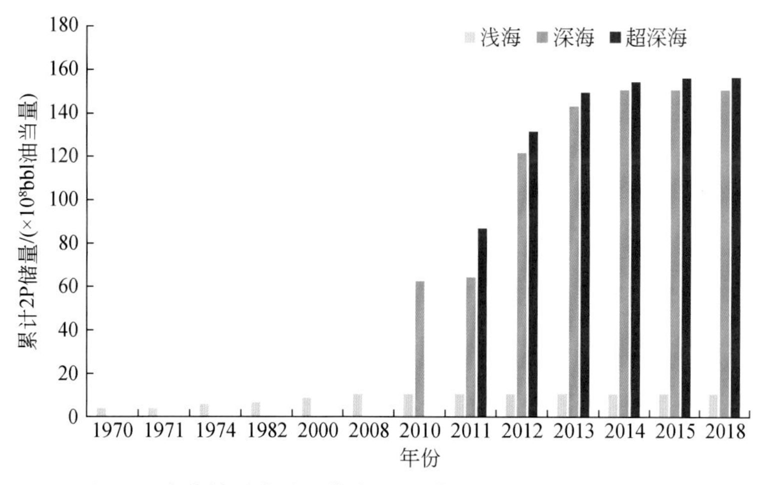

图 8.3　东非被动大陆边缘盆地 2P 储量发现历史与水深关系

东非海域被动大陆边缘盆地油气生产仅限于索马里盆地、坦桑尼亚盆地和莫桑比克盆地陆上的中小型油气田，以天然气为主。

第二节　原型盆地及岩相古地理重建

一、晚石炭世—三叠纪（陆内夭折裂谷阶段）

晚石炭世开始，伴随着潘基亚超大陆的逐渐形成，在冈瓦纳大陆东部（非洲、马达加斯加、印度、澳大利亚、阿拉伯及南极洲板块）发生强烈的“地幔柱”活动，形成了区域性的地壳隆升、断裂和火山活动，在三叠纪末期，形成了广泛分布的陆内裂谷盆地，分布于现今的东非、马达加斯加、澳大利亚、印度等地区，充填了一套以陆相河流、湖泊及沼泽沉积为主的地层，向南与南非的卡鲁盆地具有相近的沉积环境，且基本连为一体，称之为卡鲁期地层（Winn et al., 1993；Nilsen et al., 1999；Wopfner, 2002）(图 8.4)。在东北部表现为新特提斯洋南部陆架边缘裂陷沉积，相当于现今的索马里盆地与澳大利亚西北陆架地区。

卡鲁裂谷作用是非洲大陆显生宙以来的第一次裂谷作用，代表冈瓦纳超大陆初始破裂阶段，由于引起冈瓦纳大陆真正破裂（约 183Ma）的裂谷作用发生于早侏罗世，卡鲁裂谷属于夭折裂谷系列，与上覆侏罗系呈角度不整合接触。Boselline 认为（1986）泛大陆下面的热聚集和冈瓦纳大陆—劳亚大陆间的右行转换运动可能是形成卡鲁期裂谷的主要动力机制。

二、侏罗纪（陆内—陆间裂谷阶段）

早-中侏罗世（205～157Ma），冈瓦纳大陆由西北向东南开始裂解成几个不同的块体。此时，海底扩张和漂移作用仅限于东北一角，在东非的中北部地区，即现今的索马里、坦桑尼亚、马达加斯加滨海地区，发育大规模裂陷沉降，海水大范围侵入，形成陆棚碳酸盐台地建造，该期裂谷在非洲南部和南极洲表现为陆内火山作用为主，在现今的莫桑比克盆地和南极洲可见大范围的溢流玄武岩（Boselline, 1986；Roberts and Bally, 2012）。

晚侏罗世，大洋中脊出现，进入陆间裂谷阶段。马达加斯加从非洲大陆的漂移可能开始于牛津期（磁异常条带为 M25，157.6Ma），新特提斯海海进范围更广、更向南深入，形成狭长海湾（图 8.4），类似现今的红海。受地温梯度高、环境相对封闭、气候干燥等因素影响，使新特提斯海水与靠陆一侧的拗陷低地间形成一系列盐水潟湖（如现今的欧加登次盆、曼达瓦次盆等），盆地内沉积了一些局限环境下的盐岩沉积（Boselline, 1986；Wescott and Diggens, 1998）。在钦莫利期和提塘期，新特提斯洋海侵范围扩大，在中部即现今的鲁伍马盆地、马达加斯加西海岸及坦桑尼亚海岸，上侏罗统海相页岩和灰岩不整合地覆盖在下伏地层之上。

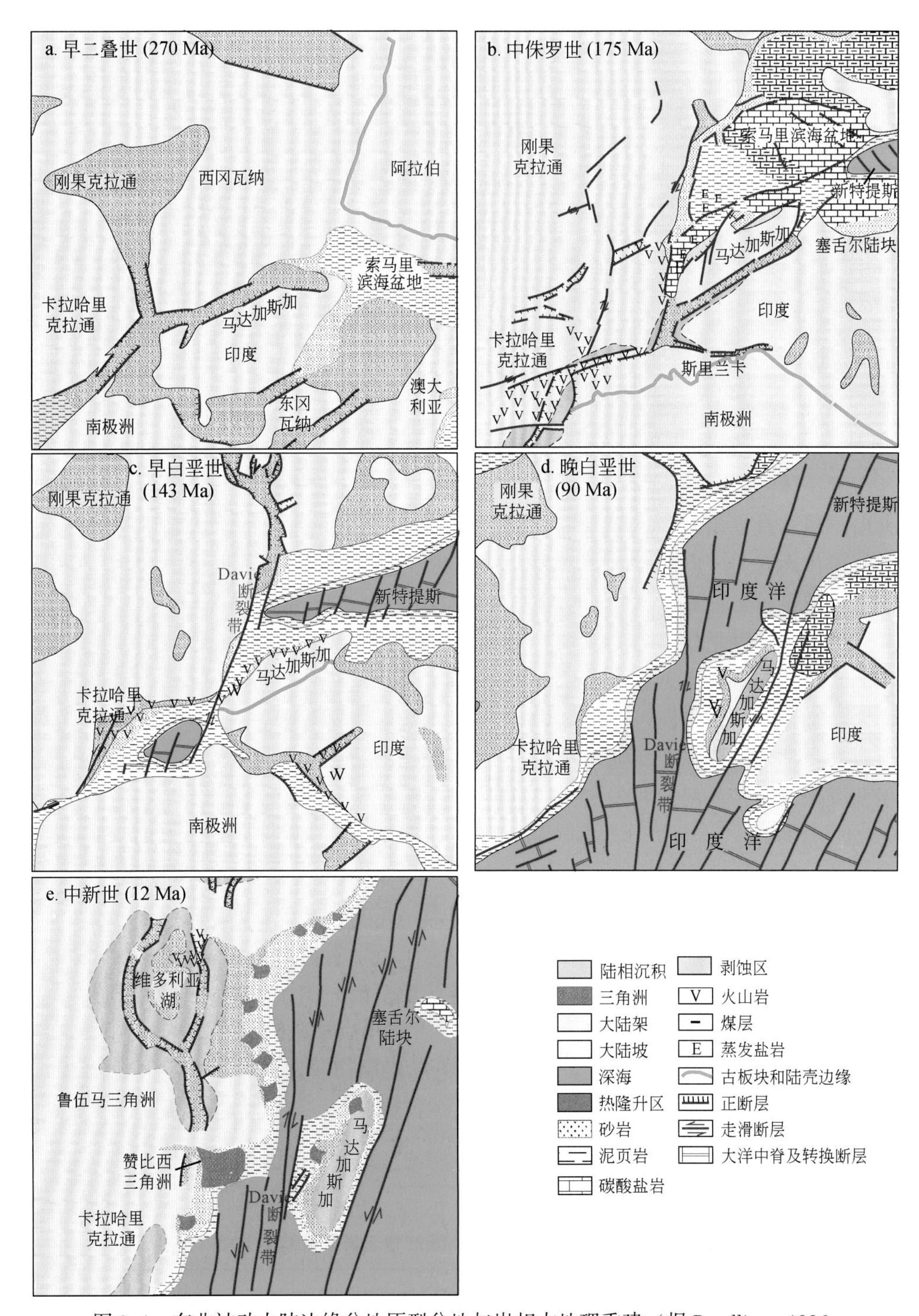

图 8.4　东非被动大陆边缘盆地原型盆地与岩相古地理重建（据 Boselline，1986；Nichols and Daly，1989；Salman and Abdula，1995；Roberts and Bally，2012 修编）

三、白垩纪至今（被动大陆边缘阶段）

早白垩世纽康姆阶开始，海底扩张作用在索马里和莫桑比克海峡盆地中持续发展，古特提斯海侵作用到达非洲板块的南端（图 8.4）。东冈瓦纳相对于非洲沿戴维脊等大型海底转换断层向南漂移，在非洲大陆东部边缘北段（肯尼亚、索马里）可能以拉张运动为主，而在坦桑尼亚—鲁伍马盆地一线为类似于西非科特迪瓦—加纳的转换边缘，以走滑运动为主。在莫桑比克盆地北部，又以拉裂运动为主，兼有走滑运动，使东非边缘表现出明显的分段活动作用，且各段的运动方式各异。同时，在东冈瓦纳大陆的马达加斯加与印度陆块北部之间开始发育伸展断层（马君等，2009）。

早白垩世，伴随全球海平面升高，东非边缘发育分布广泛的海进层序，整个区域沉积了较为单一的泥质岩地层层序，且这些泥质层序逐渐向大陆斜坡发展（图 8.4）。马达加斯加、印度块体南部和相邻的莫桑比克海峡及马斯克林盆地，火山活动比较发育，沉积了厚层火山碎屑岩及火山-沉积地层序列。这些火山活动可能与印度和塞舌尔板块与马达加斯加的分离作用有关（84Ma）。晚白垩世，受火山造山影响，不论是东非大陆还是马达加斯加岛，物源供给更加充分，粗碎屑沉积明显增多（Roberts and Bally，2012）。

古新世和始新世是东非大陆边缘的稳定期，在东非大陆边缘上广泛分布浅水陆架碳酸盐沉积，沿陆架外缘可见礁相带沉积（图 8.4）。在拉穆盆地中北部及索马里沿海盆地南部，发育规模较大的三角洲沉积。

渐新世至中新世以来，伴随全球海平面下降，非洲克拉通抬升。东非被动大陆边缘发生进积型沉积作用，从南向北发育了赞比西、鲁伍马等系列高建设性三角洲沉积（Salman and Abdula，1995）。

第三节　盆地结构与沉积充填差异

被动大陆边缘盆地一般具“下断上拗”型盆地结构，由早期裂谷期断陷湖/海盆沉积到晚期被动漂移期海相楔形“沉积棱柱体”叠合而成的沉积盆地（Edwards and Santogrossi，1989），受下伏裂谷发育特征及上覆拗陷期物源地形及沉积充填速率等因素影响，不同盆地结构构造特征各异，沉积充填特征差异很大，以此为基础，将东非系列被动大陆边缘盆地进一步细分为断陷型、无盐断拗型和三角洲改造型 3 个类型（见表 8.1），下述以典型盆地进行解释说明。

表 8.1　东非海域被动大陆边缘盆地亚类划分综合属性

亚类	盆地结构构造特征		沉积充填	包含盆地
	纵向	横向		
断陷型	下断上拗	宽陆架，陡陆坡	以裂谷层系沉积充填为主（最大厚度大于 3500m，拗陷海相层系最大厚度小于 3000m）	穆伦达瓦盆地、马任加盆地、索马里盆地

续表

亚类	盆地结构构造特征		沉积充填	包含盆地
	纵向	横向		
无盐 断拗型	下断上拗	宽陆架，缓陆坡	裂谷层系、拗陷层系厚度均较大（分别大于3500m、4000m）	坦桑尼亚及拉穆盆地
三角洲改造型	下断中拗上卷	从陆向海发育内环生长断裂带，中环泥底辟，外环逆冲褶皱带，前渊缓坡带	断陷期和拗陷期均很发育，而且中新统以来发育高建设性三角洲（厚度大于4000m）	鲁伍马、拉穆及莫桑比克滨海盆地

一、断陷型被动大陆边缘盆地

断陷型被动大陆边缘盆地，其典型特征是具有下伏裂谷层系厚、上覆拗陷层系较薄的盆地结构。研究区穆伦达瓦盆地、马任加盆地、索马里盆地属于该结构类型。以穆伦达瓦盆地为例（图8.5），总体特征是纵向分层，横向分带。

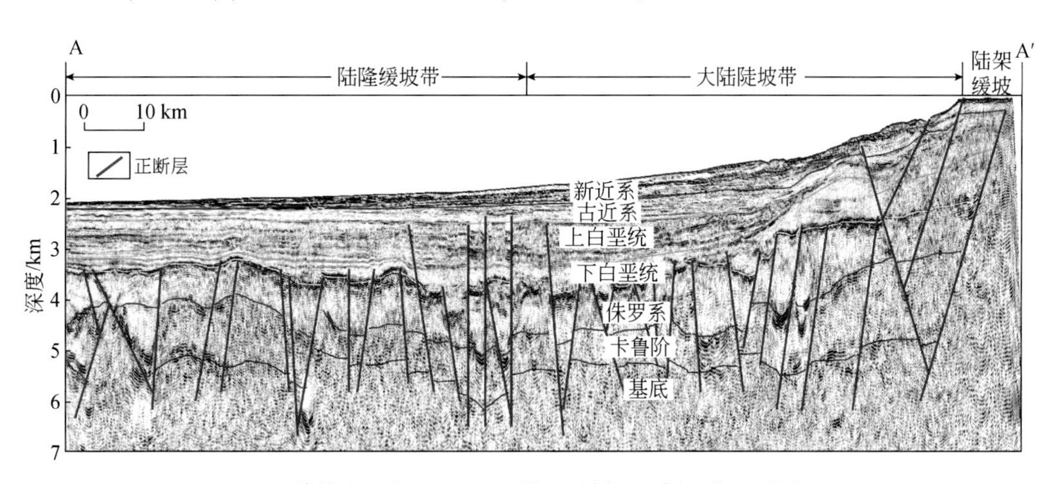

图8.5　穆伦达瓦盆地DL28二维地震剖面（剖面位置见图8.1）

纵向上，下断上拗两套层系差异明显。下伏卡鲁期—侏罗纪两期裂谷层系普遍发育，厚度超过3500m，张性断裂控制形成垒堑相间构造特征。侏罗纪末期陆间裂谷作用阶段，即相当于现今的红海形成阶段（Roberts and Bally，2012），大洋中脊开始出现洋壳，地温梯度升高，两岸发生翘倾作用，陆源碎屑开始减少，以碳酸盐岩沉积建造为主，在地震上表现为一套强振幅、低频反射特征，最厚近500m。受这套碳酸盐岩高速地层影响，中下部地震反射品质普遍较差，基底反射不清。整个裂谷地层陆上钻井仅钻遇了卡鲁期，证实为陆相河流—三角洲—湖相沉积体系（Wescott and Diggens，1998）。白垩系以上“楔形”拗陷特征明显，与下覆地层呈区域性角度不整合接触关系，总沉积厚度最大不超过2500m。断裂不发育，最下部下白垩统地层地震呈弱振幅近空白反射结构，推测受全球海平面上升影响，属于海侵期较深水环境，以细粒沉积为主。中上部地震表现为中-强振幅、中-低频、中连续性地震反射结构，从陆坡向海底平原，发育多套楔形地震反射结构，从近岸向远岸，厚度由薄变厚，振幅由强变弱，频率由低到高，连续性由差到好，外部形态由不规则到亚平行、平行反射。推测属于深水滑动—滑塌—碎屑流—浊流沉积体系（Shanmugam，2012）。

横向上东西分带：从东向西，按现今地层倾角大小划分为上部缓坡带（小于1°）、中部陡坡带（1°~6°）和下部缓坡带（小于1°），大致对应大陆架、大陆坡和陆隆及深海平原（范时清，2004）。陆架区沉积厚度最薄，断裂较发育；陆坡区最厚，且楔形深水重力流沉积特征明显，推测滑动—滑塌—碎屑流沉积主要分布于该构造环境，断裂不发育。陆隆区沉积厚度较大，地层平缓，断裂不发育，以平行反射结构为主，推测以浊积细砂岩和泥页岩沉积为主。

二、无盐断拗型被动大陆边缘盆地

无盐断拗型被动大陆边缘盆地，为典型的裂谷层系与拗陷层系均比较发育的盆地结构。以坦桑尼亚盆地为例（图 8.6），受剖面位置限制，上部缓坡带与上述的陆架区应该基本一致，整体盆地结构构造特征与穆伦达瓦盆地类似，不同之处在于白垩系以上拗陷层系，与前者对比有 4 点不同：①沉积厚度大，最大超过 5000m；②受同生性质的右旋走滑断裂控制，在中部陡坡带断裂比较发育；③地震品质足以揭示发育多套深水重力流沉积体系（Wopfner，2002），对其主要目的层段上白垩统到渐新统共解释 4 套砂体，从中陡坡到下缓坡，地震相总体特征为：振幅由强变弱，连续性由差变好，频率由低变高，外部几何形态由不规则到规则，总体楔形特征明显，中陡坡以块体搬运充填为主，下缓坡以扇形浊积砂体为主；④中斜坡张扭性断裂进入古近纪以来普遍具有同生性质，表现为下降盘沉积厚度大，砂体分布广等特点。

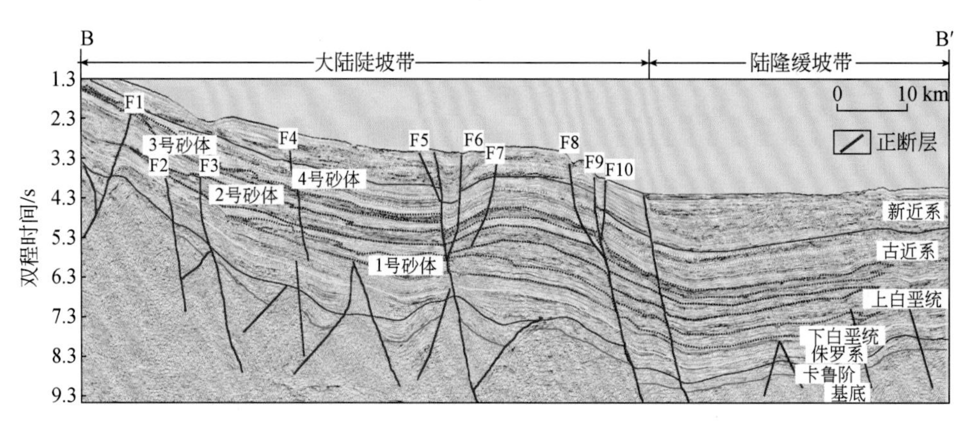

图 8.6　坦桑尼亚盆地海上 TZ99-112 二维地震剖面（剖面位置见图 8.1）

三、三角洲改造型被动大陆边缘盆地

三角洲改造型被动大陆边缘盆地，同上述两类盆地相比，由于漂移晚期发育高建设性三角洲砂体，拗陷期沉积厚度巨大，最厚超过7000m，随着三角洲的形成演化，从里到外形成独特的生长断裂带、泥底辟构造带、逆冲褶皱带、前渊缓坡四大环状构造带。研究区鲁伍马盆地、拉穆盆地和莫桑比克滨海盆地属于该类型。

以鲁伍马盆地为例，“纵向分层，横向分带”特征更加明显（图8.7）。纵向分为3套层系，即下部裂谷层系、中部拗陷层系和上部三角洲层系。卡鲁期与侏罗系两期裂谷层系的构造与沉积特征与上述盆地的裂谷层系基本一致。拗陷层系由于规模大形成了独特的构造与沉积体系，进一步划分为2套层系，下部白垩系到古新统依然保持无盐断拗型盆地中拗陷层系特征；中新世以来三角洲层系厚度超过4500m，并形成独特的构造沉积体系特征。横向上，正是由于鲁伍马高建设性三角洲发育，从陆向海形成四大构造带。渐新世开始，随着全球海平面的持续下降，陆架区表现为进积型沉积，物源供给越来越充分，陆架环境表现为进积型河流—三角洲沉积体系。随着沉积厚度越来越大，以前缘亚相为沉积主体不断向海倾斜，受重力均衡作用，形成了走向大致平行于海岸线的弧形生长断裂，凸面朝向海洋，下降盘普遍发育断层复杂化的滚动背斜，形成了内环生长断裂构造带。向海方向，进入较陡的陆坡环境，再加上断裂活动、地震等因素诱发，大量前缘砂体在斜坡带上完全脱离生长断裂带，发生块体搬运（推测以滑动—滑塌为主），搬运过程中对下部前三角洲泥岩的不均衡压实作用，形成较窄的中环泥底辟构造带，并保留了部分块状砂体。其他大部分块状砂体受重力作用继续以下覆泥岩为滑脱面，向下搬运（推测以滑塌—碎屑流为主），随着动能减小或受古地形阻挡，形成外环逆冲褶皱带（Wopfner，2002；邓荣敬等，2008）。不排除部分砂体在搬运过程中被浊积化，在陆隆缓坡环境形成细砂岩粒度以下的扇形浊积体。

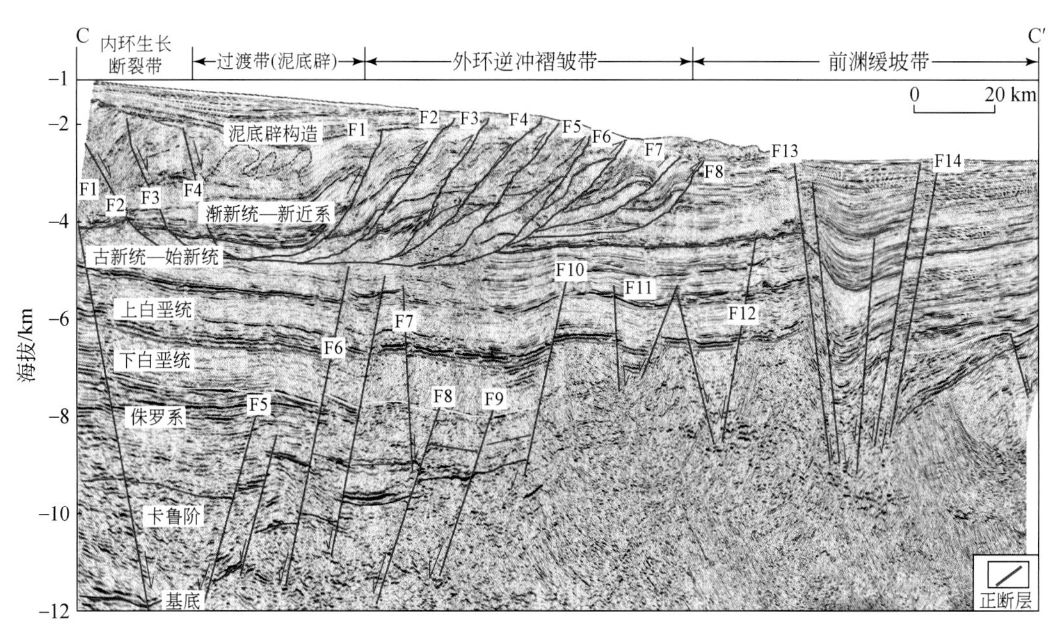

图8.7　鲁伍马盆地海上1020A二维地震剖面（剖面位置见图8.1）

第四节　油气分布规律

基于“3 类”盆地结构差异及沉积充填特征研究，结合已发现油气田解剖，进一步分析了每类盆地油气成藏规律（表 8.2）。

表 8.2　3 类被动大陆边缘盆地基本成藏规律

亚类	成藏模式	成藏规律	典型盆地
断陷型	单源-构造型	裂谷期湖相（或海相）沉积形成优质烃源岩，主要通过断层疏导至裂谷末期构造或者构造-地层复合圈闭中，漂移期海相沉积形成区域性盖层有效封堵	穆伦达瓦盆地
无盐断拗型	双源-双组合型	裂谷层系和拗陷层系早期均可形成有效烃源岩，浅水以裂谷末期构造成藏组合为主，深水以拗陷期重力流砂体成藏为主，两套烃源岩均可有效供给，海侵期页岩有效保存	坦桑尼亚盆地
三角洲改造型	三源-多组合型	裂谷、拗陷和三角洲层系均可发育有效烃源岩，浅水区和拗陷期可形类似断拗性的双源-双组合成藏模式，三角洲层系中由陆向海的四大构造带中油气最富集	鲁伍马盆地

一、断陷型被动大陆边缘盆地

该类盆地形成了单源-构造型油气成藏模式（图 8.8）。晚石炭世—三叠纪卡鲁期裂谷层系中，穆伦达瓦盆地陆上 Tsimiroro 重油及 Bemoolanga 油砂已证实烃源岩为湖相泥页及沼泽相含煤层系，有机质类型以Ⅱ、Ⅲ型为主，TOC 一般为 1% ~6%，HI 为 17 ~750mgHC/gTOC。储集层以河流及三角洲碎屑砂岩为主，孔隙度一般在 12% ~30%。北部索马里盆地陆上欧加登次盆发现了 Culub、Hilala 两个气田，证实烃源岩主要源于两套裂谷层系：①卡鲁群 Bokh 页岩，TOC 为 0.5% ~1.6%，最大厚度 450m，R^o 最大值 1.3%，以生气为主；②下侏罗泥岩，厚度 50 ~120m，类型为Ⅱ型和Ⅲ型。储集层包括卡鲁期河流—三角洲砂体和侏罗系潟湖相碳酸盐岩，其中颗粒灰岩及白云岩，物性较好，孔隙度 10% ~6%。白垩纪以来的拗陷沉积充填厚度一般小于 2500m，由于地温梯度一般小于 35℃/km，烃源岩尚未进入主要生烃期，主要作为区域性盖层。

穆伦达瓦盆地仅有的重油和油砂发现位于卡鲁裂谷层系，均属于后期隆升被破坏的构造圈闭或者构造-地层复合圈闭（Wescott and Diggens，1998）。它们的共同特点是烃源岩和储集层都属于三叠纪湖相沉积层系，油气经过纵向（断裂）及横向（储集层）的运移途径，聚集于断陷的斜坡带上的断块或者断层-地层复合圈闭之中。欧加等次盆除了卡鲁期自生自储形成断块气藏之外，侏罗系气藏也有下部卡鲁期地层生成油气向上沿断层垂向运移聚集，同样为断块圈闭（Wopfner，2002）。白垩系虽然本身没有生烃能力，但不排除下伏两期裂谷层系生成的油气沿继承性发育断层运移至白垩系重力流砂体（滑动—滑塌—碎屑流）之中，形成地层圈闭。

该类盆地的主要勘探目标为两期裂谷层系构造成藏组合，在有断裂垂向沟通油源情况

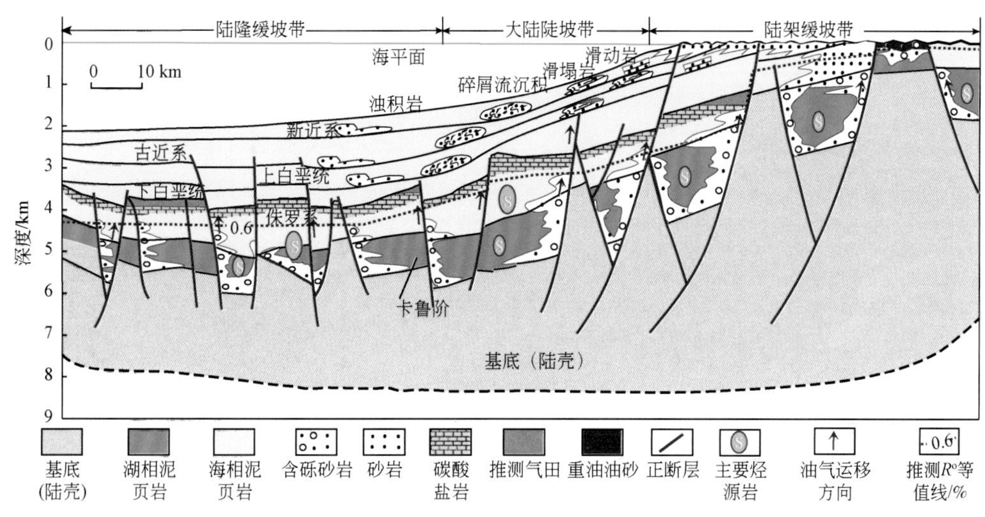

图 8.8　断陷型被动大陆边缘盆地油气成藏模式

下，可考虑白垩系以来的地层及复合圈闭。最北部的索马里盆地，除有 Calub、Hilala 两个商业气田发现外，穆伦达瓦盆地和马任加盆地陆上多口井也均见油气显示。综合考虑，不论是海上还是陆上，该类盆地下一步主要勘探方向仍然以下伏两期裂谷形成的断块、背斜等构造圈闭为主，兼有断层沟通油源的拗陷期地层圈闭。

二、无盐断拗型被动大陆边缘盆地

该类盆地能够形成双源-双组合型成藏模式（图 8.9）。除了裂谷期形成构造成藏组合之外，在拗陷期海相烃源岩直接运移至深水重力流砂体相关的地层圈闭中，同时也有发育上、下两套烃源岩供给上部同一个砂体的可能。以坦桑尼亚盆地为例，除已证实与上述盆地中相同的两期裂谷层系烃源岩之外，拗陷层系下白垩统有效烃源岩发育。目前证实下白垩统以Ⅲ型为主，TOC 为 1% ~7.4%，HI 为 17 ~688mgHC/gTOC，R^o 为 1.2%；储集层以浅海、三角洲、重力流碎屑砂岩为主，孔隙度一般在 12% ~30%，兼顾过渡期碳酸盐建造，盖层为海侵页岩，圈闭包括断块和断层-岩性复合圈闭。

成藏特征，上部陆架缓坡带（陆上—浅水）仅裂谷期烃源岩有效，若断裂连通，在裂谷层系本身和拗陷层系均可形成各种相关断块圈闭。已发现的 Song Song 气田证实侏罗纪烃源岩沿断裂运移至下白垩统滨浅海砂岩，形成了断块圈闭。推测在大陆陡坡带的上部，能够形成规模较大的滑动—滑塌相关的地层圈闭；在大陆陡坡带的下部，主要形成与深水重力流沉积（推测以碎屑流岩为主）相关的地层和复合圈闭。目前在坦桑尼亚的 1-4 区块发现的 10 个气田，发育层位从上白垩统到中新统，均属于陡坡带下部复合圈闭。下部陆隆缓斜上，目前没有钻井，地震揭示海底扇（以浊流沉积为主）比较发育，具备形成大型岩性圈闭条件。

在此类盆地不同构造带上寻找不同的圈闭类型，大陆架上的缓坡带（陆上—浅水）以裂谷层系构造圈闭为主，大陆坡陡坡带上部主要勘探目标应为规模较大的滑动—滑塌形成

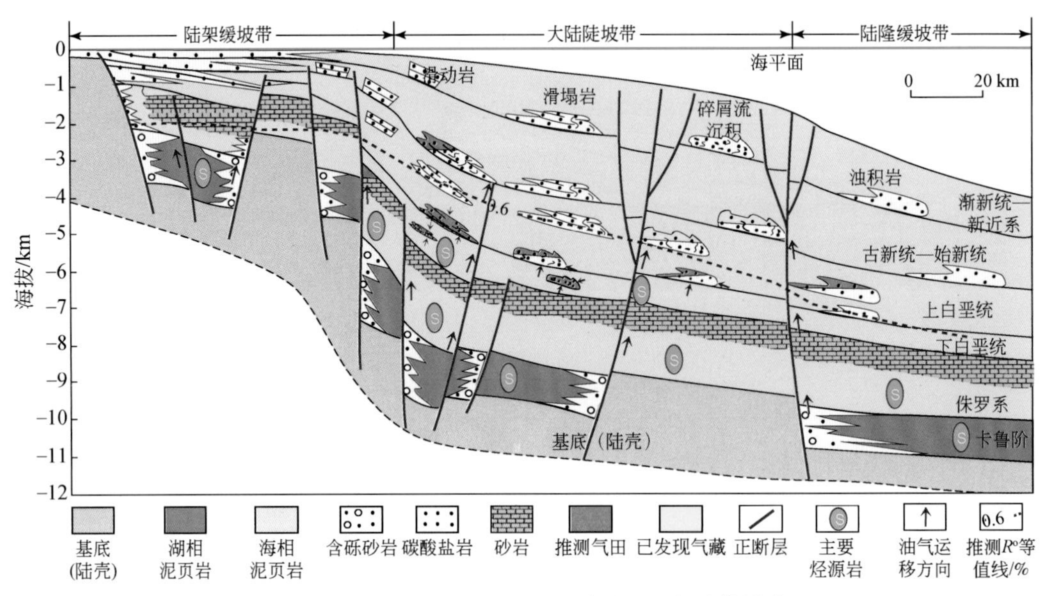

图 8.9　无盐断拗型被动大陆边缘盆地油气成藏模式

的斜坡扇，下部除已发现的复合圈闭外，也应关注下部成熟烃源岩层系内扇体所形成的岩性圈闭。陆隆缓斜坡主要勘探目标为海底扇，若与断层配置连通烃源岩，有较好的成藏条件。

三、三角洲改造型被动大陆边缘盆地

该类盆地由于其特殊的结构构造特征形成了多源-多组合型成藏模式（图 8.10）。除下伏两期裂谷层系和下白垩统有效烃源岩广泛发育之外，上白垩统—古近系海相烃源岩也基本上进入生油门限。储集层类型，除与上述无盐断拗型盆地相同的类型之外，三角洲沉积层系本身及其前渊重力流砂体均为优质储集层。海侵页岩能够区域有效封堵。

除裂谷层系和拗陷层系可形成与无盐断拗型盆地一样的成藏组合外，三角洲层系平面上所形成的四大环状构造带具有独特成藏特征。以鲁伍马盆地为例，内环生长断裂带上已发现 1 个断块圈闭；外环逆冲褶皱带上已发现 1 个大型牵引背斜气藏；而前渊缓坡带上，可能属于碎屑流性质的斜坡扇已发现 11 个大型天然气田，可采储量超过 130Tcf，主要分布于古近系中。

该类盆地在东非海域除鲁伍马盆地之外，还发育在莫桑比克滨海盆地，其陆上相对勘探程度较高，部署探井近 50 口，发现了 Panda、Temane 及 Inhassoro 3 个商业气田。该盆地卡鲁夭折裂谷层系不发育，由于渐新世以来赞比西三角洲砂体极其发育，其沉积中心最大厚度达 10000m，与西非尼日尔三角洲盆地相当，因此该盆地最有利勘探方向是三角洲层系所形成的四大环状构造带。

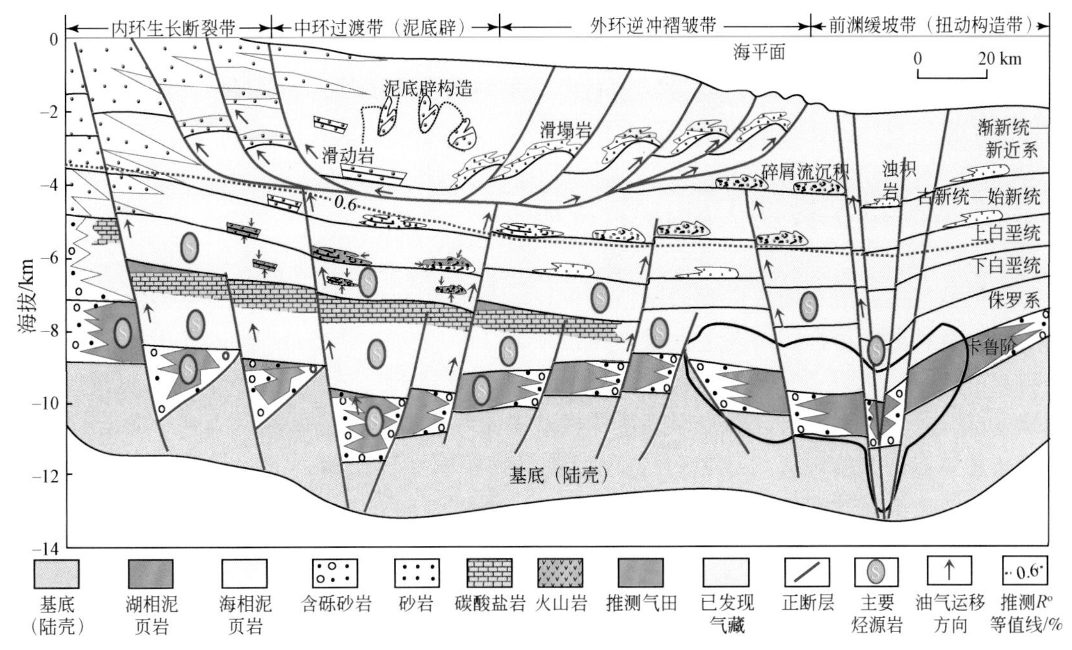

图 8.10　三角洲改造型被动大陆边缘盆地成藏模式

第五节　油气勘探方向

东非海域被动大陆边缘盆地涉及国家多，涵盖类型多，成藏条件差异大，导致勘探极不均衡，整体上处于极低勘探阶段，勘探潜力依然很大。该区三类盆地因结构与沉积充填差异，成藏规律明显不同，分别形成单源-构造型、双源-双组合型和三源-多组合型成藏模式。基于上述分析，综合各个盆地沉积充填差异、成藏特征及油气发现等因素明确了该区总体勘探方向。

一、断陷型被动大陆边缘盆地

该类盆地主要包括索马里盆地、穆伦达瓦盆地和马任加盆地，其裂谷层系构造圈闭为有利勘探目标。

穆伦达瓦与马任加盆地，这两个盆地的漂移拗陷期地层不发育，以卡鲁期裂谷最发育为其特征，而且在穆伦达瓦盆地陆上发现了大型的 Tsimiroro 重油和 Bemoolanga 油砂（Roberts and Bally，2012；Boselline，1986），预示着该区裂谷层系良好的勘探前景。同时由于北部马任加盆地侏罗系盐岩发育，海上盐下裂谷层系的构造成藏组合和碳酸盐岩礁滩值得关注。

索马里盆地，陆上欧加登次盆钻探证实成熟-过成熟烃源岩分布，有 Calub 及 Hilala 两个商业气田发现，多口井见油气显示（Zhao，2001），已证实发育卡鲁期夭折裂谷期及侏罗纪陆内—陆间裂谷期构造成藏组合。下一步主要勘探方向仍然为这两期裂谷形成的断块、背斜等构造圈闭，重点是西部侏罗系盐岩发育带。曼德拉次盆勘探程度低，但与欧加登次盆具有相同的地层充填，应该具有相似的成藏条件。海上没有钻井，古地理研究表明除了南部摩加迪沙次盆海域古新世—早新世三角洲及浊积砂体比较发育外，应重点关注。其他地区重点目标应该是两期裂谷层系中的大型构造成藏组合。

二、无盐断拗型被动大陆边缘盆地

该类盆地主要位于坦桑尼亚海岸，其裂谷层系构造圈闭及拗陷层系与重力流砂体相关圈闭均为有利勘探目标。该陆上及浅水共钻井 29 口，发现一个 Song Song 气田，多口井油气显示活跃（马君等，2009），深水区探井成功率超过 80%，发现了 10 个气田，证实 3 个原型盆地阶段烃源岩发育。陆上以曼达凹次盆中侏罗纪盐下构造成藏带为主。海上位于南北向扭动构造带上的构造-岩性复合圈闭已被钻井证实油气富集，下一步勘探目标是上斜坡及下斜坡上的岩性圈闭，兼顾过渡期碳酸盐岩礁体。

三、三角洲改造型被动大陆边缘盆地

该类盆地主要包括鲁伍马盆地、拉穆盆地和莫桑比克滨海盆地，其四大环状构造带均为有利勘探目标。

鲁伍马盆地由于被动漂移阶段发育高建设性鲁伍马三角洲砂体，其海上深水、超深水油气勘探程度相对较高，发现了前渊重力流砂体富气带，外环逆冲褶皱带上也有大气田发现，尚有勘探潜力，中环泥底辟构造带分布范围有限，内环生长断裂带勘探程度较低，20 世纪 90 年代在浅水滚动背斜发现了小型 Manzi 气田，还有一定的勘探前景。

莫桑比克滨海盆地陆上相对勘探程度较高，部署探井近 50 口，油气显示活跃，在中部发现了 Panda、Temane 及 Inhassoro 三个商业气田（Roberts and Bally，2012），其中 Panda 气田储量达 3.4Tcf，证明该盆地油气资源基础雄厚。陆上南部及北部，特别是南部地区，地震及钻井工作仅限于 20 世纪 70 年代以前，勘探潜力较大。由于渐新世以来赞比西三角洲砂体沉积速率高，其中北部海上最大沉积厚度达到 12000m，与西非尼日尔三角洲盆地相当，因此该盆地最有利勘探方向是海上三角洲及前渊重力流砂体。

拉穆盆地陆上先后钻井 26 口，18 口井有油气显示，其中 3 口井在古近系—新近系地层试获低产油气流，海上钻井 4 口，均见油气显示，其中 Pate 1 井因井涌而被封（Ebinger and Sleep，1998）。钻井失败普遍原因是缺乏有效储层。下一部勘探重点应该是海上古新世到中新世发育的拉穆三角洲上，推测在其北部能够形成深水四大环状油气富集带，其次是浅水区侏罗纪盐岩发育带下的构造圈闭和垒式断块上形成的礁滩体。

第九章　被动大陆边缘盆地油气地质特征与富集规律

全球被动大陆边缘盆地是伴随中、新生代大西洋、印度洋、北冰洋和新特提斯洋的形成而产生的。所有盆地均经历了陆内裂谷（裂谷期）—陆间裂谷（过渡期）—被动大陆边缘（漂移期）3个原型阶段，沉积充填明显受原型盆地构造环境和古气候等条件影响，形成7类盆地结构构造及沉积充填，它们各自具有独特的油气地质特征和油气富集规律，本章将通过对大油气田（可采储量大于5×10^8bbl油当量）的系统解剖对其进行诠释。

第一节　油气分布特征

2006年以来，随着深水油气勘探理论及技术的进步，在巴西、莫桑比克、坦桑尼亚、圭亚那、加纳及塞内加尔等深水领域的新盆地、新层系中不断取得重大勘探突破。由于每个地区、每个亚类盆地的油气地质条件和成藏规律差异明显，所以发现的油气储量及大油气田数量相差甚远。

一、7个大盆地群已发现油气田分布

全球7大被动陆缘盆地群均有油气发现（图9.1），其中发现油气最多的为南大西洋两岸被动大陆边缘盆地群，累计发现油气2P可采储量2971×10^8bbl油当量，其中石油发现量占比70.4%；其次为印度洋周缘被动大陆边缘盆地群，累计发现油气2P可采储量1148×10^8bbl油当量，天然气发现量占比80.2%；油气发现最少的为中大西洋两岸被动大陆边缘盆地群，累计发现油气2P可采储量为108.06×10^8bbl油当量，天然气发现量占比83.9%。

二、全球被动大陆边缘7类盆地中已发现油气田分布

全球被动大陆边缘7类盆地中均有油气发现（图9.2），其中发现油气最多的盆地类型为三角洲改造型被动大陆边缘盆地，累计发现油气2P可采储量2034×10^8bbl油当量，占被动大陆边缘盆地总发现量的33.0%；其次为断陷型被动大陆边缘盆地群，累计发现油气2P可采储量1303×10^8bbl油当量，占被动大陆边缘盆地总发现量的21.0%；再次为含盐断拗型被动大陆边缘盆地群，累计发现油气2P可采储量1075×10^8bbl油当量，占被动大陆边缘盆地总发现量的17.0%；而油气发现最少的是无盐拗陷型被动大陆边缘盆地群，累计发现油气2P可采储量为180×10^8bbl油当量，仅占被动大陆边缘盆地总发现量的3.0%。

图 9.1　全球7大被动陆缘盆地群油气发现分布 (单位：×10⁶bbl油当量)

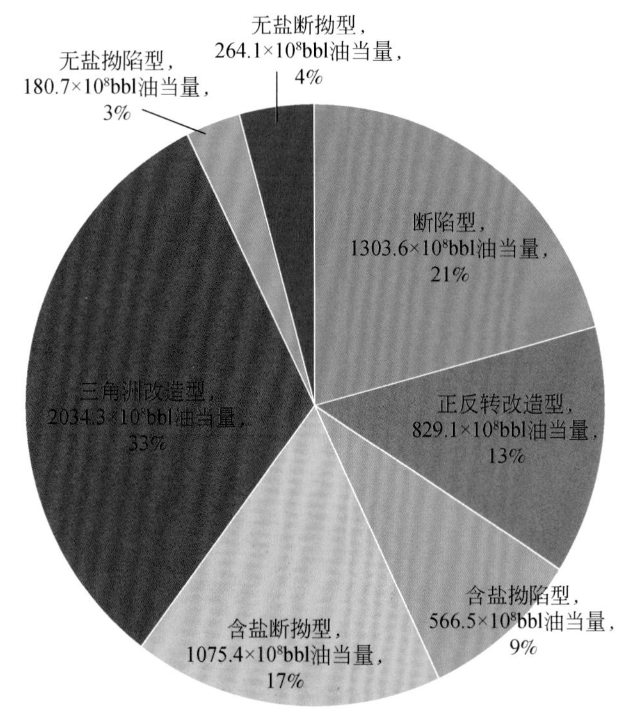

图 9.2　全球被动大陆边缘盆地 7 个亚类油气发现占比

三、被动大陆边缘盆地已发现油气田分布

全球 139 个被动大陆边缘盆地中（图 9.3），89 个盆地进行过钻井活动，获得商业油气发现的 60 个盆地中累计发现 2P 可采储量 6253×10^8 bbl 油当量，石油占比 54.20%。其中发现 2P 可采储量最多的前 10 个盆地（图 9.4）由高到低顺序为：尼日尔三角洲 2P 可采储量为 1181×10^8 bbl 油当量，苏瑞斯特盆地 2P 可采储量为 614×10^8 bbl 油当量，桑托斯盆地为 528×10^8 bbl 油当量，下刚果盆地为 405×10^8 bbl 油当量，坎波斯盆地为 316×10^8 bbl 油当量，墨西哥湾深水盆地为 287×10^8 bbl 油当量，卡那封盆地为 283×10^8 bbl 油当量，鲁伍马盆地为 253×10^8 bbl 油当量，东巴伦支盆地为 226×10^8 bbl 油当量，尼罗河三角洲盆地为 140×10^8 bbl 油当量。前 10 个盆地累计发现 2P 可采储量总和为 4237×10^8 bbl 油当量，占被动大陆边缘盆地总发现量的 67.76%。这 10 个盆地中，尼日尔三角洲、下刚果、墨西哥湾深水、鲁伍马和尼罗河三角洲 5 个盆地属于三角洲改造型被动大陆边缘盆地，桑托斯和坎波斯盆地属于含盐断拗型被动大陆边缘盆地，卡那封和东巴伦支海盆地属于断陷型被动大陆边缘盆地，苏瑞斯特盆地属于正反转改造型被动大陆边缘盆地。

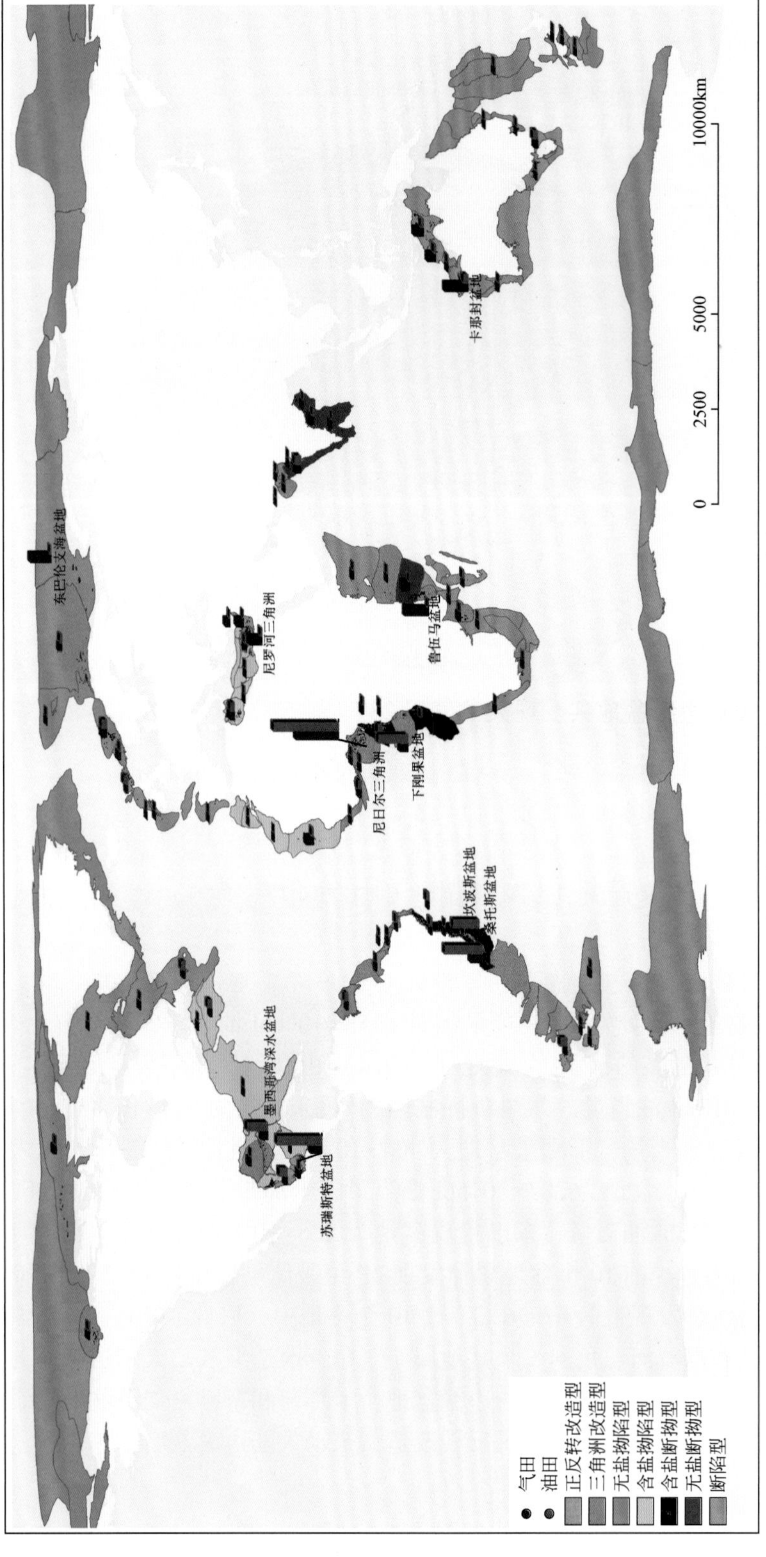

图9.3　全国被动大陆边缘盆地已发现油气分布

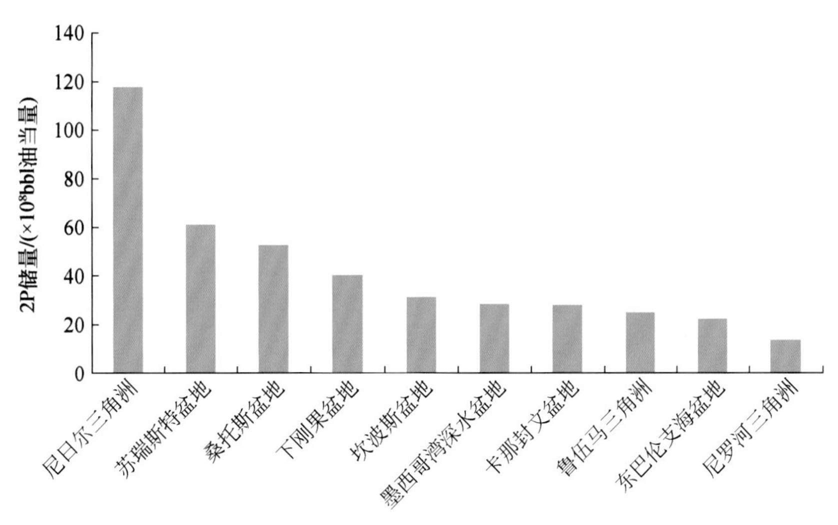

图 9.4　全球被动大陆边缘盆地已发现油气 2P 储量 Top10 盆地分布

四、被动大陆边缘盆地已发现大油气田分布特征

全球被动大陆边缘盆地共发现大油气田 239 个（表 9.1），储量 3414×10^8bbl 油当量，占总发现储量的 54.65%。其中待开发油气田 49 个，总储量规模 501×10^8bbl 油当量，其中石油 184×10^8bbl，天然气 198Tcf。

表 9.1　全球被动大陆边缘盆地大油气田统计

国家	盆地	油气田名	发现年代	水深/m	开发状态	石油 2P 储量/($\times10^6$bbl)	天然气 2P 储量/($\times10^6$bbl 油当量)
阿根廷	圣豪尔赫	Canadon Leon	1947	0	提高采收率	388	129
埃及	埃色托尼海山	Zohr	2015	1452	生产	19	3707
埃及	北埃及	Qasr	2003	0	提高采收率	103	495
埃及	尼罗河三角洲	Abu Madi-El Qara	1967	0	生产	49	491
		Port Fouad Marine	1982	28	生产	98	431
		Wakar	1983	53	生产	200	431
		Temsah	1981	73	生产	115	741
		Sapphire（WDDM）	2000	480	生产	42	491
安哥拉	宽扎	Orca/Baleia	1996	1014	评价	413	131
		Lontra	2013	1275	评价	100	431
		Katambi 1	2015	1397	开发	112	914

续表

国家	盆地	油气田名	发现年代	水深/m	开发状态	石油2P储量/($\times 10^6$bbl)	天然气2P储量/($\times 10^6$bbl油当量)
安哥拉	下刚果	Garoupa 1	1981	52	评价	61	517
		Mafumeira	1998	48	提高采收率	425	147
		Numbi	1982	50	提高采收率	600	82
		Sanha	1987	62	提高采收率	270	326
		Takula	1971	67	提高采收率	1450	86
		Pacassa	1982	82	提高采收率	550	86
		Nemba	1990	116	提高采收率	460	328
		Kissanje (Kizomba B)	1998	1011	提高采收率	600	78
		Hungo (Kizomba A)	1998	1202	提高采收率	700	91
		Dalia Complex	1997	1360	提高采收率	1250	95
		Girassol	1996	1500	提高采收率	1000	164
澳大利亚	波拿巴	Evans Shoal 1	1988	110	评价	31	1138
		Sunrise 1	1975	159	评价	226	718
		Barossa	1999	256	评价	19	741
		Ascalon 1A	1995	68	开发	3	519
		Bayu/Undan	1995	71	提高采收率	550	690
	布劳斯	Calliance	2000	424	评价	87	684
		Poseidon 1	2009	486	评价	45	560
		Torosa	1971	500	评价	121	1982
		Brecknock 1	1979	543	评价	109	913
		Prelude	2007	237	开发	93	431
		Ichthys	1980	256	生产	527	2207
	吉普斯兰	Marlin-Turrum	1966	60	生产	207	767
		Halibut-Cobia	1967	75	生产	1145	9
		Kingfish	1967	78	生产	1265	41

续表

国家	盆地	油气田名	发现年代	水深/m	开发状态	石油2P储量/($\times10^6$bbl)	天然气2P储量/($\times10^6$bbl油当量)
澳大利亚	卡那封	Tryal Rocks West 1ST	1973	146	评价	38	563
		Scarborough 1	1979	912	评价	0	1310
		Clio 1	2006	956	评价	20	545
		Geryon 1	1999	1232	评价	9	569
		Rankin North	1971	122	提高采收率	203	2117
		Goodwyn	1971	133	提高采收率	367	1233
		Iago（Wheatstone）	2001	118	生产	20	534
		Perseus	1972	130	生产	288	1828
		Wheatstone	2004	216	生产	38	1017
		Gorgon	1981	259	生产	121	2897
		Pluto	2005	976	生产	62	874
		Jansz	2000	1321	生产	48	1897
	珀斯	Warro 1	1977	0	评价	2	655
巴西	波蒂瓜尔	Pitu	2014	1733	评价	476	171
	坎波斯	1-PAODEACUCAR-RJS	2012	2789	评价	405	690
		Peregrino	1994	131	提高采收率	833	25
		Namorado	1975	166	提高采收率	448	62
		Marlim	1985	853	提高采收率	2988	222
		Caratinga	1994	921	提高采收率	475	46
		Albacora	1984	1000	提高采收率	1518	253
		Barracuda	1989	1160	提高采收率	872	74
		Jubarte	2001	1246	提高采收率	1710	108
		Marlim Leste	1987	1260	提高采收率	1000	121
		Roncador	1996	1900	提高采收率	2915	414
		Marlim Sul	1987	1912	提高采收率	1838	260
		Albacora Leste	1986	2000	提高采收率	865	68
		Baleia Azul	2003	1426	生产	519	93

续表

国家	盆地	油气田名	发现年代	水深/m	开发状态	石油 2P 储量/(×10^6bbl)	天然气 2P 储量/(×10^6bbl 油当量)
巴西	桑托斯	Sagitario	2013	1871	评价	770	379
		Guanxuma A	2018	1990	评价	410	366
		Libra	2010	2159	评价	4650	1633
		Carcara (Santos)	2012	2160	评价	1050	621
		Berbigao	2012	2198	评价	1630	328
		Oeste de Atapu	2014	2262	评价	520	193
		Sepia	2012	2131	开发	1285	162
		Jupiter	2008	2187	开发	1255	439
		Sururu	2008	2230	开发	2930	1086
		Atapu	2013	2266	开发	2050	753
		Lula	2006	2126	提高采收率	5527	1855
		Lapa	2007	2135	提高采收率	620	217
		Buzios	2010	1889	生产	7000	2069
		Mero (Santos)	2010	1964	生产	3240	1138
		Sapinhoa	2008	2141	生产	775	224
	塞尔希培–阿拉戈斯	Carmopolis	1963	0	提高采收率	641	21
赤道几内亚	尼日尔三角洲	Alba Complex	1984	74	提高采收率	545	1103
		Zafiro Complex	1995	850	提高采收率	1500	190
俄罗斯	东巴伦支海	Shtokmanovskoye	1988	340	开发	445	20935
福克兰	北福克兰	Sea Lion	2010	450	评价	422	84
	福克兰高原	Loligo	2012	1450	评价	50	862
刚果	下刚果	N'Kossa Marine	1984	300	提高采收率	340	241
		Moho-Bilondo	1995	801	提高采收率	600	37
		Nene Marine	2012	24	生产	385	273
		Litchendjili Marine	1981	37	生产	645	476
圭亚那	圭亚那	Payara 1	2017	2030	评价	500	103
		Liza	2015	1743	开发	1720	336

续表

国家	盆地	油气田名	发现年代	水深/m	开发状态	石油 2P 储量 /(×10^6bbl)	天然气 2P 储量 /(×10^6bbl 油当量)
加拿大	大浅滩	Hibernia	1979	80	提高采收率	1654	665
		Terra Nova	1984	95	提高采收率	506	59
		White Rose	1985	122	提高采收率	522	583
		Hebron	1981	94	生产	709	78
	斯沃德鲁普	Hecla	1972	0	评价	10	521
		Drake Point	1969	0	开发	1	914
加纳	科特迪瓦	Jubilee	2007	1320	提高采收率	624	124
加蓬	加蓬海岸	Rabi-Kounga	1985	0	提高采收率	945	103
利比亚	佩拉杰	137N-C-001	1976	111	评价	130	448
		NC041-D-002	1977	166	评价	800	552
		NC041-E	1977	217	开发	225	324
		Bouri（NC041-B）	1977	171	生产	815	379
		Bahr Essalam（NC041-C）	1978	213	生产	259	1144
马达加斯加	穆伦达瓦	Tsimiroro	1909	0	开发	675	8
毛里塔尼亚	塞内加尔	Marsouin 1	2015	2398	评价	45	862
		Ahmeyim/Guembeul	2015	2710	评价	150	2586
美国	墨西哥湾	Tiber	2009	1259	评价	600	52
		North Platte	2012	1310	评价	550	36
		Ballymore	2017	1988	评价	650	52
		Whale	2017	2681	评价	375	181
		Hadrian North	2005	2249	开发	550	66
		Appomattox	2010	2200	开发	480	52
		Mars	1989	1014	提高采收率	795	164
		Tahiti	2002	1224	提高采收率	498	42
		Ursa	1990	1225	提高采收率	511	143
		Atlantis	1998	1344	提高采收率	533	63
		Julia	2007	2160	生产	510	11

续表

国家	盆地	油气田名	发现年代	水深/m	开发状态	石油2P储量/(×10⁶bbl)	天然气2P储量/(×10⁶bbl油当量)
莫桑比克	鲁伍马	Orca 1	2013	1061	评价	21	1793
		Agulha 1	2013	2492	评价	20	776
		Golfinho/Atum	2012	1027	开发	39	4931
		Prosperidade	2010	1465	开发	27	5603
		Mamba	2011	1585	开发	90	8621
		Coral	2012	2261	开发	16	2069
	莫桑比克	Pande	1961	0	生产	3	586
墨西哥	苏瑞斯特	Zama 1	2017	166	评价	600	52
		Jujo-Tecominoacan	1980	0	提高采收率	1271	380
		Samaria	1960	0	提高采收率	1789	374
		Cunduacan	1974	0	提高采收率	630	190
		Iride	1974	0	提高采收率	597	208
		Akal	1977	44	提高采收率	14630	1820
		Ku	1980	52	提高采收率	3099	351
		Maloob	1979	60	提高采收率	2539	195
		Zaap	1990	80	提高采收率	1821	163
		Giraldas	1977	0	生产	178	373
		Cardenas	1980	0	生产	487	184
		Jose Colomo	1951	0	生产	45	521
		Caan	1984	24	生产	912	320
		Xanab	2005	24	生产	465	53
		Chuc	1982	35	生产	1021	197
		Abkatun	1979	36	生产	2340	344
		Nohoch (Cantarell Complex)	1978	40	生产	676	52
		Pol	1980	55	生产	956	157
		Ayatsil	2007	114	生产	1178	24
	坦皮科-米桑特拉	Poza Rica	1930	0	提高采收率	1494	345

续表

国家	盆地	油气田名	发现年代	水深/m	开发状态	石油2P储量/($\times 10^6$bbl)	天然气2P储量/($\times 10^6$bbl 油当量)
墨西哥	坦皮科-米桑特拉	Panuco	1910	0	生产	383	185
		Cacalilao	1922	0	生产	357	169
尼日利亚	尼日尔三角洲	Nnwa-Doro	1999	1283	评价	325	769
		Bosi 1	1996	1424	评价	890	1453
		Owowo West	2012	595	开发	700	69
		Bonga North	2004	1142	开发	540	71
		Bonga Southwest	2001	1245	开发	805	121
		Egina	2003	1568	开发	550	86
		Obigbo North	1963	0	提高采收率	451	180
		Obagi	1964	0	提高采收率	651	212
		Obiafu-Obrikom	1967	0	提高采收率	467	717
		Delta	1965	7	提高采收率	459	159
		Okan	1964	9	提高采收率	1209	1090
		Oso	1967	15	提高采收率	820	603
		Meren	1965	16	提高采收率	1309	416
		Usari	1964	18	提高采收率	525	153
		Ubit	1968	25	提高采收率	1235	547
		Edop	1981	34	提高采收率	590	121
		Amenam-Kpono	1990	41	提高采收率	450	298
		Delta South	1965	46	提高采收率	569	188
		Yoho	1991	65	提高采收率	525	95
		Usan	2002	860	提高采收率	530	169
		Bonga	1996	1125	提高采收率	1295	150
		Erha	1999	1300	提高采收率	585	410
		Akpo	2000	1366	提高采收率	595	316
		Agbami	1998	1435	提高采收率	1450	139
		Opukushi	1962	0	生产	463	157

续表

国家	盆地	油气田名	发现年代	水深/m	开发状态	石油2P储量/($\times10^6$bbl)	天然气2P储量/($\times10^6$bbl 油当量)
尼日利亚	尼日尔三角洲	Otumara	1969	0	生产	516	87
		Kolo Creek	1961	0	生产	420	355
		Oben	1972	0	生产	270	327
		Biseni	1973	0	生产	174	484
		Awoba	1981	0	生产	338	210
		Soku	1958	0	生产	456	822
		Ekulama	1958	0	生产	618	159
		Ughelli East	1959	0	生产	245	480
		Alakiri	1959	0	生产	256	306
		Bonny	1959	0	生产	260	312
		Agbada	1960	0	生产	648	173
		Kokori	1961	0	生产	551	60
		Olomoro	1963	0	生产	648	53
		Cawthorne	1963	0	生产	984	378
		Utorogu	1964	0	生产	290	591
		Oguta	1965	0	生产	340	399
		M'Bede	1966	0	生产	284	288
		Jones Creek	1967	0	生产	836	154
		Etelebou	1971	0	生产	345	203
		Oshi	1972	0	生产	254	321
		Nembe Creek	1973	0	生产	1277	466
		Gbaran	1967	0	生产	209	751
		Imo River	1959	0	生产	1009	214
		Odidi	1967	0	生产	657	524
		Forcados Yokri	1968	10	生产	1432	207
		Meji	1965	11	生产	577	409
		Apoi North-Funiwa	1973	12	生产	544	405

续表

国家	盆地	油气田名	发现年代	水深/m	开发状态	石油2P储量/($\times10^6$bbl)	天然气2P储量/($\times10^6$bbl油当量)
尼日利亚	尼日尔三角洲	Enang	1968	25	生产	380	170
		Inim	1966	34	生产	440	74
		Etim	1968	40	生产	560	121
		Asasa	1968	45	生产	580	93
		Sonam	1976	59	生产	123	393
		Ubie	1961	0	暂时关停	260	430
		Egwa	1967	0	暂时关停	482	319
		Bomu	1958	0	暂时关停	595	335
		Asabo	1966	43	暂时关停	573	94
		Ekpe	1966	49	暂时关停	480	69
挪威	巴伦支海台地	Johan Castberg	2011	373	开发	558	111
		Snohvit	1984	335	生产	190	463
	伏令	Draugen	1984	280	提高采收率	902	52
		Midgard	1981	300	提高采收率	160	1116
		Norne	1992	390	提高采收率	586	121
		Smorbukk	1985	305	提高采收率	623	503
		Smorbukk South	1985	307	提高采收率	406	127
		Heidrun	1985	350	提高采收率	1038	259
	摩尔	Ormen Lange	1997	886	生产	122	1867
塞内加尔	塞内加尔	SNE	2014	1116	评价	641	177
		Teranga	2016	1800	评价	50	862
		Yakaar	2017	2538	评价	160	2586
塞浦路斯	埃色托尼海山	Calypso	2018	2074	评价	4	603
	黎凡特	Aphrodite	2011	1689	评价	7	608
坦桑尼亚	鲁伍马	Jodari	2012	1153	评价	8	707
		Mzia	2012	1639	评价	10	897
	坦桑尼亚	Tangawizi	2013	2300	评价	3	655

续表

国家	盆地	油气田名	发现年代	水深/m	开发状态	石油 2P 储量 /($\times 10^6$ bbl)	天然气 2P 储量 /($\times 10^6$ bbl 油当量)
坦桑尼亚	坦桑尼亚	Lavani	2012	2400	评价	3	655
		Zafarani	2012	2582	评价	3	690
以色列	黎凡特	Leviathan	2010	1667	开发	38	3683
		Tamar	2009	1678	生产	13	1764
印度	克里希纳-戈达瓦里	Deen Dayal	2005	60	生产	158	1312
	孟买	Heera	1977	50	提高采收率	512	347
		Mumbai High	1974	80	提高采收率	4741	1328
		Panna	1976	45	生产	247	287
		Bassein	1976	65	生产	551	1963
印度尼西亚	波拿巴	Abadi	2000	457	开发	333	3184
英国	法罗-西设得兰	Schiehallion	1993	375	提高采收率	650	47
		Lincoln	2016	156	评价	566	39
		Lancaster	2009	157	开发	523	71
		Clair	1977	150	提高采收率	975	129

截至目前，全球海域共有 28 个国家发现大油气田，2P 可采储量前 10 的国家分别是巴西、尼日利亚、墨西哥、澳大利亚、莫桑比克、俄罗斯、安哥拉、印度、挪威和埃及，可采储量分别为 653×10^8 bbl 油当量、568×10^8 bbl 油当量、441×10^8 bbl 油当量、331×10^8 bbl 油当量、246×10^8 bbl 油当量、214×10^8 bbl 油当量、115×10^8 bbl 油当量、114×10^8 bbl 油当量、92×10^8 bbl油当量和 74×10^8 bbl 油当量。

全球共有 43 个被动大陆边缘盆地发现了大油气田（图 9.5），2P 可采储量前 10 的大油气田分别为：东巴伦支海盆地俄罗斯海上的 Shtokmanovskoye 大气田，可采储量为 214×10^8 bbl 油当量；苏瑞斯特盆地墨西哥浅海的 Akal 油田，可采储量为 165×10^8 bbl 油当量；桑托斯盆地巴西海上深水 Buzios 油田，可采储量为 91×10^8 bbl 油当量；鲁伍马盆地莫桑比克深水 Mamba Complex 气田，可采储量为 87×10^8 bbl 油当量；桑托斯盆地巴西海上深水 Lula 油田，可采储量为 74×10^8 bbl 油当量；孟买盆地印度浅海的 Mumbai High 油田，可采储量为 61×10^8 bbl 油当量；鲁伍马盆地莫桑比克深水 Prosperidade Complex 气田，可采储量为 56×10^8 bbl 油当量；鲁伍马盆地莫桑比克深水 Golfinho 气田，可采储量为 50×10^8 bbl 油当量；桑托斯盆地巴西海上深水 Mero 油田，可采储量 44×10^8 bbl 油当量；桑托斯盆地巴西海上深水 Libra 油田，可采储量 39×10^8 bbl 油当量。

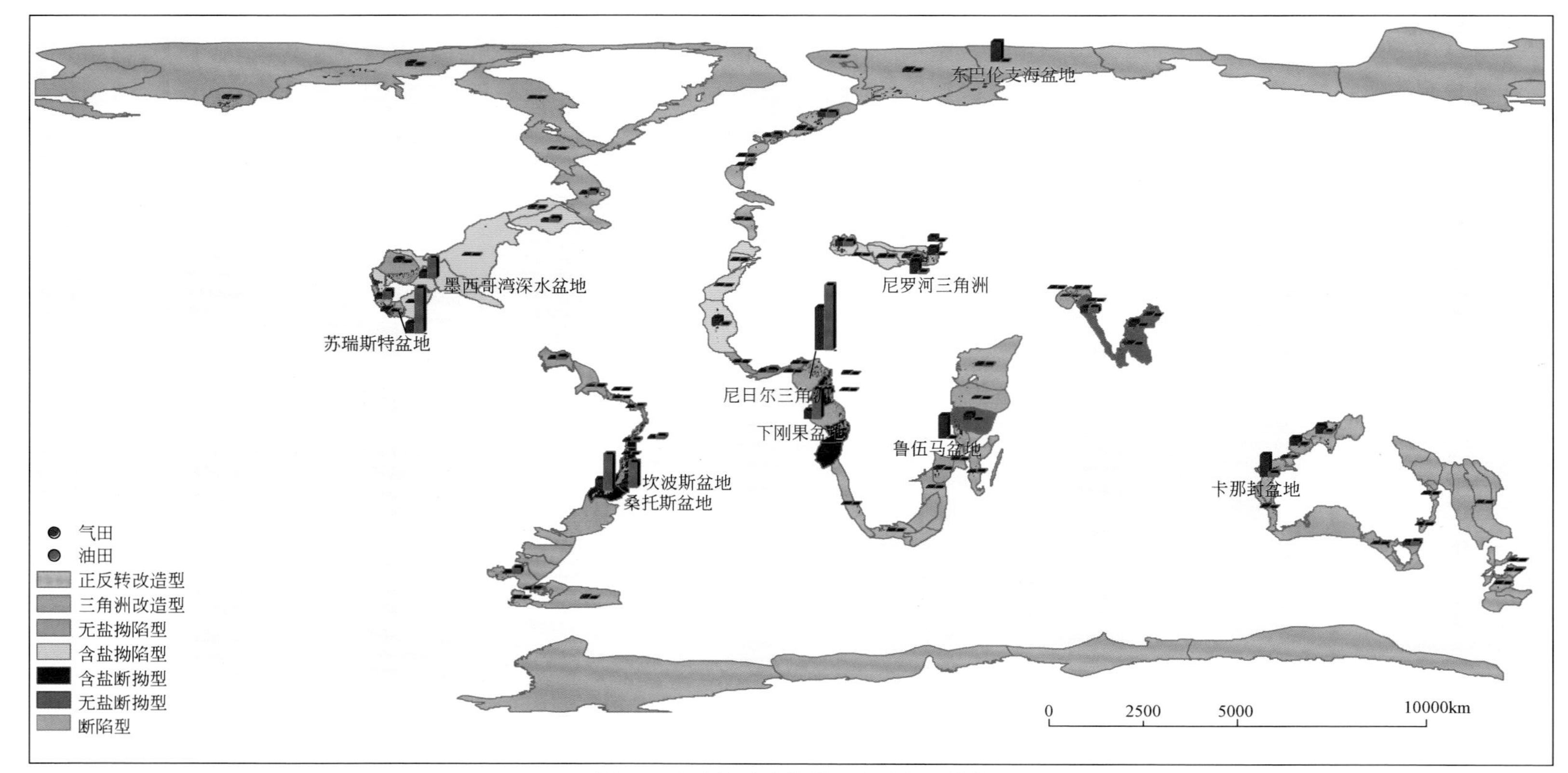

图9.5　全球被动陆缘盆地大油气田分布

截至目前，被动大陆边缘盆地陆上、浅水（水深小于 200m）、深水（200～1500m）及超深水（大于 1500m）均有大油气田发现（图 9.6），陆上、浅水、深水和超深水发现 2P 可采储量占比分别为 12%、30%、32%、26%，发现大油气田个数分别为 49 个、76 个、71 个和 43 个，总 2P 可采储量分别为 412×10^8bbl 油当量、1028×10^8bbl 油当量、1094×10^8bbl 油当量和 880×10^8bbl 油当量，平均储量规模分别为 8×10^8bbl 油当量、14×10^8bbl 油当量、15×10^8bbl 油当量和 20×10^8bbl 油当量。

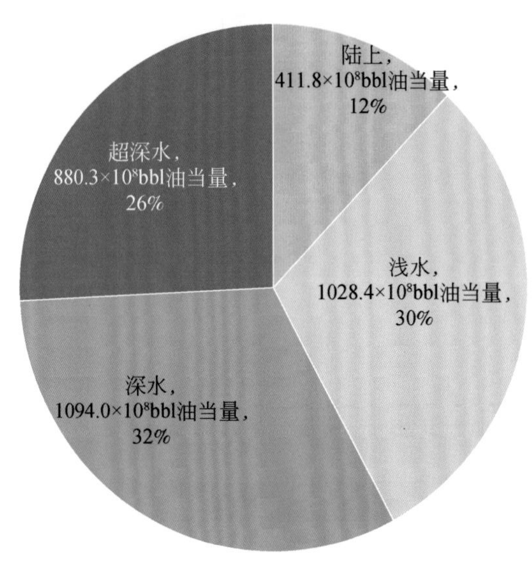

图 9.6　被动大陆边缘盆地大油气田储量水深分布

第二节　油气地质基本特征

所有被动大陆边缘盆地均经历了陆内裂谷期—陆间裂谷过渡期—被动大陆边缘漂移期 3 个原型阶段，其沉积充填具有明显的垂向叠加层序，易形成有利的生储盖组合关系。7 类被动大陆边缘盆地不同的盆地结构构造及沉积充填特征导致了差异明显的生、储、盖、圈闭等基本成藏条件（表 9.2）。

表 9.2　7 类被动大陆边缘盆地成藏要素属性

盆地类型	烃源岩	储集层	区域盖层	圈闭类型	大油气田成藏模式	典型盆地
正反转改造型	与改造前盆地一致	以上部拗陷期深水重力流砂体、礁滩体为主	漂移拗陷期细粒沉积	以反转背斜构造为主	反转层系挤压背斜型	黎凡特盆地
三角洲改造型	至少发育两套：拗陷层系和三角洲层系烃源岩	以三角洲层系河流—三角洲—重力流砂体为主	漂移拗陷期海相页岩	四个带上从里到外分别为滚动背斜、斜坡扇、牵引背斜和海底扇	三角洲层系四大环状构造带型	尼日尔三角洲、鲁伍马盆地

续表

盆地类型	烃源岩	储集层	区域盖层	圈闭类型	大油气田成藏模式	典型盆地
（转换）无盐拗陷型	一套烃源岩为主：拗陷期海相泥页岩，裂谷层系发育同样有利	以上部拗陷层系深水重力流砂体为主，兼顾过渡层系碳酸盐岩	漂移拗陷期海相页岩	以地层圈闭为主	拗陷层系海底扇群型	圭亚那滨海盆地
（拉张）含盐拗陷型	一套烃源岩为主：拗陷期海相泥页岩	以上部拗陷层系中晚期重力流砂体为主，其次为过渡期碳酸盐岩	漂移拗陷期海相页岩、盐岩、致密碳酸盐岩	以地层圈闭、盐构造相关圈闭为主	拗陷层系多类圈闭型	塞内加尔盆地
含盐断拗型	两套烃源岩：裂谷期湖相或海相泥页岩，漂移期海相泥页岩	下部裂谷层系以潟湖相碳酸盐岩为主；上部拗陷层系以重力流砂体为主	下部为盐岩，上部为海相页岩	盐上、盐下均以地层圈闭为主	盐下碳酸盐岩，盐上斜坡扇型	桑托斯-坎波斯盆地
无盐断拗型	两套烃源岩：裂谷期湖相或海相泥页岩，漂移期海相泥页岩	下部以裂谷层系河流—三角洲砂体为主，上部拗陷层系以重力流砂体为主，兼顾过渡期碳酸盐岩	漂移拗陷期海相页岩	下部以构造圈闭为主，上部以地层圈闭为主	下部裂谷层系构造型，拗陷层系斜坡扇型	坦桑尼亚滨海
断陷型	一套烃源岩：裂谷层系湖相或海相泥页岩	以裂谷层系河流—三角洲砂体为主，兼顾过渡期碳酸盐岩	漂移拗陷期海相页岩	以断层相关构造及构造—地层复合圈闭为主	裂谷层系构造型	澳大利亚西北大陆架系列盆地

一、烃源岩

被动大陆边缘盆地经过了3个原型盆地的垂向叠加，每套沉积层系都可能成为优质烃源岩，加上裂谷前层系，目前勘探已经证实最多可能发育5套烃源岩层系：裂谷期湖相/海相烃源岩、过渡期海相/潟湖相烃源岩、漂移早期海相烃源岩、漂移晚期三角洲相烃源岩和裂谷期前烃源岩。其中裂谷期湖相/海相烃源岩、漂移早期海相烃源岩、漂移晚期三角洲相烃源岩是储量贡献最多的烃源岩。

裂谷期湖相或海相烃源岩，主要分布于断陷型和断拗型两类盆地之中，在无盐（转换）拗陷型盆地下部窄裂谷层系中同样发育，但分布范围有限，三角洲改造型和正反转改造型两类盆地改造前如果属于断陷型或断拗型，也发育裂谷期烃源岩（图9.7）。

裂谷期湖相烃源岩主要分布于南大西洋两岸被动大陆边缘盆地，当时裂谷发育于大陆内部，类似于现今的东非大裂谷，近赤道温暖的气候条件、周缘丰富的物源供给以及断陷湖盆封闭的缺氧环境，富含藻类的有机质得以保存。这套湖相烃源岩，是世界级优质的烃源岩之一，当时分布于一个 SN 向陆内断陷湖盆之中，干酪根以Ⅰ、Ⅱ型为主。西非加蓬海岸盆地下白垩统 Melania 组烃源岩属于该套湖相烃源岩，TOC 平均为 6.1%，最大值为 20%，氯仿沥青“A”平均为 0.072%~0.365%。巴西东海岸各盆地目前发现的原油中有 95% 来自这套湖相源岩，有机碳含量主要集中在 5%~12%，最大值为 24.5%。

裂谷期海相烃源岩主要分布于印度洋周缘、北大西洋及东地中海盆地群，由于当时裂谷发生于陆地周缘，易沟通海水形成海相沉积。如西北大陆架早侏罗世到中侏罗世陆内的裂谷阶段，一直处于古特提斯洋南缘，在波拿巴、卡那封等断陷海盆中形成了富含有机质的泥页岩，干酪根为Ⅱ、Ⅲ型，以生气为主，TOC 介于 2.2%~13.9%（Bradshaw, 1993），为大气田的主要烃源岩之一。

过渡期（陆间裂谷）海相或潟湖相烃源岩，前者目前已经证实澳大利亚西北陆架断陷型盆地中比较发育，依据多用户地震数据推测在断陷型、无盐断拗型盆地该套烃源岩比较发育，因为这两类盆地陆内与陆间裂谷沉积环境具有一定的连续性。如澳大利亚西北陆架的卡那封 Dingo 组属于过渡期陆间裂谷阶段，其 TOC 一般 2%~3%，有机质类型与前述裂谷期一样为Ⅱ、Ⅲ型，以生气为主，（Bradshaw, 1993），也是大气田的主要烃源岩之一。而潟湖相烃源岩主要为陆间裂谷盐下拗陷内泥灰岩，主要发育于含盐断拗型盆地过渡层系中。

漂移早期海相烃源岩（图 9.8），除断陷型被动大陆边缘盆地之外，这套烃源岩广泛发育于其他 6 种类型，主要形成于漂移早期窄大洋海平面上升阶段，与裂谷期烃源岩不同，具有在陆坡甚至陆隆环境广泛分布的特点。如墨西哥湾及其周缘系列盆地下侏罗统提塘阶烃源岩为该类烃源岩，在洋壳范围之外均有分布，干酪根为Ⅱ型，TOC 一般 0.5%~5.0%，最高达 16%，HI 一般 200~800mgHC/gTOC，以生油为主，为该领域拗陷型、三角洲改造型、正反转改造型 3 类盆地最重要的烃源岩。

漂移晚期三角洲相烃源岩（图 9.9）只有在三角洲改造型被动大陆边缘盆地中才能成熟而有效供烃。如已证实的尼日尔、尼罗河、鲁伍马、下刚果及麦肯锡 5 个三角洲型盆地中，已发现油气主要来源于前三角洲泥页岩。以尼日尔三角洲为例，阿卡塔组和阿格巴达组下部前三角洲泥页岩 TOC 为 0.4%~14.4%，阿格巴达组下部页岩中 TOC 为 0.8%~5.2%。另外，也有学者对两口井的阿格巴达组和阿卡塔组页岩进行分析，得出页岩 TOC 平均为 2.5% 和 2.3%。综合各项研究结果，尼日尔三角洲生油岩 TOC 一般为 0.2%~6.5%，平均为 2.6%，页岩生烃潜力（S1+S2）为 7.5kg/t，属好-极好生油岩（侯高文等，2005）。

裂谷期前层系烃源岩（图 9.10）主要分布于澳大利亚西北陆架、东非沿岸及北大西洋两岸的夭折裂谷层系。如卡那封盆地 Locker 组 TOC 一般 1%~5%，有机质类型同样为Ⅱ、Ⅲ型，以生气为主（Bradshaw, 1993），也是大气田的主要烃源岩之一。值得注意的是，北冰洋周缘断陷型盆地目前刚刚进入漂移期，但其前裂谷期发育巨厚的沉积层系，应视为重点烃源岩层系。

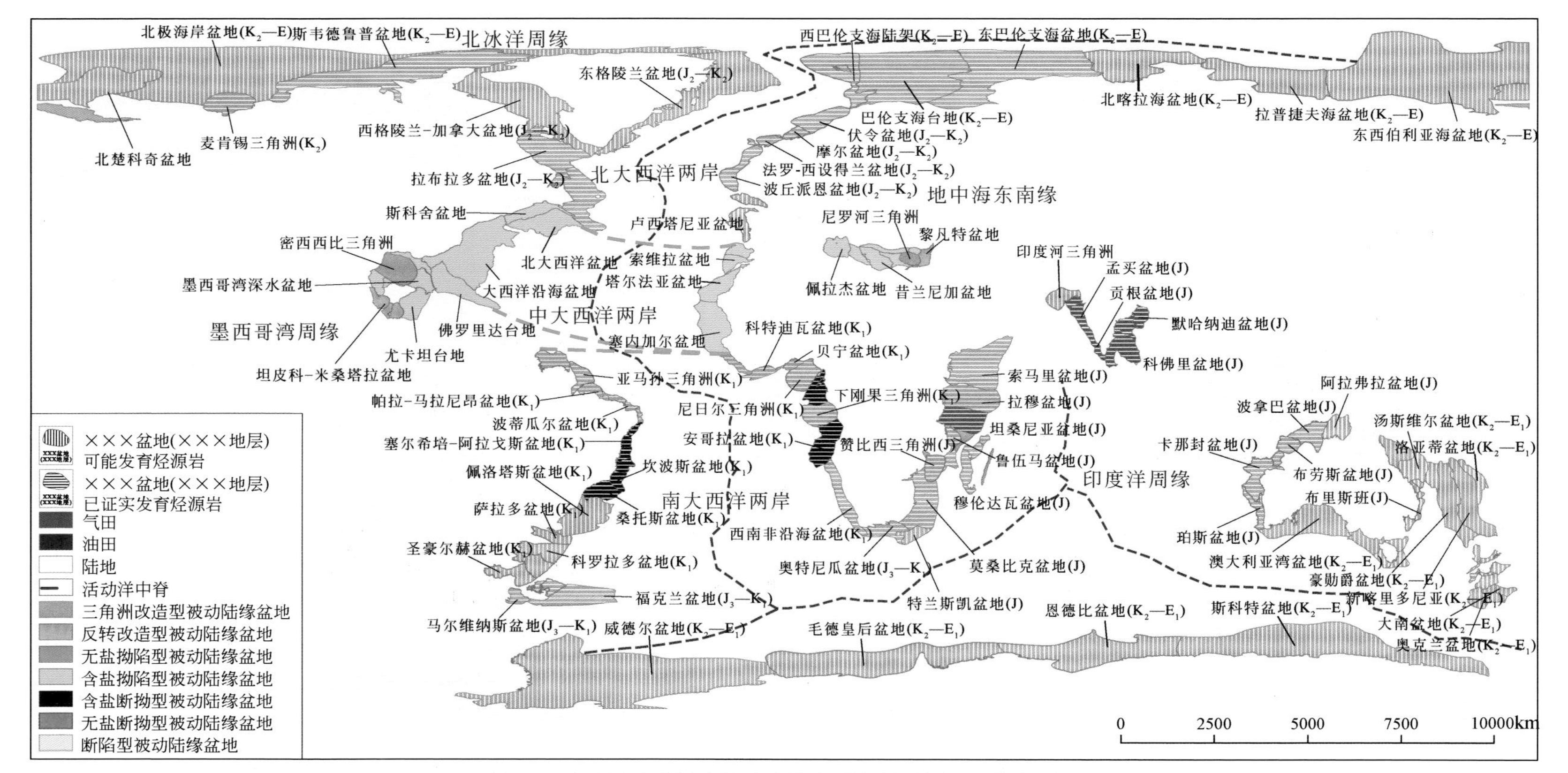

图9.7　全球被动大陆边缘盆地陆内裂谷层系烃源岩分布预测

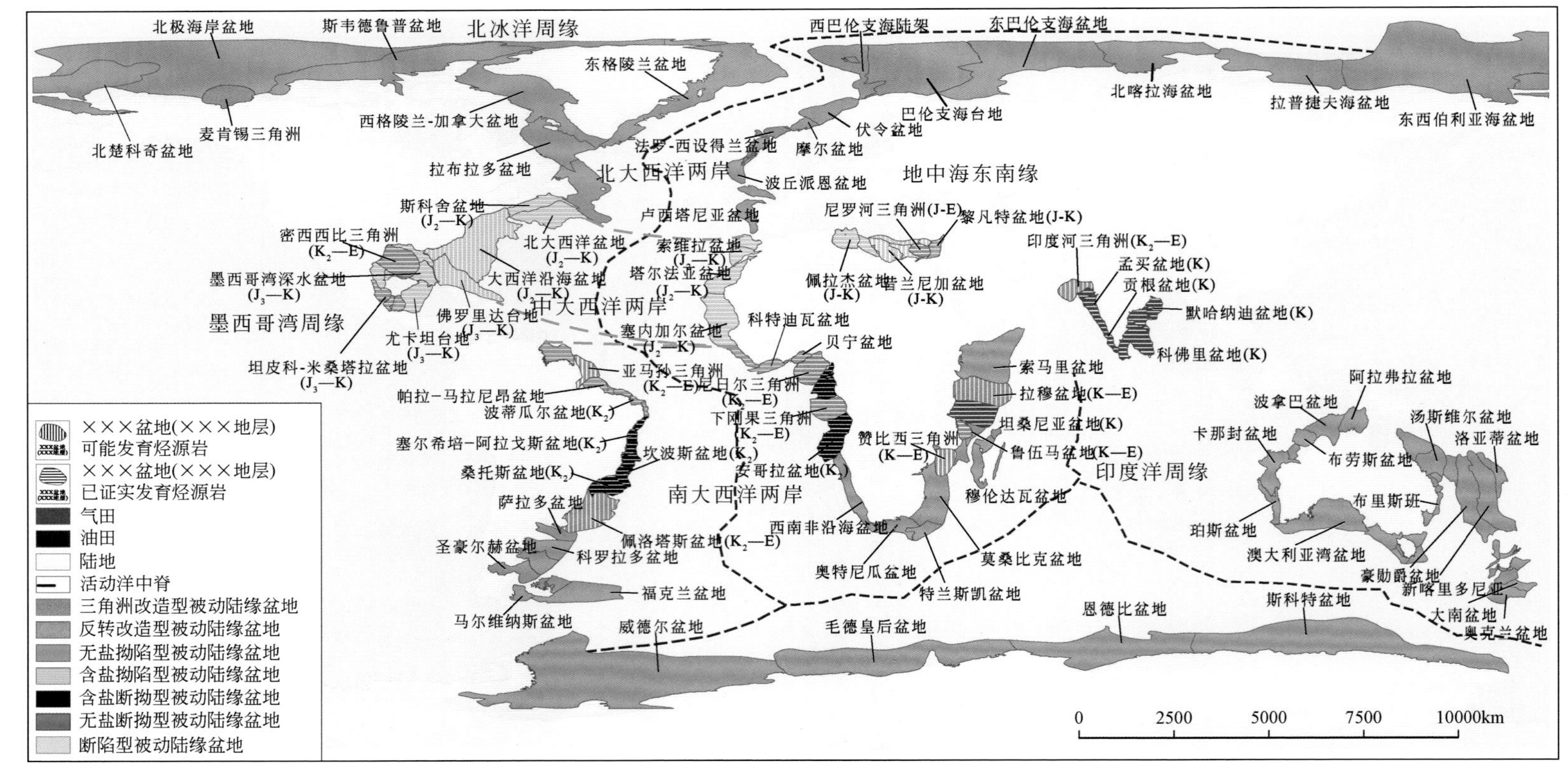

图 9.8　全球被动大陆边缘盆地漂移早期海相烃源岩分布预测

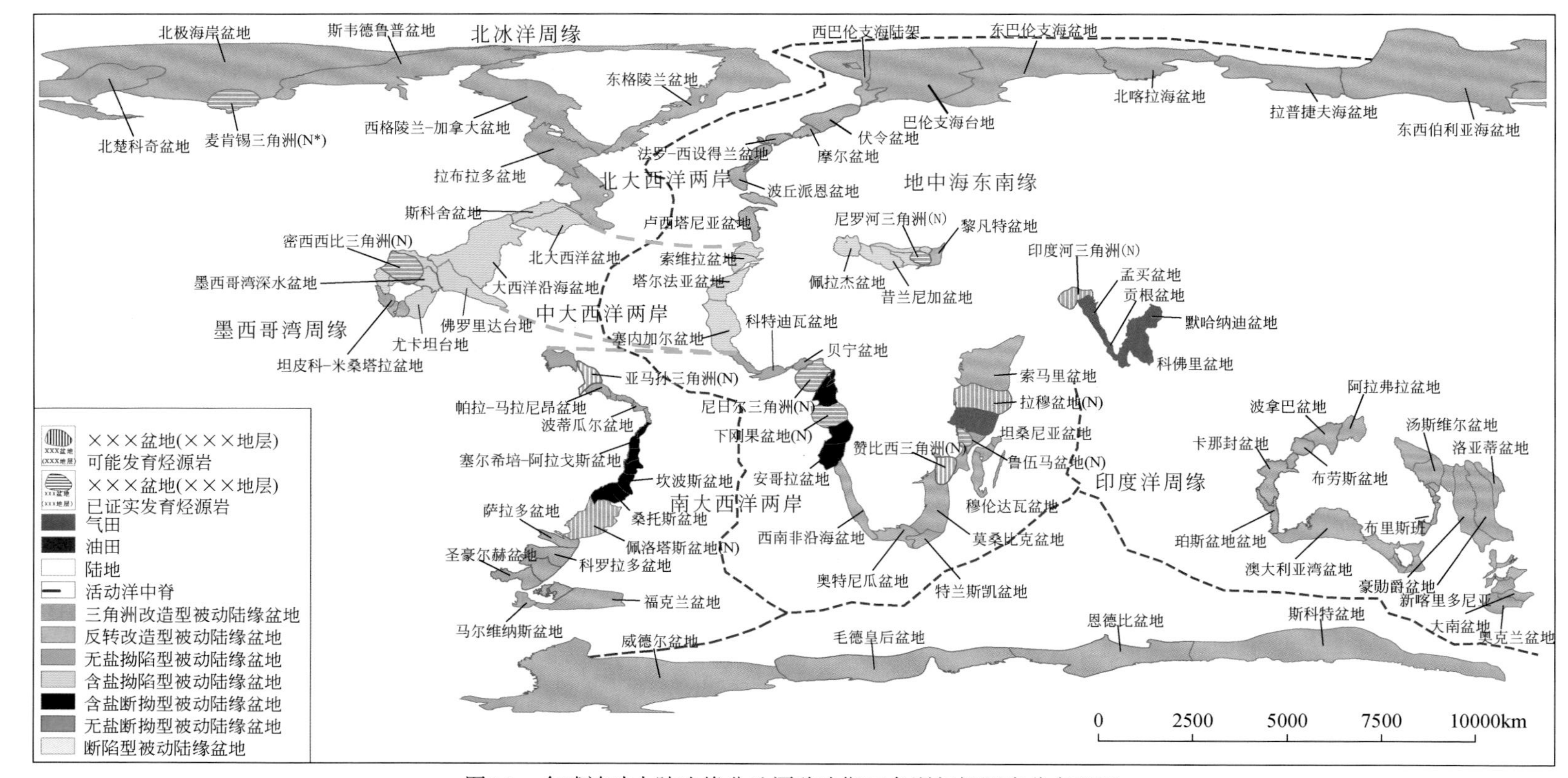

图9.9　全球被动大陆边缘盆地漂移晚期三角洲相烃源岩分布预测

*N 表示新近系烃源岩

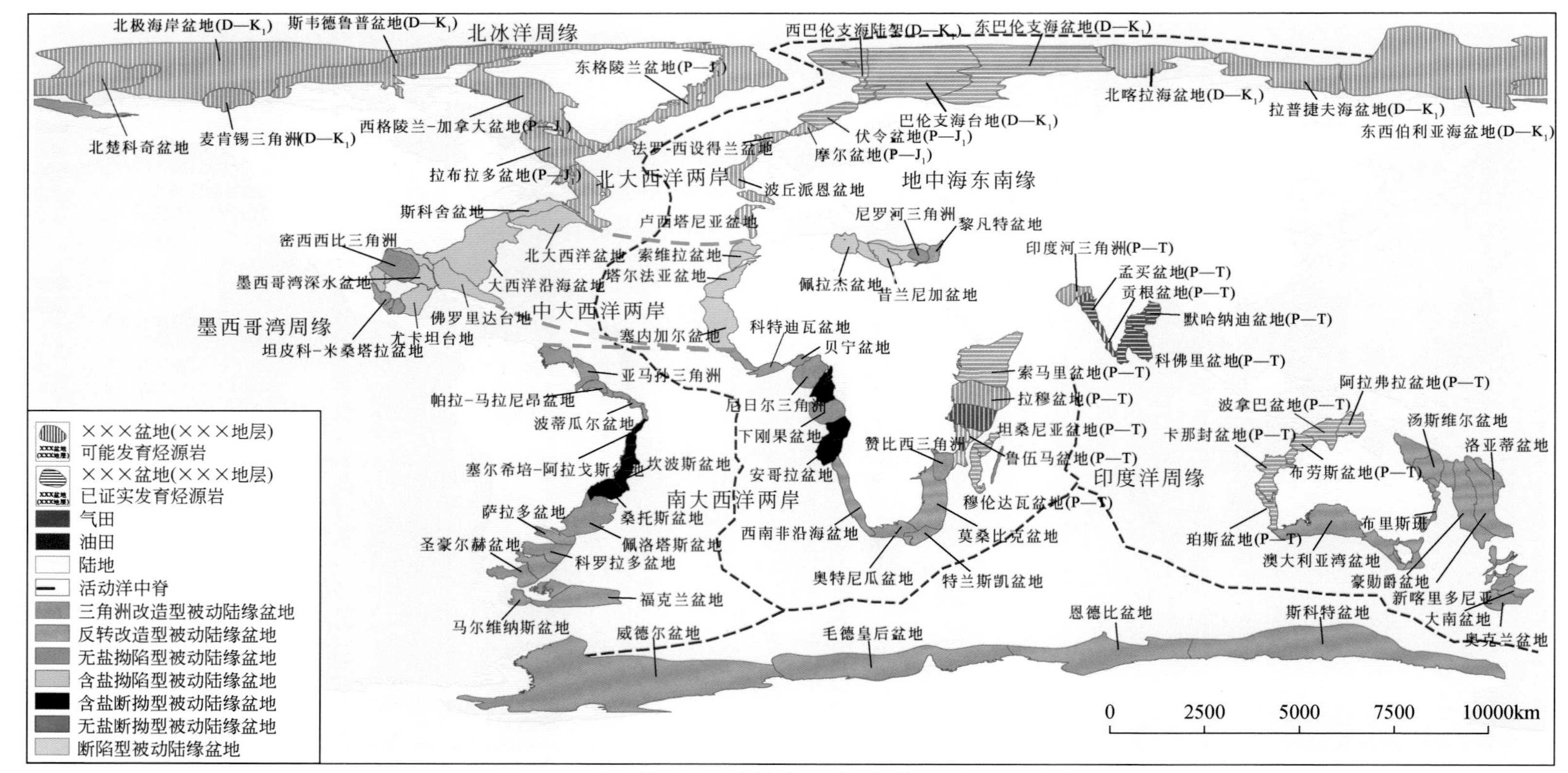

图 9.10　全球被动大陆边缘盆地裂谷期前层系烃源岩分布预测

二、储盖组合

被动大陆边缘盆地3个原型盆地垂向叠加，不但岩相变化快导致大油气田储、盖层岩石类型多，而且纵向多层系发育多套储盖，同时储盖组合类型丰富。

目前已证实大油气田储层类型多样（图9.11），主要包括3类：①河流—三角洲砂岩；②浅水碳酸盐台地高能相带上的（微）生物灰岩、生物碎屑鲕粒灰岩；③重力流砂、砾岩（碳酸盐岩）。盖层主要包括盐岩、石膏、泥页岩。目前已发现油气可采储量在河流—三角洲砂体、重力流砂砾岩和浅水碳酸盐岩中占比分别为37%、35%和28%。

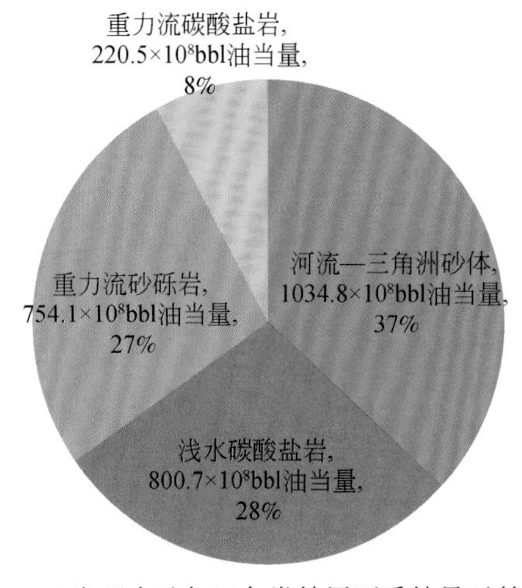

图9.11　已发现大油气田各类储层可采储量贡献饼状图

不同类型被动大陆边缘盆地大油气田储盖组合特点各异。断陷型盆地以澳大利亚西北缘为例，主要发育河流—三角洲砂岩与海侵页岩储盖组合，既有储盖层均为陆内—陆间裂谷层系本身的自储自盖型组合，也有裂谷层系顶部储层与漂移拗陷期盖层形成的下储上盖型组合，后者油气富集程度更高（图9.12）。无盐断拗型盆地以坦桑尼亚盆地为例，主要发育重力流砂岩与海相页岩储盖组合，全部位于漂移期拗陷层系之内，推测下部同样发育断陷型盆地的储盖组合类型。

但由于埋藏深勘探难度大，尚未证实。含盐断拗型盆地，以桑托斯盆地为例，发育两类组合：一是陆内—陆间裂谷层系顶部碳酸盐岩和蒸发盐岩储盖组合，二是漂移拗陷层系内部重力流砂体与海相页岩组合。无盐（转换）拗陷型盆地，以圭亚那滨海盆地为例，主要发育拗陷重力流砂体和海相页岩组合，也有少量碳酸盐岩与海相页岩组合。含盐拗陷型盆地，以塞内加尔滨海盆地为例，储盖组合全部位于拗陷层系，但由于盐岩及碳酸盐岩发育，储盖组合类型多样，既有重力流砂体与海相页岩组合，也有重力流砂体与盐岩组合，随着勘探程度的提高，肯定还会发现礁滩体与海相页岩或致密灰岩组合。三角洲改造型盆地最复杂，以尼日尔三角洲盆地为例，储盖组合全部位于漂移晚期三角洲层系，内环生长断裂带上发育三角洲砂岩与海侵页岩组合，其他内环塑性底辟带、外环逆冲褶皱带和前渊缓坡带上全部为重力流砂体与海相页岩组合。正反转改造型盆地储盖组合与改造前盆地类型完全一致。

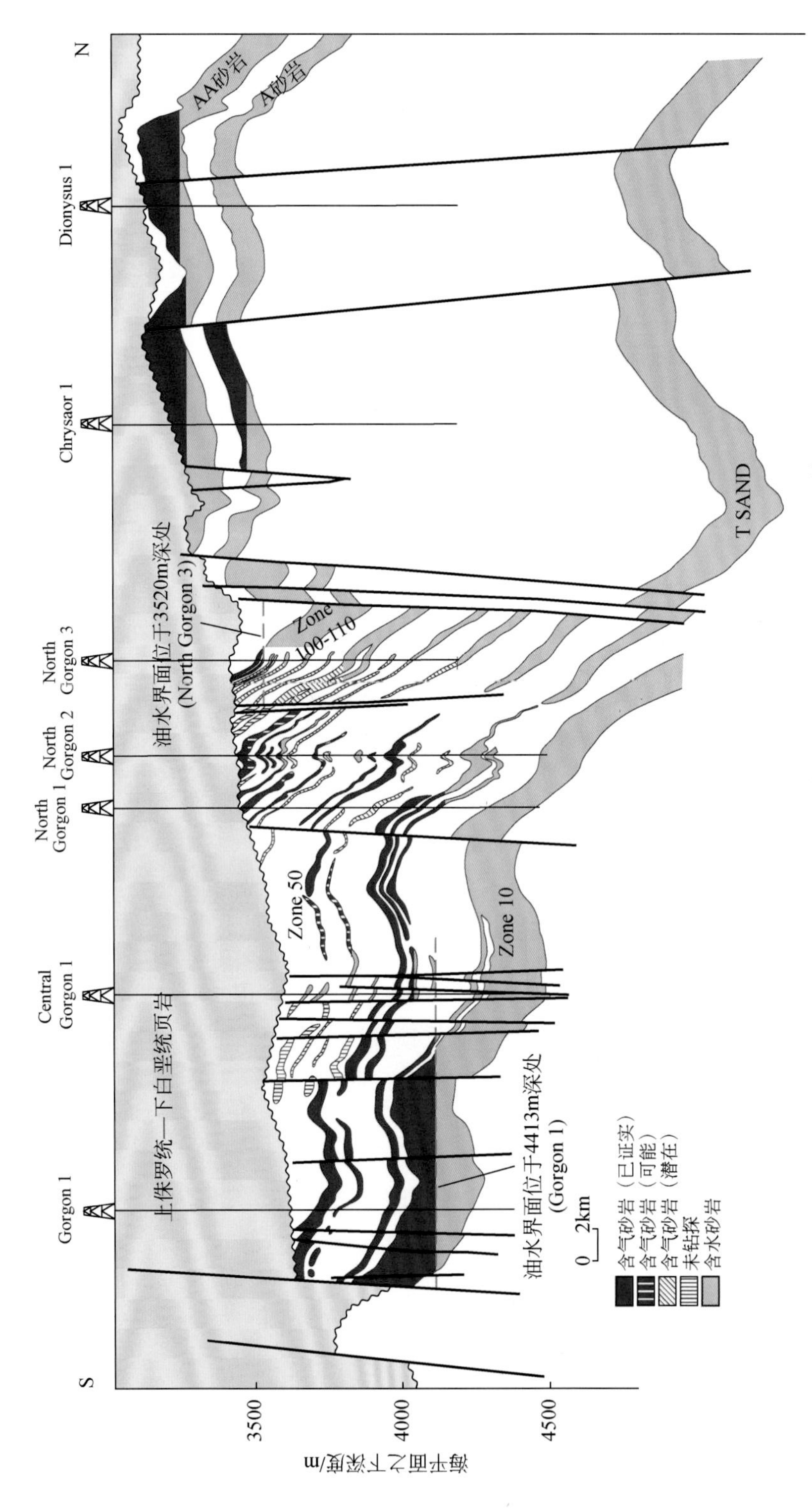

图 9.12　卡那封盆地Gorgon气田剖面（据Sibley et al.,1999修改）

三、圈闭类型

不同类型被动大陆边缘盆地的圈闭类型差异很大，特别是在北墨西哥湾这种既有盐岩又发育高建设性三角洲盆地之中，重力滑脱和塑性底辟作用可以形成有利于油气富集的各种圈闭，涵盖构造圈闭、地层圈闭及构造-地层复合3类圈闭（图9.13），目前勘探结果表明构造、地层及构造-地层复合3类圈闭赋存储量占比分别为39%、35%和26%。构造圈闭主要包括背斜、断背斜、断鼻、断块、盐岩穿刺背斜、盐上披覆背斜、盐枕、龟背斜等；地层圈闭主要有地层上倾尖灭、超覆、透镜体等；构造-地层复合圈闭指构造和地层共同影响形成的圈闭。

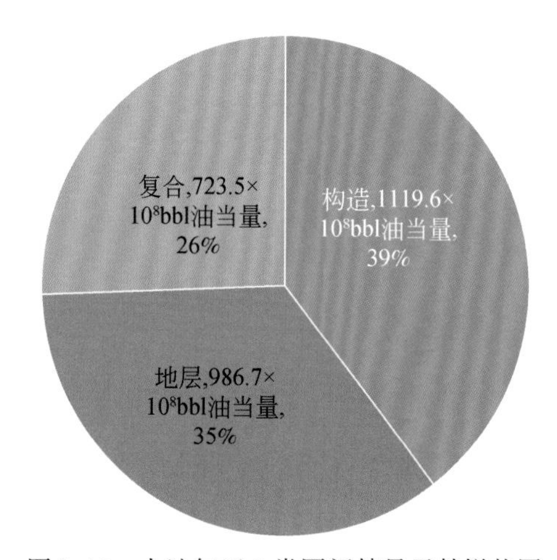

图9.13　大油气田3类圈闭储量贡献饼状图

断陷型被动大陆边缘盆地中，圈闭类型除了与裂谷盆地相似发育滚动背斜、断块等构造圈闭之外，陆间裂谷期强烈岩浆活动导致热隆升，形成区域性不整合，与不整合相关的构造-地层圈闭明显增多。

无盐断拗型盆地中，由于拗陷层系沉积厚度大，目前钻井一般只揭示了拗陷层系的成藏组合，因此除了关注与深水重力流砂体相关的岩性及断层-岩性复合圈闭之外，还应当关注下部未钻的裂谷层系中与断陷型盆地类似的构造及构造-地层圈闭（图5.9）。

含盐断拗型盆地中，大油气田主要富集在盐下披覆背斜碳酸盐岩内，盐上主要富集在与重力流砂体相关的岩性及断层-岩性复合圈闭中（图5.10）。

无盐（转换）拗陷型盆地，油气主要富集在拗陷层系重力流砂体所控制的岩性油气藏中，而陆内裂谷层系相关构造圈闭和过渡层系相关古隆起上的碳酸盐岩圈闭油气同样有利（图5.11）。

含盐（拉张）拗陷型盆地，受盐岩及碳酸盐岩发育影响，圈闭类型比较复杂。与盐构造和重力流砂体相关的复合油气藏和碳酸盐台地陡坡下重力流砂体形成的岩性圈闭已被证实为两类最重要圈闭类型。未来还应探索碳酸盐台地上礁滩相所形成的地层圈闭。

三角洲改造型盆地圈闭类型最复杂，不同构造带油气藏类型各异。以尼日尔三角洲盆地为例，内环生长断裂带上大油气田主要富集在滚动背斜、断背斜、断鼻、断块等构造圈闭中（图9.14）；中环塑性底辟构造带上主要为重力流砂体形成的岩性圈闭；外环逆冲褶皱带上主要为挤压背斜圈闭；前渊缓坡带上主要发育重力流水道—扇体系所形成的岩性圈闭。如果盐岩发育，中环油气藏类型要复杂得多，除了盐活动形成的次级凹陷中发育重力流砂体相关岩性油气藏外，还发育与盐构造相关的穿刺背斜、披覆背斜、盐枕、龟背斜等油气藏类型。

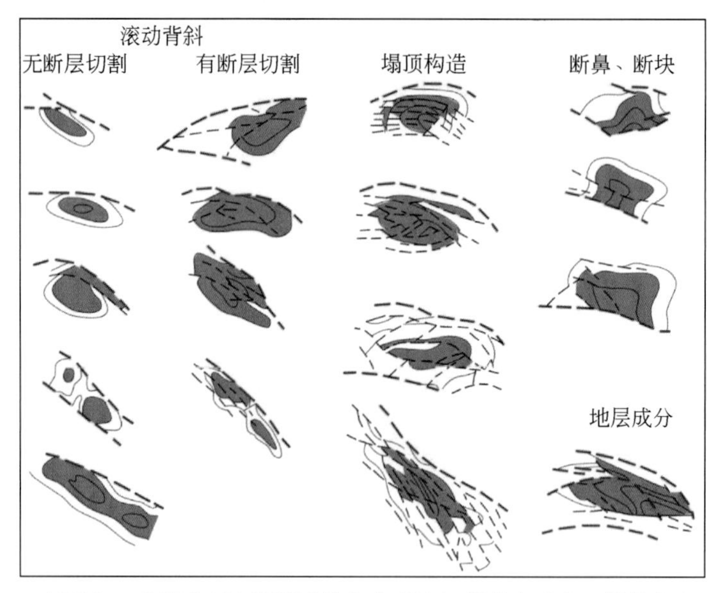

图9.14　尼日尔三角洲内环生长断裂带上典型油气藏形态示意（据侯高文，2005）

正反转改造型盆地圈闭类型除了与改造前盆地类型有关外，还与改造程度相关。如墨西哥湾西南缘的坦皮特-米桑特拉盆地、维拉克鲁斯盆地及苏瑞斯特盆地靠陆一侧，受挤压构造发生中度反转，以挤压背斜油气藏为主；而向深水延伸，逐渐转变为处于伸展构造环境，与周边未改造盆地具有相同的圈闭条件。

第三节　大油气田成藏规律

7类被动大陆边缘盆地各具特色的结构、构造及沉积充填，导致各自油气聚集规律的差异。本书通过对已发现大油气田的形成条件及其主控因素的分析研究，基本搞清了不同类型盆地的油气富集规律，并建立了其油气成藏模式。

一、断陷型被动大陆边缘盆地

断陷型盆地拗陷期沉积厚度薄，油气全部源于裂谷层系烃源岩，圈闭以裂谷阶段形成的构造圈闭及地层-构造复合圈闭为主，拗陷期海相页岩作为优质区域盖层，形成“裂谷层系构造型”成藏模式（图 9.15）。以澳大利亚西北大陆架为例，目前已发现的 20 个大气田，凝析油可采储量为 19.85×10^{8}bbl、天然气 119Tcf，油气全部集中分布于下部两套裂谷层系之中的构造或地层-构造复合圈闭之中。其中 8 个大油气田的油气来源于侏罗系陆内—陆间裂谷层系，12 个大油气田的油气来源于裂谷前层系即二叠系—三叠系夭折裂谷层系，储集层以河流—三角洲砂体为主，区域盖层为白垩纪以来的海相页岩。

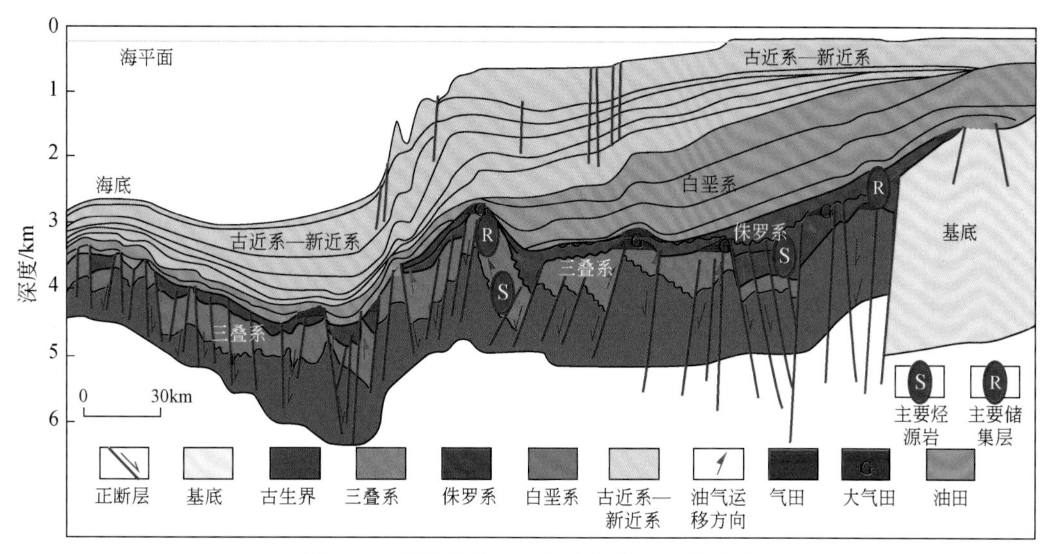

图 9.15 断陷型被动大陆边缘盆地成藏模式

二、无盐断拗型被动大陆边缘盆地

该类盆地除了裂谷层系油气系统活跃之外，沉降中心沉积物厚度大于 5000m 的拗陷层系下部海相页岩也具有丰富的油气资源基础，能够形成“拗陷层系斜坡扇型-裂谷层系构造型”油气成藏模式（图 9.16）。以坦桑尼亚盆地为例，其下部裂谷层系能够形成自生自储自盖型构造或地层-构造复合圈闭为主的成藏组合，由于勘探的技术和经济限制，目前能够钻遇的仅限于陆上及浅水地区，且规模以中小型为主，如 Song Song 气田；上部漂移期拗陷层系从晚白垩世开始，河流—三角洲—深水重力流沉积体系发育，不但形成了拗陷层系中具有优质储集条件的重力流河道—斜坡扇体系，而且拗陷层系本身由于沉积厚度大，下部烃源岩已进入生排烃高峰期，能够提供丰富的油气资源。目前已发现 6 个大中型重力流斜坡扇气田，总可采储量 30.1Tcf。值得注意的是，如果该类盆地发育在低纬度地区，在过渡期陆间裂谷阶段，在垒式高点和凹间古隆起上也一定能够形成孤立状礁滩建造，应作为未来油气勘探的有利成藏组合。

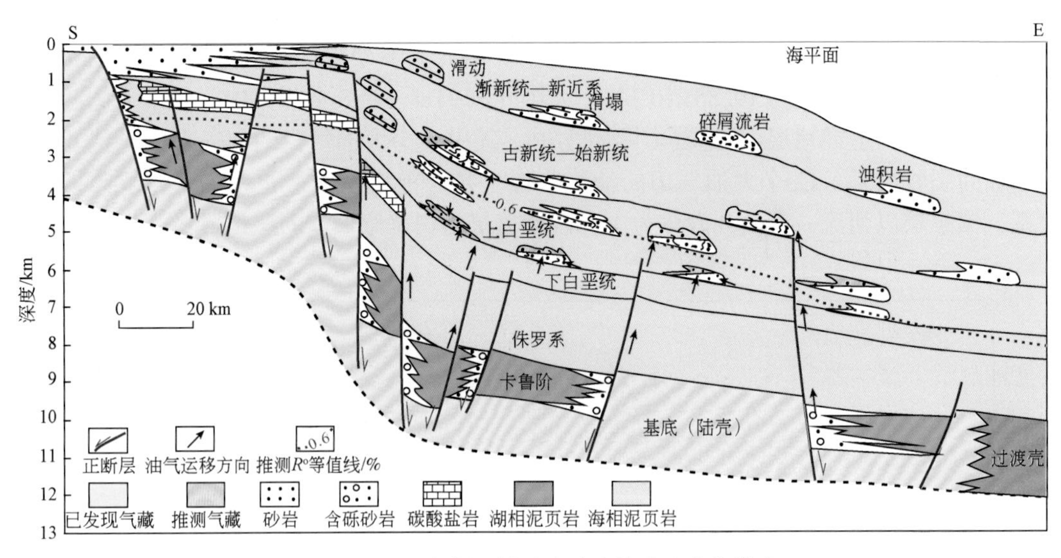

图 9.16　无盐断拗型被动大陆边缘盆地成藏模式

三、含盐断拗型被动大陆边缘盆地

与无盐断拗型盆地相比，该类盆地同样发育拗陷层系（盐上）和裂谷层系（盐下）两套含油气系统，不同之处仅在于陆间裂谷阶段发育的盐岩和碳酸盐岩有效组合，形成了“盐下裂谷层系碳酸盐岩型-盐上拗陷层系斜坡扇”油气富集模式（图 5.10）。例如，巴西东海岸的桑托斯盆地和坎波斯盆地，盐岩分布范围广，但对与之相关的油气藏形成所起作用却不相同。在盐岩活动较弱的桑托斯盆地，下部裂谷层系形成油气全部被盐岩高效封盖在下伏的碳酸盐岩礁滩体中，形成巨型油气藏，目前共发现 10 个该类大型油气藏，2P 石油可采储量达 430×10^8bbl 油当量。而在北部盐岩活动强烈的坎波斯盆地，盐上、盐下分别发现了 15 个重力流斜坡扇和 2 个碳酸盐岩大型油气田，总 2P 石油可采储量为 310×10^8bbl 油当量，其中盐上油气除了源于自身拗陷层系外，下部裂谷层系沿盐窗断层向上疏导的油气也做了重要贡献。

四、无盐拗陷型被动大陆边缘盆地

该类盆地勘探程度较低，据现有多用户地震资料分析能够形成“拗陷层系裙边状海底扇群型”油气富集模式（图 5.11）。以西非中北段科特迪瓦盆地为例，它是从窄而深的被动裂谷演化成被动大陆边缘盆地，其大陆边缘受倾角较大的张扭断层控制，形成“窄陆架、陡陆坡型”盆地结构。因为重力作用易在下斜坡与陆隆位置形成“裙边状”海底扇。由于被动裂谷分布范围窄，大部分地区缺乏裂谷层系。油气主要源自拗陷层系海相沉积，拗陷层系下部埋深超过 4000m 的海底扇中油气富集程度高，目前已经发现的 Jubilee 等几个大油田均属海底扇所形成的地层圈闭。当然，如果下部张扭裂谷层系发育，同现今的中西非被动裂谷系一样，也可以形成丰富的油气聚集。

该类盆地勘探有两点值得注意：一是受陡陆坡构造环境影响，海底扇主要发育在水深1500～4500m的超深水环境。目前钻井主要分布于2000m以上的水深环境，随着超深水勘探技术的提高，推测该类盆地在2000～4500m之间的海域，会有更多大油气田发现。二是过渡期形成的碳酸盐岩礁滩体也应视为有利勘探目标组合。

五、含盐拗陷型被动大陆边缘盆地

目前，该类盆地的勘探刚刚开始，据对已发现油气藏的多用户地震资料分析，认为该类盆地能够形成"拗陷层系多类圈闭型"成藏模式（图9.17）。以中大西洋两岸盆地为例，由于裂谷层系烃源岩不发育，油气主要源于拗陷层系。拗陷早期，侏罗纪—下白垩统阿普特期滨岸发育碳酸盐台地，形成宽陆架、陡陆坡型边缘，拗陷晚期早白垩世阿尔布阶以来三角洲砂体沿碳酸盐台地陡坡垮塌，深水重力流海底扇十分发育。盐岩形成于下部陆间裂谷层系，盐构造活动贯穿整个被动漂移期沉积过程，拗陷层系形成了多种与盐相关构造圈闭。目前证实发育3类成藏组合：一是阿尔布阶三角洲砂体，位于碳酸盐台地所形成宽陆架上。如塞内加尔盆地所发现的SNE凝析气田，凝析油可采储量4.73×10^{8}t，天然气0.8Tcf。二是阿尔布阶—马斯特里赫特阶重力流海底扇，主要沿陡坡带前渊平缓海底之上发育，也是该类盆地油气富集程度最高的成藏组合。如2014年以来的一系列发现，包括毛里塔尼亚的Guembeul、Tortue油气田和塞内加尔海上的Yakaar、FAN油气田等，天然气累计2P可采储量超过40Tcf，石油可采储量2×10^{8}bbl。三是新近系盐构造相关圈闭，储层也为重力流砂体，如Chinguetti油田，2P可采储量为2.1×10^{8}bbl。推测可能发育侏罗系—早白垩世阿普特阶碳酸盐岩礁滩体油气藏，虽然目前尚未证实，但随着地球物理勘探技术

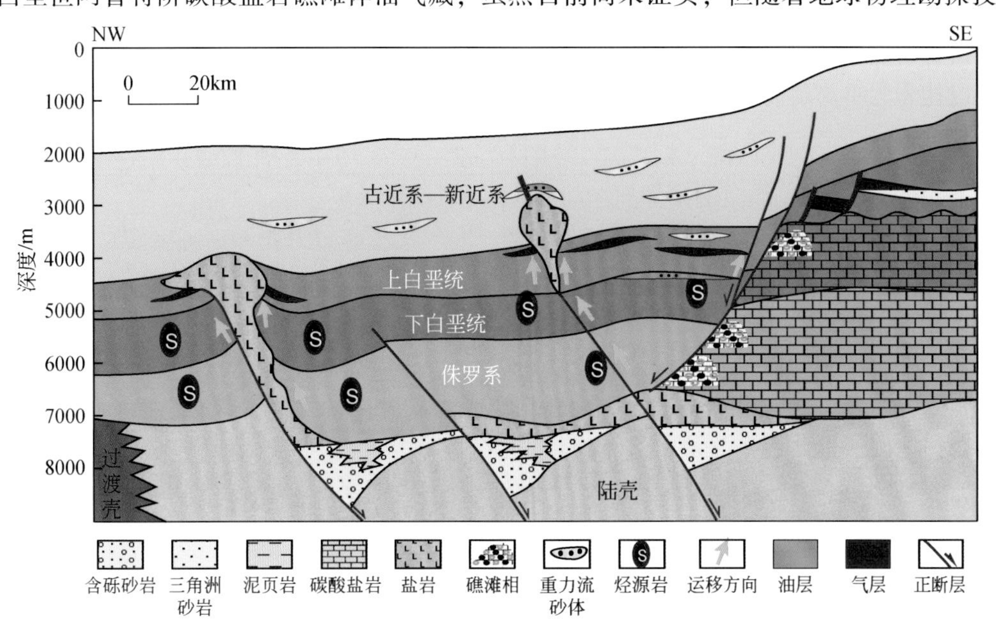

图9.17　含盐拗陷型被动大陆边缘盆地成藏模式

的进步，若找准礁滩体等有利相带，相信未来会发现更大规模的碳酸盐岩油气田。

六、三角洲改造型被动大陆边缘盆地

该类盆地能够形成“三角洲层系四大环状构造带型”油气富集模式（图 5.8、图 5.12）。其烃源岩可能来自裂谷层系、拗陷层系和三角洲改造 3 套层系，故在 7 类盆地中资源基础最雄厚。纵向上，裂谷层系和拗陷层系也可形成与断拗型盆地类似的成藏规律，但由于后期高建设性三角洲的改造作用，由陆向海均发育生长断裂带—塑性底辟带—逆冲褶皱带—前渊斜坡带四大环状构造单元，形成了多种有利于油气富集的圈闭类型，如生长断裂带上的滚动（断）背斜、塑性底辟带上的斜坡扇、逆冲褶皱带上的牵引背斜、前渊深水平缓斜坡带上的海底扇。

每个三角洲盆地发育规模不同，四大环状构造带发育程度也不一，油气富集程度也有所不同。如在勘探程度最高的尼日尔三角洲盆地中，四大构造带均有大油气田发现，其中内环生长断裂带上的滚动背斜油气最为富集，已发现的 34 个大油气田中有 28 个属于该类型。而外环挤压背斜构造带上发现了 Agbami-Ejoli、Bonga 和 Zafiro3 个大油气田，中环泥底辟带上发现 Alba 及 Erha 2 个大型斜坡扇油气田，在前渊深水海底扇发现了 Futune 大气田。鲁伍马三角洲盆地的 15 个大气田中，有 14 个位于前渊缓坡海底扇中。而尼罗河三角洲盆地的钻井主要限于浅水海域的生长断裂带上，且发现了系列大气田，随着深水勘探的加强，在其他 3 个构造带上一定会有所突破。

值得注意的是，如果三角洲改造型盆地中过渡期盐岩发育，油气运移聚集和油气藏的形成过程更复杂，尤其是中部塑性底辟带上（图 9.18）。以北部墨西哥湾为例，由于盐岩形成于过渡期，整个漂移期沉积过程也是盐活动的过程。首先，盐岩层相对其上覆碎屑岩地层而言密度较低，在大陆斜坡重力和密度反转引起的浮力作用下，盐岩及其上覆地层一方面以盐岩为拆离层向洋一侧运动。其次在靠陆一侧发生伸展形成大量铲式正断层发育带

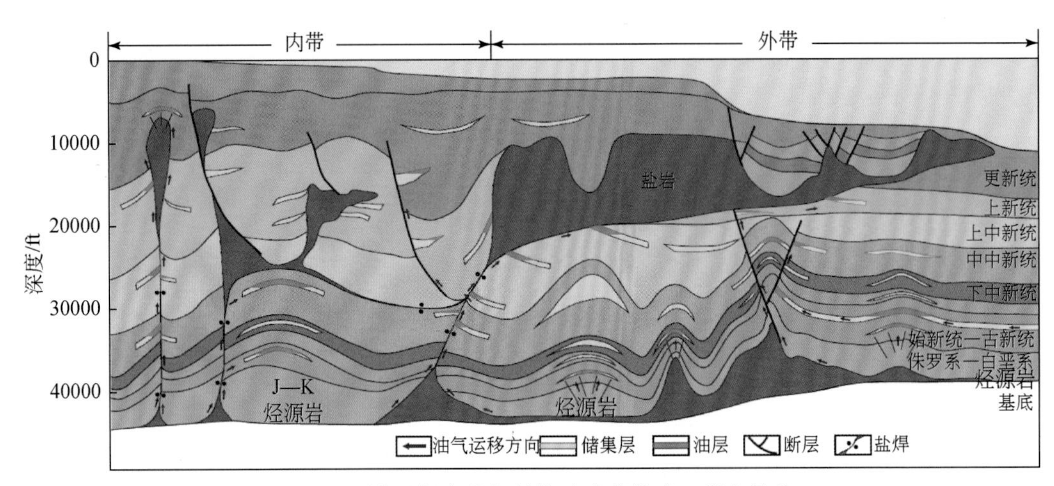

图 9.18　北墨西哥盆地深水盐相关构造成藏模式（据卢景美，2014）

和盐流动相关构造，向洋一侧发生挤压收缩而形成逆冲断层带。其间大量盐层向上覆地层发生底辟作用形成盐底辟构造带，盐构造顶部的断裂剖面样式呈“地堑式”，平面样式呈环绕盐体的辐射状。盐体围岩接触断裂既是盐体边缘溶解的发生地，也是盐构造中、下部油气流动的最活跃通道。成熟的盐底辟周围地层中常发育一些正断层，规模较大的断层切割较深，可促使油气向盐构造流动、汇聚。盐丘地堑式断裂构造样式中，油气常沿着盐体围岩接触断裂通道向上运移至地堑式断裂通道，再沿其向上运移到上覆地层的各种圈闭之中（卢景美等，2014）。

七、正反转改造型被动大陆边缘盆地

该类盆地可以是前6种类型盆地在新近纪尤其是中新世发生反转所致，烃源岩及储集层条件与原有盆地一致。不同之处在于，受构造反转控制，油气经过反转断层发生垂向运移（或再分配），形成了“反转层系挤压背斜型”油气富集模式（图9.19）。如东地中海黎凡特盆地，油气源于三叠系裂谷期和侏罗系拗陷早期，而目前发现的大气田全部位于新生代反转形成的中新统背斜圈闭之中，南墨西哥湾苏瑞斯特盆地也具有同样的成藏特点。

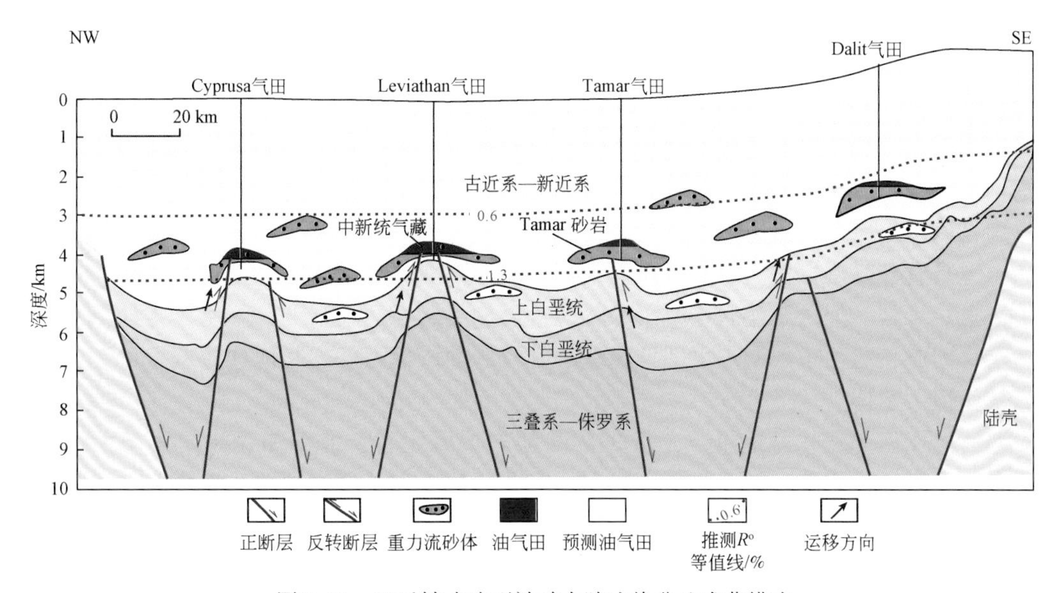

图9.19　正反转改造型被动大陆边缘盆地成藏模式

第四节　勘探潜力与方向

全球被动大陆边缘盆地分布范围广，涉及国家多，涵盖类型多，成藏条件差异大，勘探程度极不均衡，整体上仍处于勘探程度很低的风险勘探阶段，勘探潜力巨大。

一、三角洲改造型被动大陆边缘盆地

已经被勘探证实的尼日尔、下刚果、尼罗河、鲁伍马、密西西比（墨西哥湾深水盆地）和麦肯锡6个三角洲型盆地中，仍然具有较好的勘探潜力。尼日尔、尼罗河和麦肯锡3个三角洲盆地勘探程度较高，其浅水生长断裂带上三角洲砂体精细勘探潜力大，深水尤其是超深水重力流水道—扇体勘探程度较低，通过大面积三维地震一定会锁定大量岩性圈闭。下刚果盆地由于类似于扇三角洲沉积，加上盐岩底辟活动等影响，中部底辟构造上的水道—扇体勘探不容忽视，同时，其盐下碳酸盐岩成藏组合也值得关注。鲁伍马盆地尽管其前渊缓坡带重力流砂体勘探程度较高，但内环生长、外环逆冲褶皱带仍有潜力。墨西哥湾深水重力流砂体物源体系多，不仅有源于北部密西西比三角洲方向的砂体，西部也可能发育高建设性三角洲砂体，因而处于墨西哥境内的深水地区勘探潜力大。

依据多用户地震资料推测，可能属于三角洲型盆地的佩洛塔斯、福斯杜亚马孙、赞比西、拉穆及印度河等勘探程度均很低，其四大环状构造带均可能形成大型油气田。

二、含盐断拗型被动大陆边缘盆地

含盐断拗型盆地全部分布于南大西洋两岸中段，盐上盐下两套成藏组合均可形成大油气田。

巴西东海岸桑托斯盆地深水盐下西南部仍发育尚未钻探的大型继承性构造圈闭，盐上靠近西部拗陷也有重力水道—扇体发育，值得关注。坎波斯盆地勘探与桑托斯正好相反，原来一直以盐上重力流水道—扇体为主要目标，其盐下只要盐窗不发育，成藏条件也一样优越，也具有较好勘探潜力。坎波斯盆地北部的圣埃斯皮里图桑托至塞尔希培-阿格拉斯盆地，虽然含盐，但由于盐岩当时沉积较薄，再加上后期运动强烈，不能作为盐下有利区域盖层，因此，除了圣埃斯皮里图桑托盐下有较好勘探潜力外，其他盆地重点目标是盐上重力流水道—扇体。

西非海岸南部宽扎盆地重点是盐下碳酸盐岩成藏组合，北部加蓬海岸至杜阿拉等盆地，以盐上水道—扇沉积体系为主，兼顾盐下碳酸盐岩和砂岩两种类型成藏组合。

三、断陷型被动大陆边缘盆地

断陷型盆地分布范围最广，主要分布在北冰洋周缘、澳大利亚周缘、南极洲周缘、南大西洋南段两岸、北大西洋两岸等地区。该类盆地只在北冰洋周缘低纬度陆架区、北大西洋东岸、澳大利亚西缘和南大西洋南段东岸等进行过低到中等的勘探活动，勘探前景广阔，其中北冰洋周缘勘探潜力最大，其次是北大西洋西岸、澳大利亚周缘及南大西洋南段西岸。

北冰洋周缘主要发育10个被动大陆边缘盆地。区域地质研究表明，该地区从晚古生代到晚白垩世发育弧后伸展—弧后前陆系列盆地，从晚白垩世才开始进入属于被动大陆边缘阶段的裂谷—过渡—漂移拗陷演化周期，且3个原型盆地叠加沉积厚度不大，但裂谷期断裂活动断开裂谷前层系地层，纵向上多套有利烃源岩被晚期裂谷期断裂沟通后，与裂谷期大型构造圈闭配置，易形成大型油气藏，勘探潜力最大。

北大西洋西岸即东格陵兰沿海盆地，与北大西洋东岸系列被动大陆边缘盆地具有相同的成盆演化历史，它们在陆内—陆间裂谷阶段和裂谷前阶段都属于同一个大型裂谷盆地。目前在东海岸伏令、摩尔等盆地已发现2P可采储量236×10^8bbl，其中大油气田11个，而东格陵兰盆地目前勘探活动主要限于陆上地区，由于缺乏有效烃源岩及区域盖层，潜力有限，浅水及深水区漂移拗陷期海相泥页岩盖层普遍发育，勘探前景好。

其他地区中，澳大利亚西北陆架深水区尚有勘探潜力，东缘至新西兰岛一带盆地的裂谷层系只要具有一定的沉积厚度，同样具备勘探潜力。南大西洋南段西岸福克兰岛周缘盆地、奥特尼瓜盆地及科罗拉多等盆地下部，裂谷层系比较发育，其中前者勘探已经有所突破，也有比较好的勘探前景。

四、含盐拗陷型被动大陆边缘盆地

含盐拗陷型被动大陆边缘盆地主要分布于中大西洋两岸。西岸从北向南包括加拿大斯科舍盆地、美国大西洋沿岸盆地和佛罗里达台地3个盆地，东岸从北向南包括杜卡拉、索维拉、塔尔法亚、塞内加尔4个盆地。两岸盆地中，大部分盆地钻井勘探活动主要局限于陆上及浅水，且发现少量中小型油气田，只有斯科舍盆地和塞内加尔两个盆地钻井活动已经迈向深水领域，而且均有大油气田发现，表明该类盆地深水区域良好的勘探远景。

该类盆地盐下陆内裂谷以陆相红色充填为主，推测不发育烃源岩，陆间裂谷盐岩在后期拗陷沉积过程中活动强烈，向上刺穿，在拗陷层系内部形成盐背斜、盐遮挡等多种类型构造圈闭，其中重力流砂体作为储层，油气富集程度高，这一认识已在毛里塔尼亚海上勘探得到证实，为主要勘探目标类型之一。漂移早期碳酸盐台地广泛发育，对其礁滩体勘探是下一步寻找大型油气田的目标之一。漂移晚期，碳酸盐岩陡坡前缘重力流砂体已被塞内加尔深水Fan-1发现证实，沿整个碳酸盐台地前缘的南北向重力流砂体发育带为下一步寻找大规模油气富集最有利场所。同时碳酸盐台地上部三角洲碎屑岩砂体与断层形成的构造-地层圈闭也被SNE-1井钻遇证实具有较好含油气条件，下一步勘探也应重点考虑。

五、无盐（转换）拗陷型被动大陆边缘盆地

北段无盐（转换）拗陷型盆地，主要分布在南大西洋北段两岸，西非海岸包括利比里亚盆地、科特迪瓦盆地、索尔特庞德盆地和贝宁等盆地，南美海岸包括圭亚那盆地、帕拉-马拉尼昂盆地、芭雷拉斯盆地、皮奥伊-塞阿拉盆地和波蒂瓜尔等盆地。该盆地群陆上和浅水勘探程度比较高，但效果一般，以发现中小型油气田为主，从2009年开始，科特迪瓦、利比里亚及圭亚那盆地深水及超深水勘探活动，不断取得重大突破，预示着良好的勘探前景。

由于该类盆地裂谷层系分布范围相对窄，首选目标是漂移期上白垩统—新近系裙边状

重力流海底扇沉积体系，主要地质风险为储层与有效烃源岩的沟通，重点盆地是科特迪瓦盆地、圭亚那滨海盆地、苏里南等盆地深水—超深水领域。值得注意的是，虽然下部裂谷层系分布范围相对较窄，但只要发育该套地层，同样为有利含油气层系，除了陆间裂谷层系本身能够形成断块油气藏外，过渡期陆间裂谷阶段碳酸盐孤立台地建造也具备形成大油气田条件，重点盆地为圭亚那—苏里南—法属圭亚那滨岸及皮奥伊-塞阿拉等盆地。

六、正反转改造型被动大陆边缘盆地

该类盆地主要分布于中新世以来全球挤压造山带附近，依据现有资料，目前只在 3 个地区能够识别出该类盆地：墨西哥湾西缘的苏瑞斯特盆地、韦拉克鲁斯盆地和坦皮科-米桑塔拉 3 个盆地，阿根廷海域南端的马尔维纳斯盆地，东地中海的黎凡特盆地。

目前这 5 个盆地中正反转构造油气富集均已被勘探所证实，除了正反转构造圈闭勘探潜力依然很大外，改造程度弱的深水重力流水道—扇体的勘探潜力也应引起重视。

七、无盐断拗型被动大陆边缘盆地

该类盆地主要分布于印度洋周缘，包括坦桑尼亚盆地、科佛里达盆地和克里希纳-戈达瓦里等盆地。该类盆地陆上及浅水已经发现了多个裂谷层系构造类油气藏，以中小型为主，深水重力流水道—斜坡扇体系油气富集程度最高，同时，陆间裂谷碳酸盐岩礁滩体也应视为目标成藏组合之一。

主要参考文献

艾敬旭，杨晓兰，余刚等．2011. 下刚果盆地南部渐新统浊积砂岩储层含油气性检测．石油物探，50（6）：530～624

常吟善，杨香华，李丹等．2015. 澳大利亚西北陆架三叠纪三角洲时空演化与物源体系．海洋地质与第四纪地质，35（1）：37～50

陈春峰．世界深水勘探特点及中国深水勘探现状分析．2005. 石油天然气学报（江汉石油学院学报），2005（6）：835～837

邓荣敬，邓运华，于水等．2008a. 尼日尔三角洲盆地油气地质与成藏特征．石油勘探与开发，35（6）：755～762

邓荣敬，邓运华，于水等．2008b. 西非海岸盆地群油气勘探成果及勘探潜力分析．海洋石油，28（3）：11～19

丁汝鑫，陈文学，熊利平等．2009. 下刚果盆地油气成藏主控因素及勘探方向．特种油气藏，16（5）：32～106

范时清．2004. 海洋地质学．北京：海洋出版社．212～269

冯国良，徐志诚，靳久强等．2012. 西非海岸盆地群形成演化及深水油气田发育特征．海相油气地质，17（1）：23～28

冯杨伟，屈红军，张功成等．2011. 澳大利亚西北陆架深水盆地油气地质特征．海洋地质与第四纪地质，31（4）：131～140

甘克文．2000. 特提斯的演化和油气分布．海相油气地质，5（3-4）：21～29

高印军，杨磊，韩文明等．2010. 尼日尔三角洲泥底辟和泥火山的形成机理．新疆石油地质，31（3）：332～334

关欣．2012. 苏丹被动裂谷盆地与渤海湾主动裂谷盆地沉积体系对比研究．长江大学硕士研究生学位论文

何保生，张钦岳．2017. 巴西深水盐下钻完井配套技术与降本增效措施．中国海上油气，29（5）：96～101

侯高文，刘和甫，左胜杰．2005. 尼日尔三角洲盆地油气分布特征及控制因素．石油与天然气地质，26（3）：374～378

姜雄鹰，傅志飞．2010. 澳大利亚布劳斯盆地构造地质特征及勘探潜力．石油天然气学报，32（2）：54～57

蒋恕，王华，Paul Weimer. 2008. 深水沉积层序特点及构成要素．地球科学（中国地质大学学报），33（6）：825～833

金莉，杨松岭，骆宗强．2015. “源热共控”澳大利亚西北大陆边缘油气田有序分布．天然气工业，35（9）：16～23

金文正，汤良杰，万桂梅．2005. 浅谈盐及其相关构造与油气的关系．西北油气勘探，17（3）：29～34

李磊，王英民，张莲美等．2010. 尼日尔三角洲下陆坡限定性重力流沉积过程及响应．中国科学：地球科学，40（11）：1591～1597

李培培，杨松岭，刘志国等．2018. 澳大利亚海上坎宁盆地油气地质特征及勘探潜力．海洋地质前沿，34（2）：46～52

李涛，胡望水，何瑶瑶等．2012. 下刚果盆地重力滑脱构造发育特征及演化规律．大地构造与成矿学，36（2）：197～203

林卫东，陈文学，熊利平等．2008. 西非海岸盆地油气成藏主控因素及勘探潜力．石油实验地质，

30（5）：450～455
刘池洋，王建强，赵红格等．2015．沉积盆地类型划分及其相关问题讨论．地学前缘，22（3）：1～26
卢景美，李爱山，赵阳等．2014．北大西洋段演化特征和海相烃源岩研究．中国石油勘探，19（4）：80～88
吕福亮，贺训云，武金云等．2007．安哥拉下刚果盆地吉拉索尔深水油田．海相油气地质，12（1）：37～42
吕建中，郭晓霞，杨金华．2015．深水油气勘探开发技术发展现状与趋势．石油钻采工艺，37（1）：13～18
马君，刘剑平，潘校华等．2009．东、西非大陆边缘比较及其油气意义．成都理工大学学报（自然科学版），36（5）：538～545
逄林安，康洪全，许晓明等．2017．澳大利亚西北陆架波拿巴盆地油气资源潜力评价．中国海上油气，29（6）：43～52
裴振洪．2004．非洲区域油气地质特征及勘探前景．天然气工业，24（1）：29～33
钱桂华，郭念发等．2008．澳大利亚大型沉积盆地与油气成藏．北京：石油工业出版社
瞿辉，郑民，李建忠等．2010．国外被动陆缘深水油气勘探进展及启示．天然气地球科学，21（2）：193～200
孙萍．1996．尼日尔三角洲前缘西北部的沉积作用和页岩构造．海洋地质动态，（7）：13～15
唐连江．1985．谈裂谷带内的矿产．地质论评，（3）：271～275
童晓光，何登发．2001．油气勘探原理和方法．北京：石油工业出版社．89～110
童晓光，张光亚，王兆明等．2018．全球油气资源潜力与分布．石油勘探与开发，45（4）：727～736
王桂林，段梦兰，王莹莹等．2010．西非深水油气田开发状况及其发展趋势．石油工程建设，36（2）：7～22
王燮培，费琪，张家骅．1990．石油勘探构造分析．北京：中国地质大学出版社．021～085
温志新，童晓光，张光亚等．2014．全球板块构造演化过程中五大成盆期原型盆地的形成、改造及叠加过程．地学前缘，21（3）：026～037
温志新，万仑坤，吴亚东等．2013．西非被动大陆边缘盆地大油气田形成条件分段对比．新疆石油地质，34（5）：607～613
温志新，王兆明，胡湘瑜等．2011．澳大利亚西北大陆架被动大陆边缘盆地大油气田分布于主控因素．海洋地质前沿，27（12）：41～46
温志新，王兆明，宋成鹏等．2015．东非被动大陆边缘盆地结构构造差异与油气勘探．石油勘探与开发，42（5）：671～680
温志新，徐洪，王兆明等．2016．被动大陆边缘盆地分类及其油气分布规律．石油勘探与开发，43（5）：678～688
吴景富，杨树春，张功成等．2013．南海北部深水区盆地热历史及烃源岩热演化研究．地球物理学报，56（1）：170～180
鲜本忠，王永诗，周廷全等．2007．断陷湖盆陡坡带砂砾岩体分布规律及控制因素——以渤海湾盆地济阳坳陷车镇凹陷为例．石油勘探与开发，34（4）：429～436
肖玉茹．2017．全球油气行业近年上游投资变化趋势．国际石油经济，25（10）：35～41
徐宁，张杰，史卜庆等．2014．红海盆地石油地质特征及其油气勘探潜力．地学前缘．21（3）：155～165
许晓明，胡孝林，赵汝敏等．2014．澳大利亚北卡那封盆地中上三叠统 Mungaroo 组油气勘探潜力分析．地质科技情报，33（6）：119～127
杨金华，郭晓霞．2014．世界深水油气勘探开发态势及启示．石油科技论坛，33（5）：49～55

杨丽丽，王陆新，潘继平．2017. 全球深水油气勘探开发现状、前景及启示．中国矿业，26（S2）：14～17

杨紫，计智锋，万仑坤等．低油价以来国际油公司勘探策略与启示．石油科技论：1～10

姚根顺，吕福亮，范国章等．深水油气地质导论．北京：石油工业出版社．44～117，140～353

于水，胡望水，何瑶瑶等．2012. 下刚果盆地重力滑脱伸展构造生长发育特征．石油天然气学报 34（3）：28～33

余一欣，周心怀，彭文绪等．2011. 盐构造研究进展述评．大地构造与成矿学，35（2）：169～182

张功成，屈红军，冯杨伟．2015. 深水油气地质学概论．北京：科学出版社

张功成，屈红军，赵冲等．2017. 全球深水油气勘探40年大发现及未来勘探前景．天然气地球科学，2017，28（10）：1447～1477

张光亚，温志新，梁英波等．2014. 全球被动陆缘盆地构造沉积与油气成藏：以南大西洋周缘盆地为例．地学前缘，21（3）：18～25

张礼貌，殷进垠．2017. 石油公司获取新勘探区块规律探寻．国际石油经济，25（7）：43～50

张建球，钱桂华，郭念发．2008. 澳大利亚大型沉积盆地与油气地藏．北京：石油工业出版社

赵纪东，郑军卫．2013. 深水油气科技发展现状与趋势．天然气地球科学，24（4）：741～746

中国石油勘探开发研究院．2017. 全球油气勘探开发形势及油公司动态（勘探篇，2017）．北京：石油工业出版社．1～349

舟丹．2017. 低油价下深水油气的发展前景．中外能源，22（11）：75

周守为，李清平，朱海山等．2016. 海洋能源勘探开发技术现状与展望．中国工程科学，18（2）：19～31

朱伟林，崔旱云，吴培康等．2017. 被动大陆边缘盆地油气勘探新进展与展望．石油学报，38（10）：1099～1109

朱伟林，胡平，季洪泉等．2013. 澳大利亚含油气盆地．北京：石油工业出版社

朱伟林，李江海等．2014. 国外含油气盆地丛书-全球构造演化与含油气盆地．北京：科学出版社．134～169

邹才能，翟光明，张光亚等．2015. 全球常规-非常规油气形成分布、资源潜力及趋势预测．石油勘探与开发，42（01）：13～25

Abreu V, Sullivan M, Pirmez C et al. 2003. Lateral accretion packages (LAPs): an important reservoir element in deep water sinuous channels. Marine and Petroleum Geology, 20 (6): 631～648

Adeogba A A, Mchargue T R, Graham S A et al. 2005. Transient fan architecture and depositional controls from near-surface 3-D seismic data, Niger Delta continental slope. AAPG bulletin, 89 (5): 627～643

Albertz M, Beaumont C, John W et al. 2010. An investigation of salt tectonics structural styles in the Scotian Basin, offshore Atlantic Canada: 1. Comparison of observations with geometrically simple numerical models. Tectonics, 4 (29): 1～29

Allen J R L. 1965. Late Quaternary Niger delta, and adjacent areas: sedimentary environments and lithofacies. AAPG Bulletin, 49 (5): 547～600

Amy L A, McCaffrey W D, Talling P J. 2009. Special issue introduction: sediment gravity flows-recent insights into their dynamic and stratified/composite nature. Marine and Petroleum Geology, 26, 1897～1899

Andrew L. 2017. Why are some deep-water plays still attractive? WoodMackenzie

Antobreh A A, Faleide J I, Tsikalas F et al. 2009. Rift-shear architecture and tectonic development of the Ghana margin deduced from multichannel seismic reflection and potential field data. Marine and Petroleum Geology, 26 (3): 345～368

Babonneau N, Savoye B, Cremer M et al. 2010. Sedimentary architecture in meanders of a submarine channel:

detailed study of the present congo turbidite channel (zaiango project). Journal of Sedimentary Research, 80 (10): 852 ~ 866

Bally A W, Snelson S. 1980. Realms of subsidence. Canadian Society of Petroleum Geologists Memoir, 6: 9 ~ 94

Barrett A G, Hinde A L, Kennard J M. 2004. Undiscovered resource assessment methodologies and application to the Bonaparte Basin. In: Ellis G K, Baillie P W, Munson T J (eds). Timor Sea Petroleum Geoscience. Northern Territory Geological Survey: Special Publication 1

Basile C, Ginet J M, Pezard P. 1998. Post-tectonic subsidence of the Côte d'Ivoire-Ghana marginal ridge: insights from FMS data. In: Mascle J, Lohmann G P, MoulladeM (eds). Proceeding of the Ocean Drilling Program, Scientific Results. 159, 81 ~ 91

Basile C, Mascle J. 2005. Phanerozoic geological evolution of the Equatorial Atlantic domain. Journal of African Earth Sciences, 43 (1-3): 275 ~ 282

Benson J M, Brealey S J, Luxton C W et al. 2004. Late Cretaceous ponded turbidite systems: A new stratigraphic play fairway in the Browse Basin. The Australian Petroleum Production & Exploration Association (APPEA) Journal, 44 (1), 269 ~ 285

Blaich O A, Faleide J I, Tsikalas F. 2011. Crustal breakup and continent-ocean transition at South Atlantic conjugate margins. Journal of Geophysical Research, 116 (1402): 1 ~ 38

Blystad P, Brekke H, Dahlgren S et al. 1995. Structural elements of the Norwegian continental margin, Norwegian Petroleum Directorate. AAPG Bulletin, 8

Boselline. 1986. East Africa continental margins. Geology, 14: 76 ~ 78

Bradley D C. 2008. Passive margins through earth history. Earth-Science Review, 91: 1 ~ 26

Bradshaw M. 1993. Australia petroleum systems. PESA Journal. 21: 23 ~ 60

Brekke H. 2000. The tectonic evolution of the Norwegian Sea Continental Margin with emphasis on the Vøring and Møre Basins. Dynamics of the Norwegian Margin, 167: 327 ~ 378

Brown B J, Muller R D, Gaina C. 2003. Formation and evolution of Australian passive margins: implications for locating the boundary between continental and oceanic crust. Geol Soc Australia Spec, 22: 223 ~ 243

Brownfield M E, Charpentier R R. 2006. Geology and total petroleum systems of the west-central coastal province (7203), west Africa. U. S. Geological Survey Bulletin, 22 (7): 1 ~ 42

Bryant L, Herbst N. 2012. Basin to Basin: Plate Tectonics in Exploration. Oilfield Review, 38 ~ 57

Burke K. 1972. Longshore drift, submarine canyons, and submarine fans in development of Niger Delta. AAPG Bulletin, 56 (10): 1975 ~ 1983

Bushnell D C, Baldi J E, Bettini F H et al. 2000. Petroleum system analysis of the eastern Colorado Basin, offshore Northern Argentine. AAPG memoir, 73: 403 ~ 415

Cadman S J, Temple P R, Bonaparte B et al. 2004. Australian Petroleum Accumulations Report 5, 2nd Edition. Canberra: Geoscience Australia

Cediel F, Shaw R P, Cáceres C. 2003. Tectonic Assembly of the Northern Andean Block. In: Bartolini C, Buffler R T, BlickwedeJ (eds). The Circum-Gulf of Mexico and the Caribbean: Hydrocarbon habitats, basin formation, and plate tectonics. AAPG Memoir, 79: 815 ~ 848

CGG Robertson. 2017. Tell us Datebase. www. CGG. com

Chavez Valois V M, De Valdés Ma L C, Juárez Placencia J I et al. 2009. A new multidisciplinary focus in the study of the tertiary plays in the Sureste Basin, Mexico. In: C. Bartolini, Román Ramos J R (eds). Petroleum systems in the southern Gulf of Mexico. AAPG Memoir, 90: 155 ~ 190

Cole G A, Yu A, Peel F et al. 2001. The Deep Water Gulf of Mexico Petroleum System: Insights from Piston

Coring, Defining Seepage, Anomalies, and Background. GCSSEPM Foundation 21st Annual Research Conference : Petroleum Systems of Deep-Water Basins

Corredor F, Shaw J H, Bilotti F. 2005. Structural styles in the deep- water fold and thrust belts of the Niger Delta. AAPG Bulletin, 89 (6): 753 ~ 780

Coussot P, Meunier M. 1996. Recognition, classification and mechanical description of debris flows. Earth-Science Reviews, 40 (3-4): 209 ~ 227

Davison I. 2005. Central Atlantic margin basins of North West Africa: Geology and hydrocarbon potential (Morocco to Guinea) . Journal of African Earth Sciences, 43: 254 ~ 274

Deng R J, Deng Y L, Yu S. 2008. Petroleum geology and accumulation characteristics in Neger Dalta. Petroleum Exploration and Development, 35 (6): 755 ~ 762

Dietz R S, Holden J C. Reconstruction of Pangaea: Breakup and dispersion of continents, Permian to present. Journal of Geophysical Research, 1970, 75 (26): 4939 ~ 4956

Donnelly T W. 1989. Geological history of the Caribbean and Central America. In: Bally A W, Palmer A R (eds) . The Geology of North America—an Overview. Geological Society of America Boulder: 299 ~ 321

Doust H. 1990. Petroleum geology of the Niger Delta. Geological Society, London, Special Publications, 50 (1): 365

Droz L, Marsset T, Ondréas H et al. 2003. Architecture of an active mud- rich turbidite system: The Zaire Fan (Congo- Angola margin southeast Atlantic): Results from ZaiAngo 1 and 2 cruises. AAPG Bulletin, 87 (7): 1145 ~ 1168

Drummond K J. 1992. Geology of Venture, a geopressured gas field, offshore Nova Scotia. AAPG Giant oil and gas fields of the decade: 1978-1988: AAPG Memoir, 55 ~ 71

Earl K L. 2004. Bonaparte Basin Petroleum Systems Charts. Canberra: Geoscience Australia

Ebinger C J, Sleep N H. 1998. Cenozoic magmatism throughout East Africa resulting from impact of a single plume. Nature, 395: 788 ~ 791

Edwards J D, Santogrossi P A. 1989. Divergent/passive margin basins. AAPG Memoir, 48: 1 ~ 252

EIA. 2015. Federal offshore - Gulf of Mexico field production of crude oil. www. eia. gov/petroleum

Eliuk L S. 1987. The Abenaki Formation, Nova Scotia Shelf, Canada - a depositional and diagenetic model for a Mesozoic carbonate platform. Bulletin of Canadian Petroleum Geology, 26: 424 ~ 514

Erlich R N, Villamil T, Keens- Dumas J. 2003. Controls on the Deposition of Upper Cretaceous Organic Carbon-rich Rocks from Costa Rica to Suriname. In: Bartolini C, Buffler R T, BlickwedeJ (eds) . The Circum- Gulf of Mexico and the Caribbean: Hydrocarbon habitats, basin formation, and plate tectonics. AAPG Memoir, 79: 1 ~ 45

Evamy B D, Haremboure J, Kamerlin P et al. 1978. Hydrocarbon habitat of Tertiary Niger delta. AAPG bulletin, 62 (1): 1 ~ 39

Falvey D A, Mutter J C. 1981. Regional plate tectonics and the evolution of Australian passive continental mardins. Journal of Austrilian Geology and Geophysics, 6 (1): 6 ~ 20

FAR Limited. 2014. Oil samples recovered in FAN- 1 exploration well offshore Senegal: ASX Announcement & Media Release

Franke D, Neben S, Ladage S et al. 2007. Margin segmention and volcano- tectonic architecture along the volcanic margin off Argetina/Uruguay, South Atlantic. Marine Geology, 244: 46 ~ 67

Galloway W E. 2008. Depositional Evolution of the Gulf of Mexico Sedimentary Basin. Sedimentary Basins of the World. 5: 505 ~ 549

Goldhammer R K, Johnson C A. 2001. Middle Jurassic- Upper Cretaceous paleogeographic evolution and sequence-stratigraphic framework of the northwest Gulf of Mexico rim. In: Bartolini C, Buffler R T, Cantú-Chapa A (eds) . The western Gulf of Mexico Basin: Tectonics, sedimentary basins, and petroleum systems. AAPG Memoir, 75: 45 ~ 81

Gonzaga F G, Coutinho L F C, Goncalves F T T. 2000. Petroleum geology of the Amazonas Basin, Brazil: modeling of hydrocarbon generation and migration. AAPG Memoir, 73: 159 ~ 178

Government of Newfoundland and Labrador. 2000. Sedimentary Basins and Hydrocarbon Potential of Newfoundland and Labrador. 1 ~ 71

Guardado L R, Mello M R, Spadini A R et al. 2000. Petroleum system in Campos Basin, Brazil. AAPG memoir, 73: 317 ~ 324

Guzmán-Vega M A, Castro Ortíz L, Román-Ramos J R et al. 2001. Classification and origin of petroleum in the Mexican Gulf Coast Basin: An overview. In: Bartolini C, Buffler R T, Cantú-Chapa A (eds) . The western Gulf of Mexico Basin: Tectonics, sedimentary basins, and petroleum systems. AAPG Memoir, 75: 127 ~ 142

Guzmán-Vega M A, M. R. Mello M R. 1999. Origin of oil in the Sureste basin, Mexico. AAPG, 83: 1068 ~ 1095

Haack R C, May E D, Sundararaman P et al. 2000. Niger Delta Petroleum system. AAPG memoir, 73: 213 ~ 231

Hampton M A. 1970. Subaqueous debris flow and generation of turbidity currents. Ph. D thesis, Stanford University, 1 ~ 180

Harbitz C B, Parker G, Elverhoi A et al. 2003. Hydroplaning of subaqueous debris flows and glide blocks: Analytical solutions and discussion. Journal of Geophysical Research-Solid Earth, 108 (B7)

Harris N B. 2000. Taca carbonate, Congo basin: Response to an evolving rift lake. AAPG memoir, 73: 341 ~ 360

Heiniö P, R. J. Davies R J. 2006. Degradation of compressional fold belts: Deep-water Niger Delta. AAPG Bulletin, 90 (5): 753 ~ 770

IHS Markit. 2018. EDIN Database. www. IHS. com

Imbert P, Philippe Y. 2005. The Mesozoic opening of the Gulf of Mexico: Part 2, Integrating seismic and magnetic data into a general opening model. In: Post P J, Rosen N C, Olson D L, Palmes S L, Lyons K T, Newton G B (eds) . Transactions of the 25th Annual GCSSEPM Research Conference. Petroleum Systems of Divergent Continental Margins, 1151 ~ 1189

Jackson M P A, Cramez C, Fonck J M. 2000. Role of subaerial volcanic rocks and mantle plumes in creation of South Atlantic margins: implications for salt tectonics and source rock. Marine and Petroleum Geology. 17: 477 ~ 498

Jackson M P A. and Hudec. M R. 2017. Salt Tectonics: Principles and Practice. Cambridge: Cambridge University Press

Jacques J M, Clegg H. 2002. Late Jurassic source rock distribution and quality in the Gulf of Mexico: Inferences from plate tectonic modelling. Transactions 52th Annual Convention Gulf Coast Association of Geological Societies, Austin, Texas, 52: 429 ~ 440

Johnson D. 1938. The origin of submarine canyons. Journal of Geomorphology, 1: 111 ~ 340

Joseph J M B, Getz S L. 2004. Gulf of Guinea Geology. Oil & Gas Journal

Karner G D, Driscoll N W, Barker D H N et al. 2003. Syn-rift regional subsidence across the west African continental margin: The role of lower plate ductile extension. In: Arthur T, MacGregor D S, Cameron N R (eds) . Petroleum Geology of Africa: New Themes and Developing Technologies. London: Geological Society. 105 ~ 129

Katz B J, Mello M R. 2000. Petroleum Systems of South Atlantic Marginal basins-an overview. AAPG memoir, 73: 1 ~ 13

Kerr A C, White R V, Thompson P M E et al.. 2003. No oceanic Plateau-No Caribbean Plate? The seminal role of an oceanic plateau in Caribbean Plate evolution. In: Bartolini C, Buffler R T, Blickwede J F (eds). The circum-Gulf of Mexico and the Caribbean: hydrocarbon habitats, basin formation, and Plate tectonics. AAPG Memoir, 79: 126 ~ 168

Klitgord K, Schouten H. 1986. Plate kinematics of the central Atlantic. In: Tucholke B E, Vogt P R (eds). The Western Atlantic Region. The Geology of North America, Geological Society of America Boulder, 351 ~ 371

Kostenko O V, Naruk S J. 2008. Structural evaluation of column-height controls at a toe-thrust discovery, deep-water Niger Delta. AAPG Bulletin, 92 (12): 1615 ~ 1638

Leduc A M, Davies R J. 2012. The lateral strike-slip domain in gravitational detachment delta systems: A case study of the northwestern margin of the Niger Delta. AAPG Bulletin, 96 (4): 709 ~ 728

Longley I M, Buessenschuett C, Clydsdale C J. 2003. The north west shelf of Australia-A Woodside perspective. AAPG Search and Discovery article #10041

Lowe D R. 1982. Sediment gravity flows: II. depositional models with special reference to the deposits of high-density turbidity currents. Journal of Sedimentary Petrology, 52: 279 ~ 297

Lundin E R, Dore A G. 2002. Mid-Cenozoic post-breakup deformation in the 'passive' margins bordering the Norwegian-Greenland Sea. Marine and Petroleum Geology, 19: 79 ~ 93

Ma J, Liu J P, Pan X H et al. 2009. Geological characters of the East and West Africa continental margins and their significance for hydrocarbon exploration. Journal of Chengdu University of Technology (Science &Technology Edition), 36 (5): 538 ~ 545

Magoon L B, Hudson T L, Cook H E. 2001. Pimienta-Tamabra (!) —A giant supercharged petroleum system in the southern Gulf of Mexico, onshore and offshore Mexico. In: Bartolini C, Buffler R T, Cantú-Chapa A (eds). The western Gulf of Mexico Basin: Tectonics, sedimentary basins, and petroleum systems. AAPG Memoir, 75: 83 ~ 125

Mail A D. 2008. The sedimentary basins of the United States and Canada. Sedimentary Basins of the World, 5: 506 ~ 544

Maloney D, Davies R, Imber J et al. 2010. New insights into deformation mechanisms in the gravitationally driven Niger Delta deep-water fold and thrust belt. AAPG Bulletin, 94 (9): 1401 ~ 1424

Mann P. 2004. Tectonic Setting of the World's Giant Oil and Gas Fields. Bulletin of the Houston Geological Society, 47: 21 ~ 36

McDonnell A, Robert G L, Galloway W E. 2008. Paleocene to Eocene deep-water slope canyons, western Gulf of Mexico: Further insights for the provenance of deep-water offshore Wilcox Group plays. AAPG Bulletin, 92 (9): 1169 ~ 1189

Medrano M L, Romero I M A, Maldonado R. 1996. Los subsistemasgeneradores de la Sonda de Campeche. In: Gómez L E, Martinez C A (eds). Memorias del V Congreso Latino-Americano de Geoquímica Orgánica. Cancún, México: 85 ~ 90

Mohtick W U, Bassetto M, Mello M R et al. 2000. Crustal Architecture, Sedimentation, and Petroleum system in the Sergipe-Alagoas Basin, Northeastern Braizil. AAPG Memoir, 73: 273 ~ 300

Mory A J. 1988. Regional Geology of Offshore Bonaparte Basin. In: Purcell P G, Purcell R R (eds). The North West Shelf, Australia. Proceedings Petroleum Exploration Society Australia Symposium. 287 ~ 311

Mourgues R, Lecomte E, Vendeville B et al. 2009. An experimental investigation of gravity-driven shale tectonics in progradational delta. Tectonophysics, 474 (3-4): 643 ~ 656

Mulder T, Alexander J. 2001. The physical character of subaqueous sedimentary density flows and their deposits. Sedimentology, 48 (2): 269 ~ 299

Navarre J C, Claude D, Liberelle E et al. 2002, Deepwater turbidite system analysis, West Africa: sedimentary model and implications for reservoir model construction: The Leading Edge, (21): 1132 ~ 1139

Nicholsal G J, Daly M C. 1989. Sedimentation in an intracratonic extensional basin: the Karoo of the Central Morondava Basin, Madagascar. Geology Magazine, 126 (04): 339 ~ 354

Nilsen O, Dypvik H, Kaaya C et al. 1999. Tectono-sedimentary development of the (Permian) Karoo sediments in the Kilombero Rift Valley, Tanzania. Journal of African Earth Sciences. 29 (2): 393 ~ 409

Oluboyo A P, Gawthorpe R L, Bakke K et al. 2014. Salt tectonic controls on deep-water turbidite depositional systems: Miocene, southwestern Lower Congo Basin, offshore Angola. Basin Research. 26 (3): 597 ~ 620

Owoyemi A O, Willis B J. 2006. Depositional patterns across syn-depositional normal faults, Niger Delta, Nigeria. Journal of Sedimentary Research, 76 (2): 346 ~ 363

Pei Z H. 2004. Regional petrogeological features of Africa and its prospecting potential. Natural gas Industry, 24 (1): 29 ~ 33

Pessagno E A, Jr., Martin C. 2003. Tectonostratigraphic evidence for the origin of the Gulf of Mexico. In: Bartolini C, Buffler R T, Blickwede J (eds) . The Circum-Gulf of Mexico and the Caribbean: Hydrocarbon habitats, basin formation, and plate tectonics. AAPG Memoir, 79: 46 ~ 74

Petters S W. 2006. An ancient submarine canyon in the Oligocene-Miocene of the western Niger Delta. Sedimentology, 31 (6): 805 ~ 810

Pindell J L, Dewey J F. 1982. Permo-Triassic reconstructions of western Pangea and the evolution of the Gulf of Mexico/Caribbean region. Tectonics, 179 ~ 211

Pindell J L, Kennan L. 2009. Tectonic evolution of the Gulf of Mexico, Caribbean and northern South America in the mantle reference frame: an update. The geology and evolution of the region between North and South America, Geological Society of London, Special Publication: 1 ~ 60

Pindell J L, Kennan L. 2007. Rift models and the salt-cored marginal wedge in the northern Gulf of Mexico: implications for deep water Paleogene Wilcox deposition and basinwide maturation. Transactions of the 27th GCSSEPM Annual Bob F. Perkins Research Conference: The Paleogene of the Gulf of Mexico and Caribbean Basins: Processes, Events and Petroleum Systems, 146 ~ 186

Pindell J L. 1993. Regional synopsis of Gulf of Mexico and Caribbean evolution. Transactions of the 13th Annual GCSSEPM Research Conference: Mesozoic and Early Cenozoic Development of the Gulf of Mexico and Caribbean Region, 251 ~ 274

Pindell J L. 1995. Circum-Caribbean sedimentary basin development and timing of Hydrocarbon maturation as a function of Caribbean plate tectonic evolution. Earth Science Series, 16: 47 ~ 56

Pindell J L. 2006. Foundations of Gulf of Mexico and Caribbean evolution: eight controversies resolved. Geologica Acta, 4 (1-2): 303 ~ 341

Pletsch T, Erbacher J, Holbourn A E L et al. 2001. Cretaceous separation of Africa and South America: the view from the West African margin (ODP Leg 159) . Journal of South American Earth Sciences, 14 (2): 147 ~ 174

Podtykan I. 2012. Architecture and tectonic evolution of the Vøring and Møre rifted margins: insights from seismic interpretation combined with potential field modeling. Master thesis, Norwegian University of Science and Technology

Pottorf R J, Gray G G, Kozar M G et al. 1996. Hydrocarbon generation and migration in the Tampico segment of the Sierra Madre Oriental fold- thrust belt: Evidence from an exhumed oil field in the Sierra de El Abra. In: Luna E G, Cortés A M (eds) . Memorias del V Congreso Latino- Americano de Geoquímica Orgánica [Proceedings of the 5th Latin American Congress on Organic Geochemistry]: Cancún, México, 100 ~ 101

Preston J C, Edwards D S. 2000. The petroleum geochemistry of oils and source rocks from the Northern Bonaparte Basin, offshore northern Australia. The APPEA Journal, 40 (1): 257 ~ 282

Radlinski A P, Kennard J M, Edwards D S et al. 2004. Hydrocarbon generation and expulsion from Early Cretaceous source rocks in the Browse basin. North West Shelf, Australia: A Small Angle Neutron Scattering study. The APPEA Journal, 44 (1): 151 ~ 180

Reading H G, Richards M. 1994. Turbidite systems in deep-water basin margins classified by grain size and feeder system. AAPG Bulletin, 78: 792 ~ 822

Reeckman S A, Wilkin D K S, Flannery J. 2003, Kizomba a deepwater giant field, Block 15 Angola. In: Halbouty M T (eds) . Giant oil and gas fields of the decade 1990—1999. AAPG Memoir, 78: 227 ~ 236

Roberts D G, Bally A W. 2012. Regional geology and tectonics: phanerozoic rift systems and sedimentary basins. London: Elsevier. 1 ~ 528

Romine K K, Durrant J M, Cathro D L et al. 1997. Petroleum play element predication for the Cretaceous-Tertiary basin phase, Northern Carnarvon Basin. The APPEA Journal, 37 (1): 315 ~ 339

Rowan M G, Peel F J. 2004. Gravity fold belts on passive margins. In: Thrust tectonics and hydrocarbon systems. AAPG Memoir: 157 ~ 182

Rupke L H, Schmid D W. 2010. Basin modeling of a transform margin setting: structural, thermal and hydrocarbon evolution of the Tano Basin, Ghana. Petroleum Geoscience, 16: 293 ~ 298

Salman G, Abdula I. 1995. Development of the Mozambique and Ruvuma sedimentary basins, offshore Mozambique. Sedimentary Geology, 96 (1-2): 7 ~ 41

Salvador A. 1987. Late Triassic - Jurassic palaeogeography and origin of Gulf of Mexico basin. AAPG Bulletin, 71 (4): 419 ~ 451

Salvador A. 1991. The Gulf of Mexico basin: Geological Society of America. The geology of North America, 10: 1 ~ 568

Schiefelbein C f, Zumberge J E, Cameron N C et al. 2000. Geochemical comparison of crude oil along the south Atlantic margins. AAPG Memoir, 73: 15 ~ 26

Schuster D C. 1995. Deformation of allochthonous salt and evolution of related salt structural systems, Eastern Louisiana Gulf Coast. In: Jacks M P A, Roberts D G, SnelsonS (eds) . Salt Tectonics: A Global Perspective. Oklahoma. AAPG: 177 ~ 198

Scotese C R, Gahagan L M, Larson R L. 1988. Plate tectonic reconstructions of the Cretaceous and Cenozoic ocean basins. In: Scotese C R, Sager W W (eds) . Mesozoic and Cenozoic plate reconstructions. Tectonophysics, 155: 27 ~ 48

Shanmugam G. 2012. New perspectives on deep- water sandstones: origin, recognition, initiation, and reservoir quality. Elservier: 1 ~ 544

Sibley D, HerkenhoffF ., Criddle D et al. 1999. Reducing resource uncertainty using seismic amplitude analysis on the Southern Rankin Trend, North West Australia. The APPEA Journal, 39 (1), 128 ~ 148

Susana A, Alvarez A, Heyden P V D et al. 1996. Radiometric and kinematic evidence for Middle Jurassic strike-slip faulting in southern Mexico related to the opening of the Gulf of Mexico. Geology, 24 (5): 443 ~ 446

Szatmari P. 2000. Habitat of petroleum along the South Atlantic margins. AAPG Memoir, 73: 69 ~ 75

Tari G, Brown D, Jabour H et al. 2012. The conjugate margins of Morocco and Nova Scotia A2. In: Roberts D G, Bally A W (eds). Regional Geology and Tectonics: Phanerozoic Passive Margins, Cratonic Basins and Global Tectonic Maps, Boston: Elsevier. 284 ~ 323

Thomas H A, Victor A S. 1983. The evolution of Middle America and the Gulf of Mexico-Caribbean sea region during Mesozoic time. Geological Society of America Bulletin, 94: 941 ~ 966

Tong X G, He D F. 2001. Petroleum Exploration Principle and Method. Beijing: Petroleum Industry Press. 89 ~ 110

Torsik T H, Rousse S. 2009. A new scheme for the opening of the South Atlantic Ocean and the dissection of an Aptian salt basin. Geophysics, 177: 1315 ~ 1333

Ulisses T M, Karner G D, Anderson R N. 1995. The role of salt in restraining the maturation of subsalt source rocks. Marine and Petroleum Geology, 12 (7): 697 ~ 716

Valdés M L C, Rodríguez L V, García E C. 2009. Geochemical integration and interpretation of source rocks, oils, and natural gases in southeastern Mexico. In: Bartolini C, Ramos J R R (eds). Petroleum systems in the southern Gulf of Mexico. AAPG Memoir, 90: 337 ~ 368

Visongain Ltd. 2014. Deepwater & Ultra Deepwater Exploration & Production (E&P) Market Forecast 2014—2024. 2014

Wagener A. Die Entstehung der Kontinente und Ozeane. 1915. Friedrich Vieweg & Sohn, Braunschweig, 23: 94

Weimer P, Henry S. 2007. Deep-water exploration and production: A global overview. In: Atlas of deep-water outcrops: AAPG Studies in Geology, 56: 1 ~ 29

Weimer P, Slatt R M. 2010. Introduction to the petroleum geology of deep-water settings. AAPG Memoir, 85: 1 ~ 13

Wescott W A, Diggens J N. 1998. Depositional history and stratigraphical evolution of the SakamenaGroup (Middle Karoo Supergroup) in the southern Morondava Basin, Madagascar. Journal of African Earth Sciences, 27 (3-4): 461 ~ 479

William E, Patricia E G, Xiang L et al. 2000. Cenozoic depositional history of the Gulf of Mexico basin. AAPG Bulletin, 84 (11): 1743 ~ 1774

William R D, Timothy F L. 2001. Carboniferous to Cretaceous assembly and fragmentation of Mexico. GSA Bulletin, 113 (9): 1142 ~ 1160

Winn R D J, Steinmetz J C, Kerekgyarto W L. 1993. Stratigraphy and rifting history of the Mesozoic- Cenozoic Anza Rift, Kenya. AAPG Bulletin, 77 (11): 1989 ~ 2005

Wood Mackenzie. 2015. Mexico upstream summary. www. woodmac. com

Wopfner H. 2002. Tectonic and climatic events controlling deposition in Tanzanian Karoo basins. Journal of African Earth Sciences, 34 (3): 167 ~ 177

Zarra, Larry. 2007. Chronostratigraphic Framework for Wilcox Formation (Upper Paleocene-Low Eocene) in the Deep-Water Gulf of Mexico: Biostratigraphy, sequences, and Depositional Systems. The Paleogene of the Gulf of Mexico and Caribbean Basins: Process, Event, and Petroleum Systems. 27th Annual GCSSEPM Foundation Bob F. Perkins Research Conference, Houston, Texas: 81 ~ 148

Zhao D P. 2001. Seismic structure and origin of hotspots and mantle plumes. Earth and Planetary Science Letters, 192: 251 ~ 265